薛 娟 耿 蕾 王海燕 编著

中国电力出版社
CHINA ELECTRIC POWER PRESS

内 容 提 要

本书以科学的态度，从不同的角度介绍环境艺术设计史发展的规律，寻找其发展脉络。书中将学术性、知识性、趣味性融于一体，使读者在中外环境艺术设计史的天地里得到美的享受，进一步陶冶情操，提高设计审美能力。从本书大量的文献和图片资料中，我们能够体会世界各国环境艺术设计的伟大创造和辉煌成就，感受到世界各国各历史时期环境艺术设计的特色和民族风格，从世界设计文化中借鉴其卓越的设计思想和方法。书中既注重工业大革命后产生的近现代设计史内容，同时又融合一部分中国古代艺术设计史的内容，全方位介绍世界艺术设计发展的历程。

本书可作为普通高等院校艺术设计相关专业教材，也可供研究生从事艺术设计研究之用，还可供相关爱好者学习参考。

图书在版编目（CIP）数据

中外环境艺术设计史 / 薛娟，耿蕾，王海燕编著. —2版. —北京：中国电力出版社，2020.2（2024.8重印）
ISBN 978-7-5198-4128-7

Ⅰ.①中… Ⅱ.①薛… ②耿… ③王… Ⅲ.①环境设计—建筑史—世界—高等学校—教材
Ⅳ.①TU-856

中国版本图书馆CIP数据核字（2020）第010356号

出版发行：中国电力出版社
地　　址：北京市东城区北京站西街19号（邮政编码100005）
网　　址：http://www.cepp.sgcc.com.cn
责任编辑：熊荣华（010-63412543　124372496@qq.com）
责任校对：黄　蓓　常燕昆
装帧设计：王红柳
责任印制：吴　迪

印　　刷：北京九天鸿程印刷有限责任公司
版　　次：2013年8月第一版　2020年2月第二版
印　　次：2024年8月北京第八次印刷
开　　本：787毫米×1092毫米　16开本
印　　张：15
字　　数：415千字
定　　价：75.00元

前言

建筑与周围的自然环境和人文环境相生相长，不同的环境造就不同的建筑艺术。因而从美学、哲学、宗教、文学等各方面比较来看，中西方的建筑环境艺术也必然大相径庭。中西方文化在形成渊源、发展的逻辑和空间以及构筑理念与目的等方面的差异，也体现在建筑艺术或建筑风格上。

中西建筑环境艺术的差异，从根本上应理解为中西文化传统的不同。通常认为：中国文化重人，西方文化重物；中国文化重道德和艺术，西方文化重科学与宗教；中国文化重融合、统摄，讲究天地人和谐，西方文化重不同时代的独特精神，凸显各种流派的个性特点等。中西丰富多彩的建筑文化所蕴含的建筑特色、艺术表达形式、发展源流以及人文理念等差异或不同，都能从历代建筑物、景观艺术以及流传下来的建筑环境、艺术理论著作中得到印证和体现。2018年5月2日，习近平在北京大学师生座谈会上讲到："中国人民的特质、禀赋不仅铸就了绵延几千年发展至今的中华文明，而且深刻影响着当代中国发展进步，深刻影响着当代中国人的精神世界。"

本书对中外建筑环境历史与艺术史理念进行梳理和综合，从文化比较的角度深层地解读器物史的演进，其目的在于"道器结合"，弘扬中外优秀的传统文化，更好地为现代设计服务。从原始社会的穴居、巢居，到今天城市中处处林立的高楼大厦的经典案例，深入剖析人类对建筑环境的改造、对生活方式的改革和创新，提高全民的审美素质。

随着科技的进步和时代的发展，人们在居住空间、公共活动场所方面，对美的要求越来越高，舒适、美观、健康的环境已是现代社会人们一致追求的目标。环境艺术设计所表达、传递、释放的"能量"正满足了人们心灵深处对美的追求。从满足原始的基本生存到寄托情感，满足审美，体现阶级，传承文化，中外建筑环境艺术经历了漫长的历史。从远古建筑，两河流域时期的建筑，爱琴文化的建筑，古希腊时期的建筑，古罗马时期的建筑，中世纪建筑，文艺复兴时期的建筑，16~19世纪的建筑，直到当代的现代建筑，无不渗透着建筑环境设计思想和艺术理念的变换，建筑环境艺术经历了一次又一次的升华、凝固、再升华。各类装饰材料、

前言

施工技术的升级既促进了社会的发展和进步，又贴合了人们对艺术的不懈追求。

建筑环境艺术作为文化的一种载体，它背后有着深刻的文化印迹和浓厚的人文精神要素，积淀着各民族最深层的精神追求，代表着各民族独特的精神标识。发展传统文化，探求民族特色，传承本国特有的文化价值升华再造，已成为国际性设计思潮之一。因此，了解中外环境艺术设计发展的历史文脉及思想，已成为当下人们学习、工作的常识性内容。希望读者通过本书的阅读和思考，在各行各业的工作中推动中华优秀传统文化创造性转化、创新性发展，让中华文明的影响力、凝聚力、感召力更加充分地展示出来。

目 录

下篇 现代世界环境艺术设计

上篇

古代世界环境艺术设计

第1章 原始社会环境艺术设计

“原始”一词并不是简单、粗野或低劣的意思，而是指未接触现代技术世界的人、文明与文化。因为现代文明已经过了几千年的历史沉淀，[1]人类在地球上已经生存了将近170万年，而对各种事件和发展的详细记载只不过有六七千年，在有历史记载之前，我们只有神话、传说和猜测，它告诉我们世界发生了什么以及它的经过。

原始社会的环境艺术设计发展是极其缓慢的，由于对社会变动和生产力进步没有迅捷的反应，我们的祖先从艰难地建造穴居和巢居开始，逐步地掌握了营建地面房屋的技术，创造了原始的木架建筑，满足了最基本的居住和公共活动要求。

第1节 人类环境艺术设计的起源

人类在一代又一代的延续中不断进化，生活在5万年前至1万年前的晚期智人，基本上完成了向现代人类的过渡，成为有思维的人。旧石器时代的人类具有了狩猎技能和基本的御寒能力。在冰河时期的最后阶段，即公元前3万年左右，那些直觉和记忆力较为发达，情感体验较为深刻，而理智能力相对较弱的原始人，还创造了人类最早的雕刻和绘画。

自然界中只有人类具备独立思考的能力并能够创造和改造某种环境，而对这种环境的创造才能形成所谓的文化。就环境而言，自然界中也只有人类具备适应和改造环境的能力，并克服自己的生理局限性有意识地去设法改善自己的生存条件。人类适应、改造环境的过程，就是一个环境设计的过程，一个文化的过程。人们在各种自然环境中都有着自己的工具、衣着、语言符号系统、管理制度、信仰（或信念），这其中都包含着与环境相关的艺术与设计思想。

人类的进化是从制造和使用工具开始的，在当时原始人类已经有意识地利用野兽的骨骼、角、牙齿来加工可利用的工具，还敲击经过选择的燧石来制作石器。这种行为就已经包含了人类最初的设计意识，这些工具的制造过程后来逐渐发展为人类对环境的改造行为。一方面，人类掌握基本的工具是营造自己生存环境的前提；另一方面，在制造工具的过程中，人类学会了有意识地去制造“物质”的世界。

从制作粗陋的石斧、削刮器的旧石器时代到能够将经选择的石料打磨成光滑的石斧、石刀、石锛、毛铲、石凿等，并在石器上打洞、装柄以至于进行装饰等的新石器时代（图1-1）。其间的进步并不仅仅只是在器具的外观和制作的技术上，更为重要的是人类的设计意识有了一次质的飞跃。

在旧石器时代的晚期（约5万年前—1.5万年前）原始人类制作的器物中，不仅有精致的石器，还有为数颇多的装饰物。1.7万年前的北京周口店山顶洞人已经利用石头、兽骨和海贝等物，用钻孔、刮削、磨光和染色等方法来制作装饰物（图1-2）。它是原始人类审美意识的反映，这种原始的审美意识的产生过程与石器制作中有意识地制造特定的形体，使之适应某种生产和生活需求的过程相比，前者是出自一种精神的需求，并更具有意识形态的内涵。

在原始人类漫长的生存进化过程中，伴随着原始人类每一种生存形态的进化，每一种工具和器

[1] 约翰·派尔.世界室内设计史.刘先觉，等，译.北京：中国建筑工业出版社，2007：10.

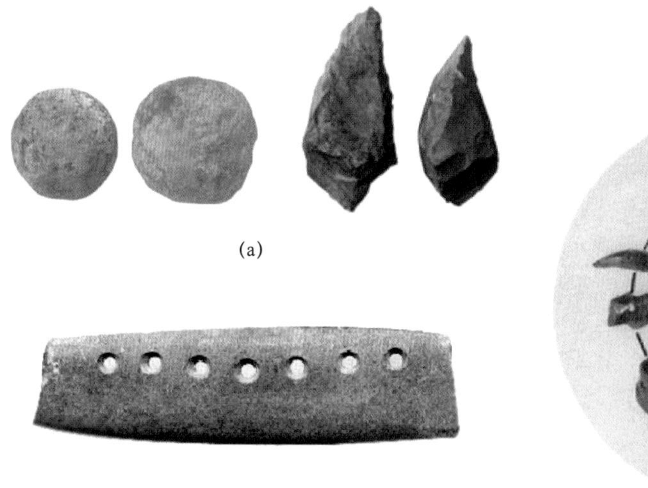

(a)

(b)

图 1-1 石器时代的工具

(a) 旧石器时代的石球、砍砸器；(b) 新石器时代的石刀

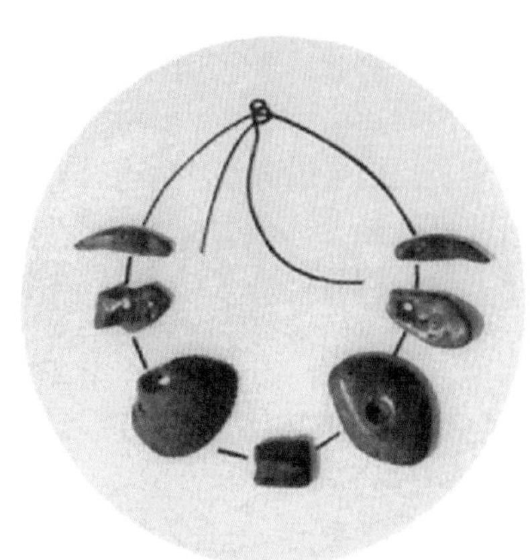

图 1-2 山顶洞人饰品

物也在演变，人类在代代相传、日积月累中，发现并总结了在工具制作的过程中的一些形式规律，如光滑、弧度、均衡等，并由此产生了对形式感中的曲线、对称、尺度等的感受能力。与此同时，人们还在对生存环境的改造中逐渐构思了各种建筑的构造方式，运用并创造了很多建筑材料。在这过程中，人类形成了对物质对象的审美经验。

大约在公元前8000年至公元前4000年，人类进入新石器时代，这时农耕经济逐渐发展起来，而耕种需要固定的土地和水源，这使得定居成为必要。人类开始有了类似于村落的居住点，这一时期也开创了人类与环境关系极其重要的篇章。❶

人类的生活环境相对安定下来，人们对自然现象的观察也随之进一步深入细致，人类开始制造更为精巧的磨光石器工具并用于耕种。新石器时代的男子和妇女受激励而发展和应用了农业、动物驯养、灌溉及手工业技术；人们的进取心使生产力得到发展，因而促进了人口的增加，并引起了社会和政治上的一系列变化，使新石器时代的定居了的部落转变成最早的城市文明。❷石构与土筑的纪念性景观是早期建筑文化的主要表达。

公元前4000年至公元前2000年间，地中海沿岸则成了哺育西方文明的摇篮，冶金技术的发展丰富了战争与和平环境中的各种技艺，促进了文明的发展与传播。人们首先在西亚和北美以及欧洲的巴尔干半岛东部发现了铜，后来人们在天然铜中加入锡，就成了青铜，这样青铜便广泛应用于生产工具、日用器具和武器的制造，并使人类进入了金属时代。

公元前3000年，伴随着青铜时代的到来，食物，相对充足，人口随之繁殖。起初，人群大多是聚集在肥沃的江河流域，只有江河带来的淤泥才能使土壤再生，养育大量的人口。人类也进入了奴隶制社会阶段，逐步形成阶级社会，农业和畜牧业得到发展并促进了手工业的形成。各种工艺活动从农作活动中分离出来，脑力劳动与体力劳动也有了分工，生产力的提高推动了社会发展，繁荣了社会经济和文化生活,人们有了更多精力改善自己的居住环境。各地的人类依照各自居住的环境、气候、资源条件，因地制宜，创造了各种居住建筑的形制。“从美索不达米亚地区发现的迄今最原

❶（美）勒纳，等.西方文明史.王觉非，译.北京：中国青年出版社，2003：16.

❷ 邹珊刚.技术与技术哲学.北京：知识出版社，1987：94-95.

始的人类居住地（那只是在泥土地上挖开的一个空洞，经日晒风干如砖一样坚硬），一直到印第安人的‘长房’（其规模大到30m×15m）。中国的居住建筑也开始从‘穴居’一直发展成为‘杆栏’、‘碉房’、‘宫室’等建筑类型。渐渐地随着氏族家庭的繁盛，一些由家庭结成的小群体出现了。原始的村落出现了它的雏形，此后，出现了最初的公共建筑设施，最早大概是公共的墓场，后来可能是其他的公用设施”❶（图1-3）。

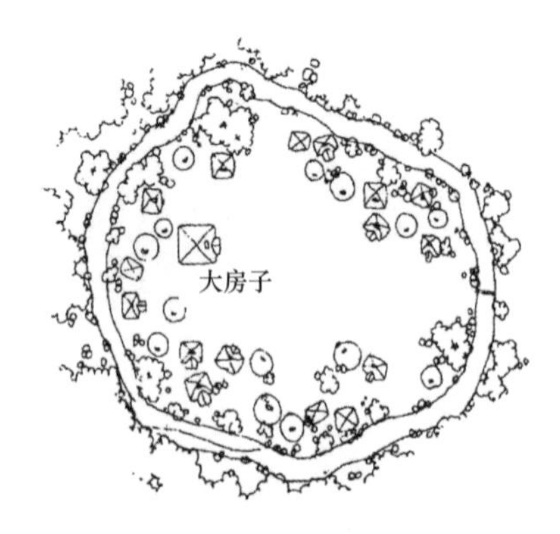

图1-3　陕西西安半坡聚落遗址

随着社会结构的不断扩大，城市出现了。人类的聚居形式以地域关系取代了原来的血缘关系，城市形成后逐渐有了体现权力关系的公共建筑，还有象征中央集权的宫殿林、圣祠以及坟地陵墓的兴建，这些建筑越来越体现了人类的极大的艺术创造力。

人类作为自然界中唯一能够创造和改造环境的生物，在社会发展进步的过程中已经具备了改造生活环境使之满足自己的生存和审美的需求的条件，并将进一步思索，挖掘争取新的突破，用自己的智慧去创造一个新的世界。

第2节　原始社会的生存环境与建筑空间类型

建筑是人类生活空间的拓展和保障，最早的原始人类是以天然洞穴栖身或构木为巢栖身。已知的最早的建筑物是旧石器晚期的人类所构造的圆形、椭圆形和长方形的窝棚，有时用黏土和石灰石筑墙，有时掘地穴居，边上用木材拦住。居处有炉灶，也有用树枝、草和兽皮盖顶，用直立的木材作支柱。❷由中国古籍《墨子·节用篇》中“古之民未知为宫室时，就陵阜而居，堀穴而处”可知上古时期中国大多数的原始居民是穴居。北京市房山区周口店龙骨山发现的中国猿人——“北京人”居住过的洞穴，C14测定距今已有50万年；周口店还发现了距今10万年的“山顶洞人”洞穴，都是中国原始时期穴居的代表。而目前发现的分布于法国南部和西班牙北部的二百余处带有壁画的洞窟，则说明了冰河时代的西方原始人大概是居住于天然洞窟里的，至少是将岩洞作为季节性的栖身之处。

无论中西方，在旧石器时代，人类主要是利用天然的岩洞作为居住之地，所选定的岩洞都是朝阳光、避风雨、躲猛兽、防火灾、近水源、利走路的地方。后来，漫长的冰河时代结束，气候逐渐转暖，自然环境发生了巨大的变化，人类终于逐渐脱离采集、狩猎经济的旧石器时代而向以畜牧业和农业经济为主的新石器时代转变。人类开始走出天然洞穴，在地面上构筑各种简陋的居所。原始人成群地居住在靠近水源的天然洞穴里，或“构木为巢”以应付风寒雨雪和猛兽虫蛇的危害。他们只有天然石块、木棍等工具，尚不具备进行营建的条件。❸这些以最简单的方式建立的最初的房屋可视为建筑的诞生。

走出岩洞后的原始人也将充满创造力的壁画带到了洞外，无论是欧洲还是亚洲，现已发现的多处岩壁画（如西班牙勒文特岩壁上的绘画以及我国新疆、内蒙古的岩壁画）显示出原始人随着环境

❶ 吴家骅.环境艺术设计史纲.重庆：重庆大学出版社，2002：16.

❷ 韦尔.世界史纲——生物和人类的简明史.吴文藻，谢冰心，费孝通，等，译.桂林：广西师范大学出版社，2001：74.

❸ 刘致平，王其明.中国居住建筑简史·城市、住宅、园林.北京：中国建筑工业出版社，2000：4.

的改变而“从事环境装饰或者艺术创作”的共同点。那些原始艺术的形象既不是纯粹幻想的产物，也不是精细深入地进行写实描绘的产物，而是试图忠实地表达记忆中的形象直感的产物。许多动物、人物的形象被画得极其概括和简略，对象的特征得到了强化，从造型风格和审美上看非常稚拙、简朴（图1-4）。这种特征，根源于原始时代的生活环境以及在这种环境中生活着的原始艺术家们的意识发展水平。

图1-4　原始时期的岩画与浮雕

中国原始时期的建筑形式和环境观念则与中国古文化一样有南北两个渊源。我国北方如黄河流域一带，以穴居、半穴居形态和早期地面筑构为主。黄河流域典型的原始农村部落遗址如仰韶村落遗址、西安半坡遗址、郑州大何村遗址，住房多为浅穴或地面建筑，以木骨架抹草泥成为墙壁和屋顶。其中，西安的半坡原始部落遗址为人类提供了原始建筑的艺术形象。在我国南方，由于气候潮湿、植被茂盛、蛇虫野兽出没，人们为了避免这些灾害多采取巢居建筑形态，这是长江流域杆栏式建筑结构的雏形。巢居的设计是一种因地制宜的建筑样式，并引发和改变人们的生活意识。❶

因此，从总体上说，我国地域辽阔、南北方气候条件不同，穴居适于北方而巢居适于南方。目前在我国已经发现公元前六千年到前二千年间的新石器时代聚居点的遗址多处，这些聚居点的建筑形式各异，因为环境、气候、资源条件的不同，人类因地制宜从而形成了各自的建筑风格和建筑形态。无论是穴居还是巢居，最初的建筑都表现为实物构架的虚空，这种人为的实体与空间不仅给人们提供了一个有遮掩的内部空间、同时也带来了一个不同于原来的外部空间。❷

当然，“巢居”与“穴居”也并非是因地域而截然分开的，大体是寒冷干燥地带适于穴居，湿热潮湿地带宜巢居，适中地带则随气候条件而采取穴居或巢居。原始时代，无论穴居还是巢居，都只是一种利用自然条件等借以栖身的办法。

无论中外，无论地上建筑还是半地上、半地下建筑，无论是洞窟深处的壁画还是旷野悬崖的岩壁画，原始社会的环境设计与原始宗教意识、神话传说及早期的自然科学观是分不开的，具有一种朦胧而又初始的审美特点。

---

❶ 赵农.中国艺术设计史.北京：高等教育出版社，2009：18.

❷ 郑曙旸.景观设计.杭州：中国美术学院出版社，2002：44.

一、神秘象征的西方巨石建筑

欧洲的原始建筑多用石头来构建。新石器时代的末期，以巨石垒成的宗教性巨石建筑先后出现在欧洲地平线上，这些原始巨石建筑遗址真正显示了西方原始建筑的石构特点，也是欧洲最早的纪念性建筑，可追溯到公元前5000年左右。它的形态繁多，但主要有列石、桌石、环状列石三种。桌石是在几块岩石上盖上石板，形如桌状的“石屋”，通常被当作部落首领的墓地。巨石列则以不事修琢的巨大天然石块分行或环状排列而成。阵容最大的巨石列，是法国布列塔尼亚半岛上的遗迹。

环状巨石列，最著名的遗迹是英国索尔兹伯里城以北11km处的斯通亨奇环状列石（Stonehenge）（图1-5），它始建于公元前2500年左右，完成于公元前1500年，历时达一千年。它被建造在平原上，平面图是一个直径达87.8m的圆圈，周边有浅壕，沿壕沟又有一圈高约2.1m的土墙，墙内有56个深约1m的圆坑。墙的东北方向开有宽约10.7m的出入口，口外竖了一块高4.9m、重约35t的巨石，称为标石。这个圆圈和标石，是整个工程的基础。此后，在早期青铜时期，完成了两个同心圆式的环状列石圈，外圈直径26.2m，内圈直径22.6m，共用了82块石料，每块重约6t。大约100多年后，上述环状列石又被废弃，另筑直径为30.4m的环状列石，沿圆周竖起30块长石，上面横置水平向的长石，形成一圈围栅，栅栏形石圈内部，有五座如同门框一样的、三石组成的“牌坊”，其中最大的一个高9.1m，重量约50t，为欧洲巨石建筑遗址之最。[1]它矗立在平坦的索尔兹伯里（Salisbury）平原上，构成了一个环形栅栏状的墙垣；它占地面积甚广，结构庞大而复杂。或许它是一个重要的祭祀中心，那些石头被谨慎地排列在视平线的各个点上。夏至太阳升起的地方就是冬至太阳落下的地方，也正是月亮升起的最北端和最南端。这些标志着季节运动规律的时刻，对于一个从事农牧生产的氏族群体来说，既有实用意义又有重要的宗教意义。在当时的技术条件下修筑如此规模的巨石构造，难度是不言而喻的。

图1-5　斯通亨奇环状列石

这一建筑形式显示出原始人对复杂的空间结构的巧妙安排。巨石群显示着所有建筑的基本原理，它的创建者们明白支撑和荷载的要素，用垂直石柱来承受水平大梁的重量。这个纪念物显然受益于木头建筑，因为石头的衔接处采用的是木匠榫头与榫眼的连接。[2]它的惊人的精确性，匀称和统一的整体效果，以及建筑者的技术能力，显示了人类智慧的巨大发展；它单纯雄伟的造型美，庄严肃穆的宗教气氛，反射出人类心灵试图拥抱苍穹，超越自身的魄力。

二、“藏风得水”的穴居、半穴居与杆栏式的中国建筑

中国古代建筑，与古代埃及建筑、古代西亚建筑、古代印度建筑、古代爱琴海建筑、古代美洲建筑一样，是世界六支原生的古老建筑体系之一。大约在1万年前，中国进入新石器时代后，原始先民的定居生活促进了住房的营建，中国原始建筑不仅集中显现于华夏文明中心的中原大地，而且

---

[1] 朱铭，荆雷．设计史．济南：山东美术出版社，1995：59-60.

[2] 斯特里克兰．拱的艺术——西方建筑简史．王毅，译．上海：上海人民美术出版社，2005：4.

在北方古文化、南方古文化的许多领域，留下了重要遗迹。

原始建筑是中国土木相结合的建筑体系发展的技术渊源。穴居发展序列所积累的土木混合构筑方式成为跨入文明门槛的夏商之际直系延承的建筑文化，自然成了木结构建筑生成的主要技术渊源。巢居发展序列所积累的木构技术经验，也通过文明初始期的文化交流，成为木构架建筑生成的另一技术渊源。

1.北方穴居

穴居可粗分为原始横穴、深袋穴和半穴居三种形态。穴居的发展经历了从原始横穴、深袋穴、袋形半穴居、直壁半穴居（图1-6）最后上升到地面建筑的演进过程，这个过程在母系氏族公社时期已经完成。深袋穴的穴口内收呈袋状，是因为当时的工程难点在于穴顶，缩小穴口是为了减小穴顶的跨度。袋形半穴居仍沿袭袋状的缩小穴口，到穴顶有了立柱的支撑，可加大跨度，半穴居也进展到直壁。从深穴到半穴居，意味着居住面上升的功能改善，意味着土木相结合的构筑方式，从以土为主逐渐向以木为主的方向过渡。吕字形的半穴居出现于父系氏族公社时期，它以双室相连的套间为特征，这是一夫一妻及其子女的父系家庭人口增多的需要。穴内设自家的窖穴，是私有观念的展露。[1]

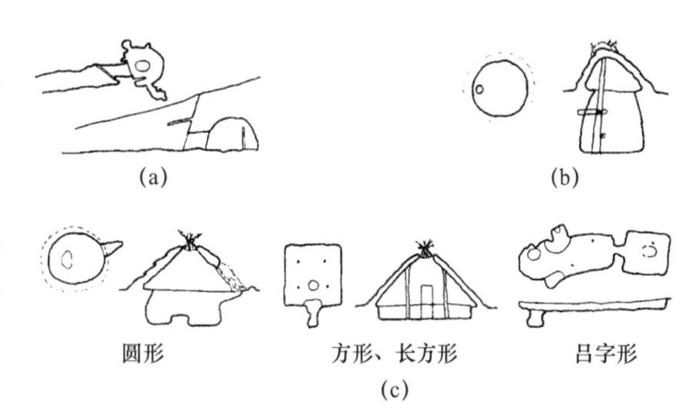

图1-6 穴居的三种形态

(a) 原始横穴；(b) 深袋穴；(c) 半穴居

早期在黄河沿岸聚居的原始人类便在黄土断层的垂直面上横向开穴，向崖壁内掏出一个空间来用于居住，这就是最初的穴居。这种最初的穴居是横穴式，这更有利于居住环境的采光性和保暖性。同时为了不破坏黄土层的垂直节理，防止塌陷，顶部多呈半圆形或人字形。随着原始人类对于环境改造能力的提高，横向穴居发展为营造在丘陵高阜上的纵向的穴居形式，这种穴居形式又称为袋穴，因为这种竖穴一般呈口小膛大的袋形。竖穴式居室洞口暴露在外，防护问题成为首先要解决的，为了防御雨水和敌人，洞口应当加盖封闭。为了不会阻绝空气和光线，人们在穴内开挖了通风孔道，同时还在洞口的地面上埋设柱桩，把能够防雨的顶盖支撑起来。顶盖一般用树枝构架并穿插树叶、茅草，最后再加泥土覆盖。随着原始人营建经验的不断积累和技术提高，顶盖做得越来越大，地下部分也挖得越来越浅，袋穴便逐渐发展为半穴居形式的住房了。

初期的半穴居式房屋还存有袋穴的痕迹，到仰韶文化时期，发展为方形和圆形两种。人类在地面掘出深约1m的方形或圆形浅坑，坑内一般用2~4根立柱绑扎承托屋架，屋顶覆以树枝并穿插茅草，有的还会在表面涂泥。入口为附有门槛的斜坡门道，门道是两坡地上交的雨棚。一般于室内中央稍前置火塘，建筑面积约在10 m^2左右。实例最早见于河南新郑裴李岗文化及西安半坡仰韶文化晚期。发现于内蒙古赤峰敖汉旗的兴隆洼遗址，是距今8000年前的原始村落。这里发掘出半穴居房址170余座，都是井然有序地成行分布，最大的房址面积达140 m^2，被誉为“华夏第一村”（图1-7）。

陕西西安半坡遗址（图1-8）是一处发现较早，颇为著名的聚落遗址，属新石器时代仰韶文化遗址，位于西安以东，浐河东岸的一处河谷台地上，遗址面积达50000 m^2，已揭露北部的10000m^2。遗址分居住、陶窑、墓葬三区。总平面呈南北略长，东西较窄的不规则圆形，居住区约占地3000 m^2，分为两片，可能是分属于氏族内的两个群团。每片之内，有一座大房子，周边有壕沟环绕，住房围绕广场布置。当时的人类，能用简单的工具，造出如此巨大的房屋，说明当时人们已经有了不低的

[1] 侯幼彬，李婉贞.中国古代建筑历史图说.北京：中国建筑工业出版社，2002：2，3.

图1-7　兴隆洼遗址

图1-8　陕西西安半坡遗址

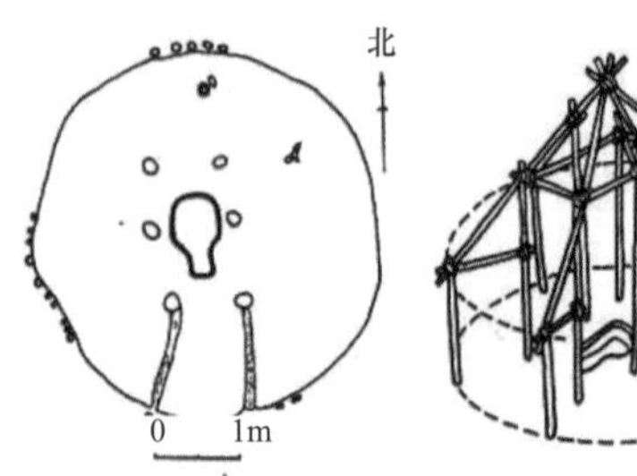

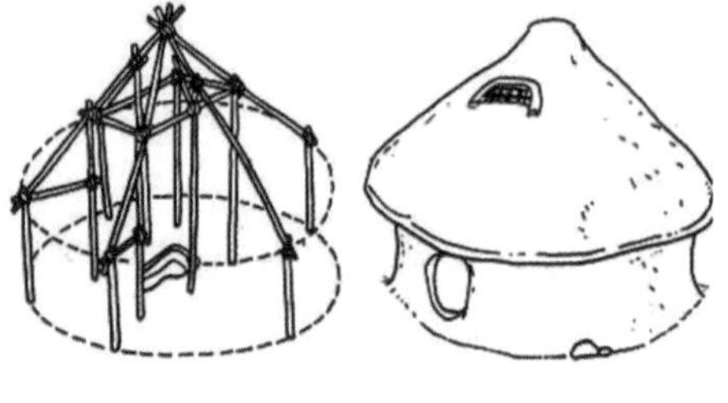

图1-9　西安半坡遗址复原的第3号遗址

营造能力。

西安半坡遗址复原的第21号遗址是方形房屋的代表。“地下部分约48cm高，四角由较长的木杆搭向中心，形成埃及金字塔形的地上屋顶形状，为加固起见，在斜支架中部再加垂直的辅助支撑柱。门户南向，有的在门外增加一段长约两米的人形坡，类似于今日民居之门楼作用。室内近门处设灶膛，呈圆形，饮食加工区域在近门处，卧室床榻置后半部和侧面，不设窗户，采光主要从门户引入。”半穴居圆形住房以西安半坡遗址复原的第3号遗址为代表（图1-9），“平面呈圆形，直径约4m左右，沿圆周围成高的1m的围墙，在墙体上再加设斜坡圆锥形顶盖，入口开在墙上，穴状，离地面约34~40cm。内部设一周垂直支柱，以加固屋顶。灶膛在中央，在凤县发现的仰韶遗址中的这类圆形半穴居旁，还设有烟囱，屋顶开设垂直的小窗。”[1]中国北方的半地穴居可以说是四合院的雏形。

西安半坡F1大房子（图1-10）为方形半穴居，位于聚落广场西侧，入口朝东、面向广场。平面略呈方形，东西10.5m，南北10.8m。泥墙厚90~130cm，高约50cm。据杨鸿勋复原，大房子内部有4根中心柱。西边两中心柱残存“泥圈”显示有隔墙痕迹，因而其平面呈前部（东部）一个大空间，后部（西部）三个小空间的格局。这是现在已知的最早的“前堂后室”布局。大空间的前堂当是氏族成员聚会和举行仪式的场所，三间后室可能是氏族首领的住所与老弱病残的集体宿舍。

临潼姜寨聚落遗址（图1-11）属仰韶文化遗址。居住区内有中心广场，周围分布5组共100多座房屋，每组以一座大房子为核心，各有十几座或二十几座穴居、半穴居或地面房屋簇拥，门均朝向中心广场。这里可能居住着若干氏族组成的一个胞族或一个较小的部落。

2. 南方杆栏式建筑

南方古文化的建筑，也由于余姚河姆渡遗址的发掘而引人注目。这里发掘出新石器时代的杆栏建筑遗存，在石制、骨制、木制的工具条件下，已能采用榫卯结合，并已具备多种榫卯类别，表明早在7000年前，长江下游和杭州湾地区的木结构已达到惊人的技术水平。中国原始建筑存在着巢居和穴居两种主要构筑方式。原始建筑遗迹显示，中国早期建筑的确存在着建筑考古学家杨鸿勋所

[1] 朱铭，荆雷.设计史.济南：山东美术出版社，1995：55-57.

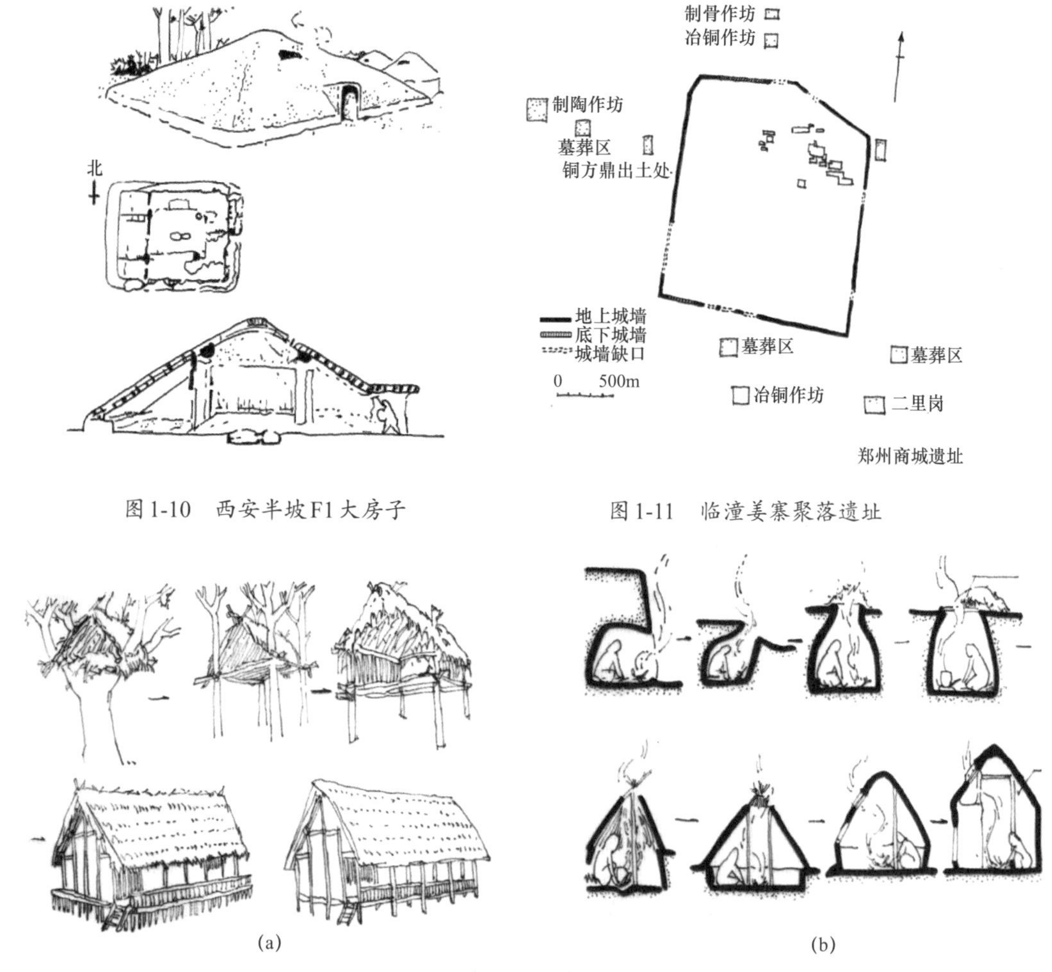

图1-10　西安半坡F1大房子

图1-11　临潼姜寨聚落遗址

(a)

(b)

图1-12　中国原始建筑构筑方式

(a) 巢居发展序列；(b) 穴居发展序列

指出的“巢居发展序列”和“穴居发展序列”（图1-12）。前者经历了由单树巢、多树巢向杆栏建筑的演变，后者经历了由原始横穴、深袋穴、半穴居向地面建筑的演变。值得注意的是，这两个序列的演进，在母系氏族公社时期均已完成。到父系氏族公社时期，半穴居并没有消失，盛行一种适应父系小家庭居住的吕字形的半穴居。

古代文献有“构木为巢”的记述，可知中国原始建筑存在着“巢居”的构筑方式，但巢居难有遗存。四川出土的青铜器上的象形文字中有一个双树夹一悬空房屋的形象，杨鸿勋释为“巢居”的象形字。它很像是在两棵树或四棵树上架屋的“多树巢”，为我们留下了巢居的生动形象。

甲骨文中的“京”字，像架立桩柱提升居住面的建筑形象。《家语 · 问礼篇》注曰：“有柴谓橧，在树曰巢”。可见这个“京”字，画的正是用“柴”支撑起来的“橧”，也就是杆栏建筑的形象（图1-13）。

图1-13　青铜器上的象形文字、甲骨文中的“京”字

浙江余姚河姆渡遗址的第四文化层，发现大量距今6900年的圆桩、方桩、板桩以及梁、柱、地板之类的木构件。

（图1-14）它有力地显示出长江下游地区木作技术的突出成就，标志着巢居发展序列已完成向杆栏建筑的过渡（图1-15）。

穴居和半穴居建筑环境体现出原始人类就地取材、因地制宜的设计思想。人不能脱离周围的生活环境，人和环境总是从不间断地进行物质、能量、意识、感情磁场等多方面的交流。从人生活和发展的角度来看，在选择、建造、布局环境的过程中，趋利避害之心，是人类一种本能的反应，人皆有之。[1]总体上来说，原始先人是依据"藏风得水"的原理来选择和设计居住环境的。

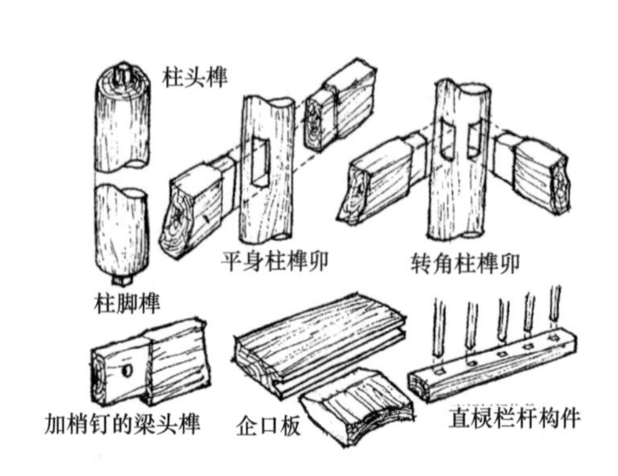

图1-14　余姚河姆渡遗址的杆栏建筑构件

图1-15　至今还在流传，主要分布在我国南方的杆栏式建筑

三、简单实用、表征权力、标示血缘秩序的初期地上建筑

世界上几大文明发源地的初期地上建筑形制虽各有不同，但是都具有人类在原始社会时期血缘秩序和权力、信仰象征的共性。典型的代表如尼罗河流域（古代埃及发源地）、黄河长江流域（古代中国发源地）、印度河流域（古代印度发源地）、两河流域（古代巴比伦发源地），这些地区的初期地上建筑发展也促进了人类从原始社会向奴隶社会的过渡。

1. 埃及

被称为四大文明古国之一的埃及（Egypt）位于非洲狭长的尼罗河谷地，早在公元前6000多年就有人类在此生息繁衍。埃及东西横亘着沙漠，北临地中海，南依荒瘠的高山，各氏族间为争夺土地和水源曾经长期混战，直到公元前3200年美尼斯国王统一埃及。古代埃及人的祖先是充满智慧的，他们从定期泛滥的尼罗河得到启示发明了精确的历法、几何学，他们信仰太阳神阿蒙，并且相信"灵魂永生"的宗教观念。因此，神的化身——国王的陵墓建筑也同神庙建筑、活人的住宅建筑一样受到重视。

初期的埃及原始人已经具备因地制宜的设计思维，由于尼罗河两岸缺少优质的木材，因此他们最初只是以棕榈木、芦苇、纸草、黏土和土坯建造茅棚类的房屋。后来逐渐开化的新石器时期古埃及人则以砖木筑屋代替了前人的茅舍，并且从事凿石。[2]这一时期的室内装饰主要体现在其梁、柱等结构的装饰上，而空间的布局只是较简单的长方形。后来贵族的住宅也是这样，只是改用石头砌造。[3]

---

[1] 于希贤.法天象地.北京：中国电影出版社，2008：6.

[2] 韦尔斯.世界史纲——生物和人类的简明史.吴文藻，谢冰心，费孝通，等.译.桂林：广西师范大学出版社，2001：142.

[3] 齐伟民.室内设计发展史.合肥：安徽科学技术出版社，2004：1.

可见，古代埃及史前的地上建筑是实用、简朴的，是与周围环境相融洽的设计艺术。至于奴隶社会时期古埃及的宗教和陵墓建筑等，将在本书第二章第一节详细介绍。

2. 两河流域

在干旱少雨的西亚，幼发拉底河和底格里斯河润泽了一片文明诞生的土地——两河流域（图1-16），是地球上第一块文明开化之地，苏美尔（Sumerians）民族早在公元前5000年至公元前4000年就定居在两河下游。由于两河下游缺乏良好的木材和石材，人们用黏土和芦苇造屋，公元前四千年起才开始大量使用土坯，一般房屋在土坯墙头排树干作为梁架，再铺上芦苇，然后拍一层土。因为木质低劣，室内空间常常向窄而长向发展，因此也无须用柱子，布局一般是面北背南，内部空间划分采用芦苇编成的箔做间隔。由于当地夏季蒸热而冬季温和，所以有一间或几间浴室用砖来铺地。

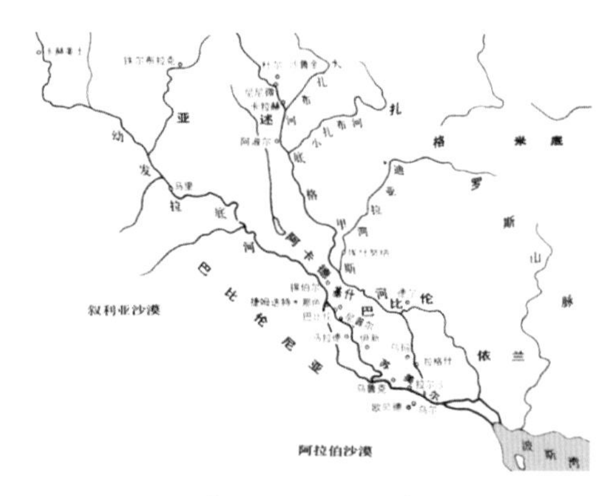

图1-16　两河流域

两河流域原始时期的主要建筑是山岳台（图1-17），它是一种多层高台，上部有一间神堂。内部空间设计最为出色的是原始文化时期的伊阿娜（Eanna）神庙，由于拱顶的需要，厅堂和居室空间多为狭长形的，神坛也是长长的，并和周围的神龛相连通。另一个大厅，有6根泥砖砌成的圆柱，分两排竖立，一道阶梯由高凸的地方通向大厅。大厅的四壁、阶梯的扶手及圆柱都嵌满圆锥形陶钉（baked clay cones），陶钉由红、白、黑三色组成了缤纷的类似编织的纹样，它既保护了泥墙，又是一种极其雅致的装饰。后来，大约在公元前三千纪，人们多用沥青保护墙面，并在上面贴满各色的石片和贝壳，构成了色彩斑斓的装饰图案。宫殿和庙宇中的雕像和浮雕在这一时期大为盛行，其中现存的一批圆雕人像，就是在阿勃神庙地窖里发现的，包括阿勃神及一排大小不一、服装各异但双手都握在胸前的祭司和供养人。[1]

(a)

(b)

图1-17　山岳台·伊阿娜（Eanna）神庙的陶钉墙壁

3. 中国

从目前中国出土的众多原始建筑遗址来看，初期地上建筑反映出中国原始先民不同阶段的文明发展情况。大约六七千年前，我国广大地区都已进入氏族社会，已经发现的遗址数以千计。由于各地气候、地理、材料等条件的不同，营建方式也多种多样，其中具有代表性的房屋遗址主要有两种：一种是长江流域多水地区由巢居发展而来的杆栏式建筑；另一种是黄河流域由穴居发展而来的木骨泥墙房屋。人们已经能够利用木、竹、苇、草、泥等建筑或大或小的房子。房屋的结构有木骨草泥

[1] 齐伟民.室内设计发展史.合肥：安徽科学技术出版社，2004：9.

墙壁或梁柱式构架，屋顶为茅草或草泥。平面有圆有方，也有不规则形的，地面以上房屋尚少，多为半地穴式。总体布局有序，而且颇能反映出母系氏族社会聚落的特色。[1]

地上建筑室内室外与地面平齐，这种建筑形式没有陷入地面以下的那一部分，这种情况至少在仰韶中期即已出现。在结构方面，木柱梁已成为主流，夯土及土坯也已开始萌芽。

（1）哈尔滨阎家岗古营地遗址，发掘出两个由动物骨骼化石围成的半圆圈和大半圆圈遗址。图1-18所示是半圆圈遗址的骨骼排布，骨骼之间以砂质黏土填充、黏结。有的考古学者推断该遗迹应是兽骨构筑的房屋。如果这两个遗址能断定为距今22000年的、旧石器时代晚期的兽骨圆屋的话，那就是已知华夏最早的建筑遗存。

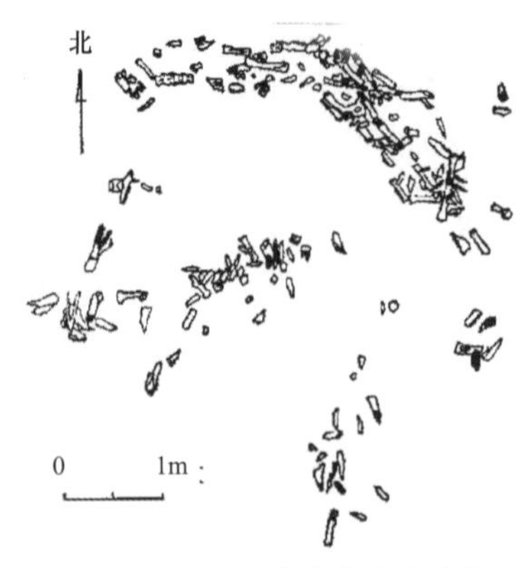

图1-18　哈尔滨阎家岗骨骼建筑遗址

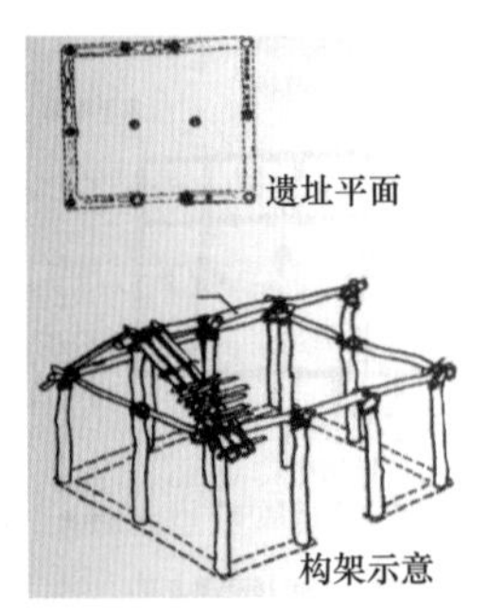

图1-19　西安半坡遗址F24（杨鸿勋复原）

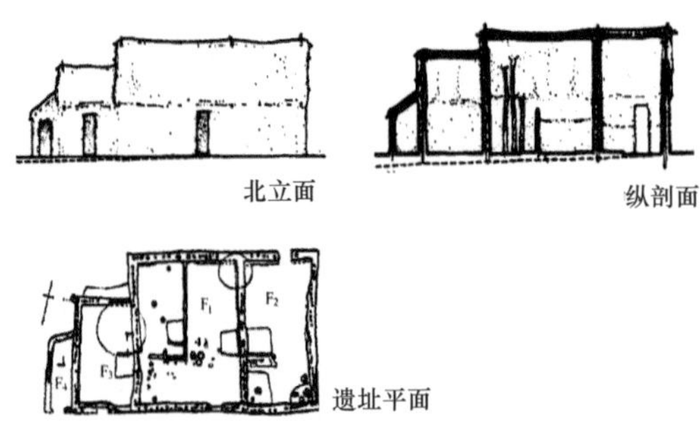

图1-20　郑州大河村遗址复原图

（2）半坡24号房（图1-19）已是明确的地面建筑，此遗址呈现为一个正方形平面，自南向北有3排柱了，每排4根，遗址柱洞有显著的大小差别，分化出承重大柱和木骨排柱。12根大柱洞组成较为规整的柱网，显现出“间”的雏形。它标志着中国以间架为单位的木构框架体系已趋形成。据此杨鸿勋将此屋复原为南北两坡的屋盖，把排烟通风口设在山尖上。室内未见沟槽和小柱洞墙基，可知室内无隔墙。此屋的三开间柱网已显露出木构架建筑“一明两暗”基本型的滥觞。屋顶呈人字形，入口开在墙上，已经是门的形状。室内的布置一般是：入门后，门的右侧是卧具或寝台，有的房子这部分比地面高起10cm多；门的左侧是放置炊具杂物的地方。中央也是火塘，火塘的后面是从事炊事和进餐的地方。一般这样的住房面积为9~30m^2，而半坡遗址中的一所特大的地面房屋面积达160m^2，4根中柱直径几乎有0.5m，外围泥墙厚达0.9~1.3m，内部空间分隔为前面的一个大房间与后面一排3个小房间。

随着早期文明的进步，距今5000年左右中国原始先民进入父系氏族社会阶段，由于私有制的出现和血缘秩序的要求，这阶段的建筑出现了父系氏族社会聚落的特色。现已发现郑州大河村（图1-20）、禹县谷水河、淅川下王岗和蒙城尉迟寺4处排房式建筑遗址。前三处属仰韶文化晚期，后一处属大汶口文化晚期，均已进入父系氏族社会。郑州大河村F1-4，是仰韶文化晚期遗存，为四室连间的地面建筑。遗址大部分墙体还保存一定高度，最高达1m左右。此房屋未见大柱洞，采用

[1] 刘致平. 中国居住建筑简史·城市、住宅、园林. 北京：中国建筑工业出版社，2000：2.

的是木骨泥墙，地面为沙质土抹光烧烤，屋盖为椽木上施泥背屋面。此房址表明地面建筑已从单间型向多间型演进，反映出仰韶文化向龙山文化的过渡。这座长屋像一条父系血缘纽带，将众多的父系小家庭紧紧地连接在一起。❶

在氏族聚落社会生活中，人们的建筑环境意识不断改变，无论是技术还是精神方面都有不同的演变。近年发现的辽西牛河梁女神庙遗址（图1-21）属红山文化，距今约5000年。它位于辽宁省建平县牛河梁北山丘顶，由一个多室的主体建筑和一个单室的辅助建筑构成。墙体用原木骨架结扎草筋，内外敷泥，表面压光而成。主体建筑既有中心主室，又向外分出多室，形成一个有中心的、多重空间组合的平面。特别引人注目的是，神庙的室内已用彩画和线脚来装饰墙面，彩画是在压平后经过烧烤的泥面上用赭红和白色描绘的几何图案，线脚的做法是在泥面上做成凸出的扁平线或半圆线。这个遗址是国内至今发现的最早的祭祀建筑，生动地展现出文明曙光的建筑风采。它出现在远离中原的辽西地域，是华夏文明多源头的有力佐证。位于甘肃的秦安大地湾遗址F901（图1-22）则是距今约5000年的仰韶文化晚期遗址。房址以梯形的主室为中心，主室左右有侧室残迹，后部有后室残迹。这座房址是聚落中体量最大的建筑，又位于聚落中心，主室内有直径达2.6m的大火塘，有很气派的三门和前轩，应是当时酋邦部落的中心建筑，前部堂、轩用于聚会、庆典，后室、旁、夹用作首领住所。其形式上是“前堂后室”，功能上是“前朝后寝”，平面布局已呈现初级宫殿雏形，是很典型的反映文明曙光的建筑风貌。

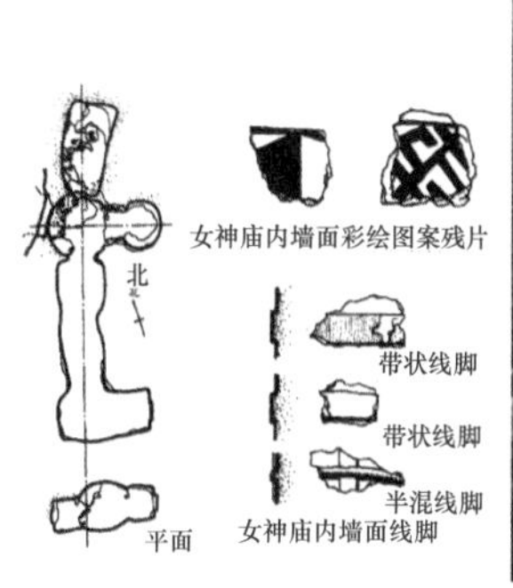

图1-21 辽西牛河梁女神庙遗址

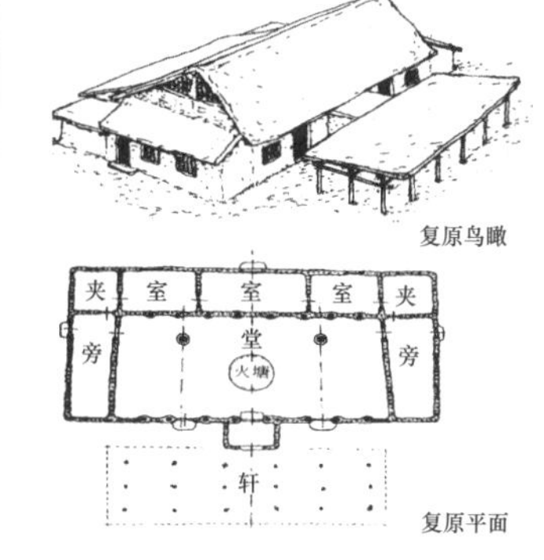

图1-22 杨鸿勋复原的甘肃的秦安大地湾遗址图

原始社会的晚期，还出现了一些与精神生活有更多关系的建筑，类似于大房子、祭坛和包括巨石建筑在内的葬墓等公用建筑可以看成宫殿、庙宇、陵墓的前导，表明此时的原始人在栖身之所以外，已有新的建筑内容和追求。❷

第3节 原始社会朦胧的环境设计意识

所谓艺术设计，其实就是人类有意识的造物活动。它产生于原始社会时期，是我们的祖先在物质产品的加工和劳动过程中产生的。我们的祖先们通过石材的加工以制造石质工具，后来又逐渐生产石制装饰品。随着原始农业和牧业的出现，定居和村落的产生，人类又发明了制陶工艺，陶器成

❶ 侯幼彬，李婉贞. 中国古代建筑历史图说. 北京：中国建筑工业出版社，2002：5，6.

❷ 霍维国，霍光. 中国室内设计史. 北京：中国建筑工业出版社，2007：12.

为了这时重要的文化特征。随着石器制作和制陶业的发展，原始社会的纺织萌芽逐步发展起来。这些劳动成果将艺术设计的源流勾勒出了一个较为清晰的概貌。

一、古代世界的文化观与环境经验

从地球人类的早期生活经验看，大约有三种生活方式：一是定居的农耕生活，以采集渔猎为主，伴随着初步的农耕活动，即形成了定居的农耕民族，如古巴比伦、古埃及、中国；二是以狩猎游牧为主，采集为辅的生活，如欧洲山地民族和欧亚北大陆的游牧民族；三是以河流、海洋渔猎生存方式的渔民生活，如遍布各地的临近河流、海洋或岛屿的民族。

原始人建造的窝棚以及新石器时代初期的人盖的茅屋和洞穴，完全是从实用性出发；只是在文明开始萌芽，人口已达到相当数量时，神龛和头领的茅屋才不仅仅是遮风避雨的地方，这时有意识的建筑才开始出现。

不同环境造就不同的建筑，古代世界的人们就地取材，根据气候和地域特点设计出不同的建筑环境。

1.材料

美索不达米亚地区和尼罗河流域的建筑师彼此间没有什么影响。他们双方最初的形式都是取决于当地材料的特点。

由于幼发拉底和底格里斯河流域地势较低，缺乏诸如石头、矿物甚至树木之类的自然资源，苏美尔人就在阳光下晒干黏土，晒干的泥砖会缩小，因此墙的基底必须逐渐放宽，苏美尔—巴比伦和埃及的建筑物的外墙均呈斜面，使它特具庄严坚固的气派（图1-23）。内部通道很窄狭，因为当时还没有解决支架屋顶的困难。苏美尔的重要建筑物都呈“曲折线条的塔”形，这在后来一直是这个地区的特点。塔形建筑是多层的，每一层都比下面一层窄小些，四周是阳台，并有梯级。软砖的表面盖有瓦和经过焙烧的较硬的砖。现在从这个地区发掘出来的遗物只是一些断瓦残垣，而原来往往是有七八层的建筑物。在美索不达米亚早期的建筑中，极少或从来没有大柱子——因为没有合适的材料——堂屋一般是圆顶，但不用拱形结构，而是由那厚实的墙的每一层的砖都比下面一层向里多伸出一些而盖成的。不过，在乌尔（Ur）和渴石（Kish）的苏美尔人的建筑物中，有用砖砌成的粗大的柱子。扶壁和用砖嵌成的镶板具有装饰的作用。灰泥和赤土陶瓦在装饰方面起的作用很大。石料见于洞穴板壁和类似的特殊位置。我们只是在研究亚述的建筑时，才进入了石料的领域，那里的建筑物开始用石头建造，还随意地用石头作装饰。只是在公元前2千纪埃及的交通发达起来以后，幼发拉底和底格里斯河流域才有大石柱。[1]

图1-23　苏美尔—巴比伦和埃及的建筑物

2.结构

埃及的建筑从没有产生过多层塔形的大厦，除金字塔、方尖碑的石碑和塔门以外，埃及的建筑都是宽阔低矮的。石头起初是作为木材的替代物出现，石制的门楣和横梁代替了木制的，式样仍同木制的一样。（图1-24）

圆锥形帐篷在美洲大陆的平原上常用许多长杆做成一个骨架，顶端捆扎在一起（图1-25）。它的外墙是用兽皮围成的，还有一个门道，顶上也留有一个开口，作为通风之用，并让阳光射入，同

[1] 韦尔斯.世界史纲——生物和人类的简明史.吴文藻，谢冰心，费孝通，等.译.桂林：广西师范大学出版社，2001：207.

时还起着烟道的作用。

图1-24 斯芬克斯神庙

图1-25 图特摩斯三世时期的石羊

3. 审美

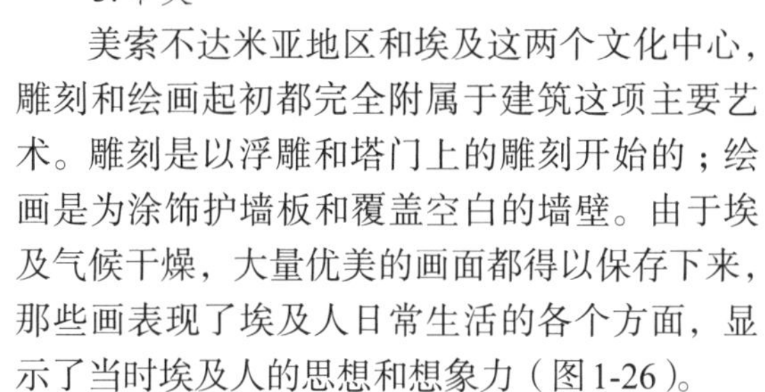

美索不达米亚地区和埃及这两个文化中心，雕刻和绘画起初都完全附属于建筑这项主要艺术。雕刻是以浮雕和塔门上的雕刻开始的；绘画是为涂饰护墙板和覆盖空白的墙壁。由于埃及气候干燥，大量优美的画面都得以保存下来，那些画表现了埃及人日常生活的各个方面，显示了当时埃及人的思想和想象力（图1-26）。

图1-26 埃及的雕塑和绘画

4. 观念

爱琴海地区的建筑有它独有的特性，但总的来说，在精神上和埃及的相似，和巴比伦的不同。这里很早就采用了大圆柱，但建筑物的底层图样的安排错综复杂，壁画和镶嵌技术均已达到很高的水平。

这四种艺术发展的时候，这几个文明中心地区还大量出产经过雕琢的宝石、金饰和其他金属的工艺品、式样大方的家具等。木刻和象牙雕都很优美。

二、中国人独特的环境观

研究表明，中国文化表达含蓄，往往表层背后的另一层意思才是要表达的本义，所以象征义反映了文化本义。建筑园林是文化的载体，是一部非文字的历史书，所以建筑的体量、方位、尺寸、颜色、布局、装修和园林中的山石、水池、植物、布局等建筑要素本身传达着某种文化含义。

石器时代的人类，从山洞穴居到走出山洞，选择山地或者平原、草泽的生活方式，是一种不由自主的过程。随后的半穴居、巢居、帐篷等生活形态，也是由于地理环境的制约而决定生活的习惯。茹毛饮血，衣其羽皮的简陋生活方式，是诸多民族的共同经历。但是，随着各个民族的生活方式不断演变，形成了许多独特的民族风俗。

应该说，农耕民族的定居生活，在采集渔猎之余，有着充分的思维发育的条件。因此，在农耕定居生活的思维方式中，有着丰富的想象力：一方面是在语言的表述中，往往使故事叙述有着跌宕起伏的情节；另一方面，简约词句的构成，重视词语的多重意味，形成了丰富的语言习惯。

游牧狩猎民族的生活方式是流动迁徙的，语言的表达多以歌曲形式呈现。因此，民间文学和传说在史诗般的叙事过程中，往往是在反复的咏叹中完成。

相比之下，海洋性的渔猎民族，其生活的单调却使得生命意志十分顽强。在漫长的岁月中，由于人口分散，不易集中，因此，多保存着古朴神秘的生活习惯，语言表述多是一种理性化的思维。

纵观人类文化的产生，地球上的各个民族的差异，包括中华民族中的许多地域生活习惯，都是如此。黄河长江的农耕民族，北方草原的游牧民族，东南部沿海的渔猎民族等，都有着各自不同的生活背景。原始先民为了生存，看到良禽择木，依树而居的自然启示，于是"构木为巢，以避群害"，这是一种自然选择的构筑方式，也是后来所说的"人法地，地法天，天法道，道法自然"（《道德经·25章》）。[1]

1.村落的设置（城市的雏形）

村落的环境设计显示出原始先民对生活条件、大自然的细心体会和因地制宜的利用智慧。

仰韶文化时期半坡村作为一个村落，已有初步的区划布局，具有相当的规模和部落群居意识。公共空间和个人空间的分隔，即大型的房屋和中小型的房屋的区分，并出现了祭祀或聚会的场所，产生了向心力的建筑布局，这在村落的设置中更为明显。中华民族早期对动物驯养的结果，无疑加大了文化发展的速度与深度。

从全国各地原始社会遗址可以看出，许多聚落在居住区的周围都环以壕沟，以提高防卫能力。到龙山文化时期，在聚落外围构筑土城墙的现象比较普遍，把挖壕沟与筑城墙结合起来，构成壕与城的双重防御结构，显然比单有壕沟进了一步。这种有城墙的聚落规模也日益扩大，最大的已达到 1.2 km^2（如湖北天门市石家河古城）。

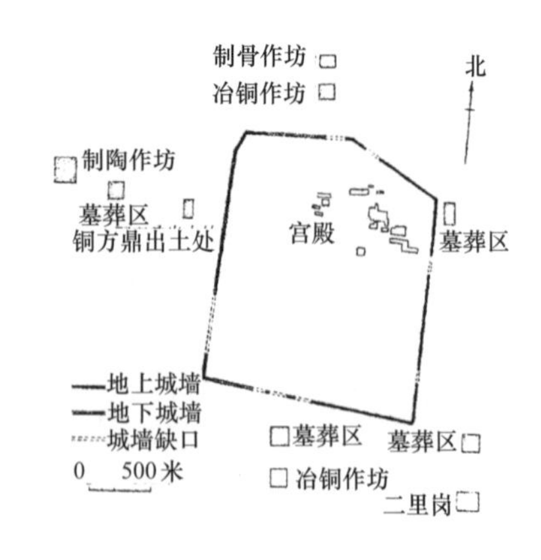

图1-27　郑州商城遗址

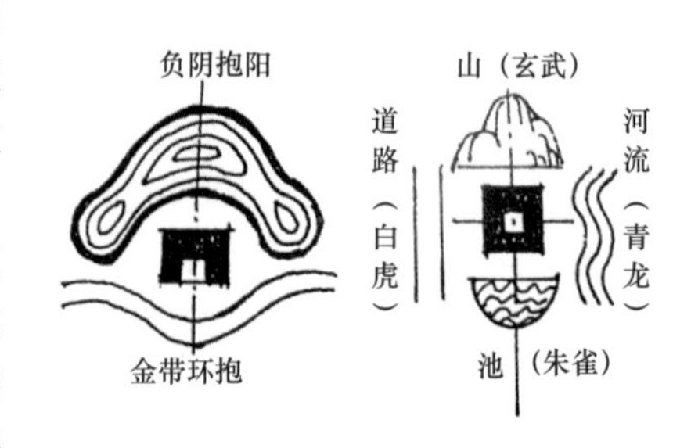

图1-28　最佳住宅选址

村落在扩大时出现城堡。原始社会晚期已出现城垣（图1-27），主要用于防避野兽侵害和其他部族侵袭。考古学资料证明，公元前3000年左右的仰韶文化晚期的郑州西山城址是最早的遗存。其城墙尚残存少许，是用方块板筑法夯筑，现存最高处还有约3m高的城墙。而龙山文化的城堡遗址在河南、山东一带发现较多，有50余处，有些城堡已经有了陶质的下水管道，显示了城市格局的整体性，城中有手工业作坊，出土过一定数量的陶窑和铜渣等遗物。进入奴隶社会后，城垣的性质起了变化，"筑城以卫君，造郭以守民"，城垣起着保护国君、看守国人的职能。

我国的先民在卜基选址的过程中，逐步认识到选址得当会给生活带来吉祥，选址布局不当会给自身带来祸殃。卜基的方法和仪式虽和周易预测的方法有关，但是内容和过程确与实地考察、观察地形、"尝水相土"以及地理调查和测量有关（图1-28）。古人选址注意"藏风得水"，布局注意风、气、水、土、向，在畜牧、农耕、安全、交通等方面有了精细的考察与选择。[2] 今天，当我们从科学发展观的角度出发，以人与生态环境的审美关系来重新审视这一现象时，则发现中国古代住宅建筑中的风水观念虽然存在若干被神化了的封建迷信的因素，但在风水中更蕴涵着中国古人追求人与自然一体和谐的理想诉求（图1-29）。

2.风水是中国人独特的环境观

风水讲的是环境，风水为环境艺术服务，环境艺术设计离不开风水。

起伏的峰峦，茂密的森林，参天的大树，蜿蜒的溪流，无一不有利于住宅主人物质生活的舒畅

❶ 赵农.中国艺术设计史.北京：高等教育出版社，2009：20，31.

❷ 于希贤.法天象地.北京：中国电影出版社，2000：9.

和精神境界的提升，令生活在其中的居住者充满蓬勃旺盛的生命力。如果说中国风水观念在住宅建筑环境布局上以“气”“动”为美的话，那么在住宅的几大环境要素上则以屈曲流转为妙，反对刻板、呆滞。从生态美学角度来看，山峦有利于野生动植物的繁衍生息，河流对水生动植物生长及防洪有益，它实际上是有利于涵养生物，改善局部生态环境的，有利于生活其中的主人生出对生命之美的赏识与赞叹之情。

风水住宅的气动布局和环境要素的屈曲流转，目的是满足住宅主人的物质与精神追求，是使居住其中的每个生命个体获得某种超越情怀。

美国城市规划专家吉·戈兰尼教授就认为：“在历史上，中国十分重视资源保护和环境美，中国的住宅、村庄和城市设计具有与自然和谐并且随大自然的演变而演变的独特风格。”

在中国北方恶劣的自然环境中，像黄土高原这样冬季刮着大风，气温年温差较大的地区，早期的人们一定会设法选择一个比较合适的地点，建造尽可能舒适的住房形式以保护他们免受恶劣环境的袭击。加之黄河河套地区和中游黄土高原这一带有广阔而丰厚的黄土层，便于挖作洞穴。因此，对于黄土高原上的先民们，最好的建筑形式就是挖一个窑洞。这种居住形式成功地代表了对黄土高原环境的适应性，反映了古代中国人把他们的居住地点看作与当地环境有关的科学认识。[1]

图 1-29 仰韶文化墓葬中的“青龙、白虎”

在部落建筑群体中，如半坡文化中的建筑位置的排列，是由中心公共建筑向周围建筑社区散射的，体现了原始人类的公共文化心理和适应自然的设计意识。壕沟外有大量的制陶作坊，以进行制作陶器和工具。甚至有专门的墓地，来安葬死者。半坡时期的墓区在居住区域的北部，成为阴宅设立的重要地点。这实际是中国建筑的风水理论的雏形实践，即《易经》中“坎为北”方位解释（图1-30）。这些都是后来城市布局和设置的基本措施。

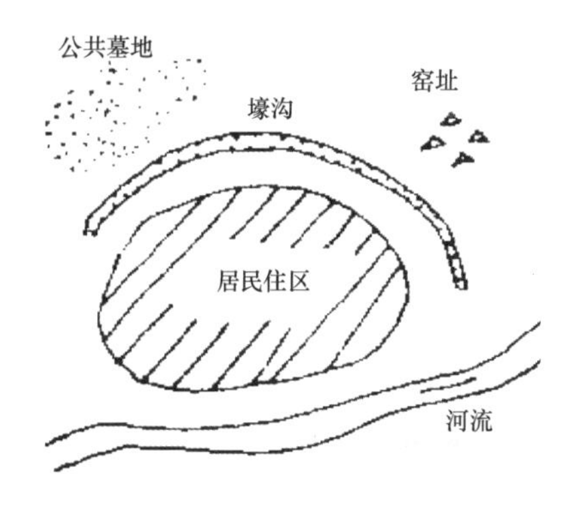

图 1-30 西安半坡村落与环境示意图

原始村落的环境设计显示出原始先民对生活条件、大自然的细心体会和因地制宜的利用智慧。

随着近年考古工作的进展，祭坛和神庙这两种祭祀建筑也在各地原始社会文化遗存中被发现。这些祭坛都位于远离居住区的山丘上，说明对它们的使用都不限于某个小范围的居民点，而可能是一些部落群所共用，所祭的对象应是天地之神或农神。随着原始社会公共建筑遗址的发现，人们对五千多年前的神州大地上先民们的建筑水平有了新的了解，先民们为了表示对神的祇敬之心，开始创造出一种超常的建筑形式，从而出现了沿轴展开的多重空间组合和建筑装饰艺术。这是建筑发展史上的一次飞跃，从此，建筑不再仅仅是物质生活手段，同时也成了社会思想观念的一种表征方式和物化形态。这一变化，促进了建筑技术和艺术向更高的层次发展。

[1] 于希贤.法天象地.北京：中国电影出版社，2000.

第4节　原始社会的室内装饰和室内用具

这时期谈不上“家具”“陈设”等概念，但是考古发现原始社会室内已有各种相当于现代意义上的“家具”的用具。这些物品可能是一块天然石材、石板或木墩，因此更适用“用具”一词。

有两条线索的信息可以帮助我们猜测史前的室内环境，一方面是由考古学家提供的有关各种类型的史前遗存，另一方面是根据人类学家研究的原始部落的人群在当时的实践活动。

一、室内装饰及用具

我们有理由设想最初的遮蔽物也许是被发现的天然洞穴，或者是由手工或简单的工具做成的洞穴。当著名的洞穴壁画在肖威特（Chauvet）、阿尔塔米拉（Altamira）等地被发现后，都清楚地证明早期的人类曾使用过这些洞窟，但不一定是他们居住的地方。或者这些地方是紧急的避难所，或者是作为某种特殊庆典或举行仪式的地方，或者仅仅可能是利用来作为艺术作品，它值得我们赞美，因为他们经过了长期风化而仍然保存得如此完好 。❶

（一）洞内岩画

目前发现的壁画往往位于洞窟深处，壁画艺术的重点是描绘运动形态。几乎所有的壁画都呈现猎物奔跑、跳跃、咀嚼食物或在绝境中面对猎手时的神态。岩洞画家们有时还利用岩壁表面的天然凹凸成功地创造了令人惊讶的三维效果。其中以西班牙阿尔塔米拉洞窟的壁画（图1-31）和法国拉斯科洞窟的壁画（图1-32）最为典型。❷

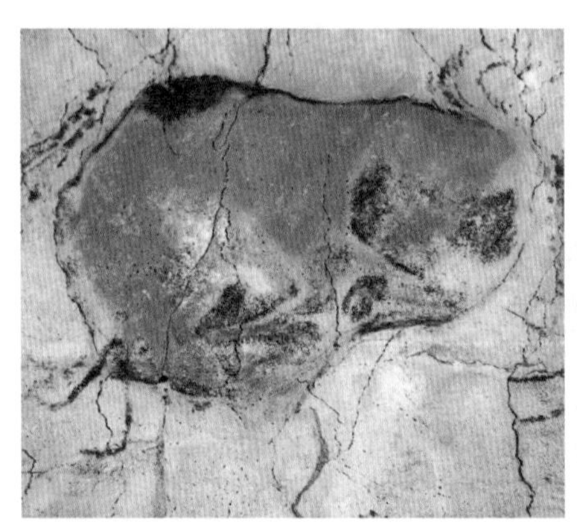

图1-31　西班牙阿尔塔米拉洞窟壁画

图1-32　法国拉斯科洞窟壁画

西班牙阿尔塔米拉洞窟壁画距今大约14000年左右。在这个洞窟里，毫无联系地画着150多个野牛、野猪、野鹿、野马和狼之类的动物形象。所有动物的尺寸都接近真实形体的大小，尤以野牛的姿态最为生动。它们有的站着，有躺着，有的蜷缩睡觉，有的引颈吼叫，有的用蹄刨地，有的身中长矛受伤倒地……其形体、结构准确而富有韵致，单纯的色彩处理具有强烈的艺术感染力。

法国拉斯科洞窟壁画大约是在公元前15000年左右制作的。这个洞窟有主洞、内洞、边洞以及

❶ 派尔．世界室内设计史．刘先觉，等．译．北京：中国建筑工业出版社，2007：10.

❷ 吴永强．西方美术史．长沙：湖南美术出版社，2010：19.

联系洞的通道。这些形象大多用粗壮老练的黑线画出轮廓，并以红、黑、褐色渲染形体起伏变化。虽然这些简单扼要的速写性形象极其生动而富于形式意味，但我们很难说原始艺术家是为美的装饰而作，因为这些壁画毫无整体构图意识。

（二）地上建筑的室内装饰

原始时代的建筑已有简单的装饰。我国半坡遗址中的房屋有锥刺纹样。姜寨和北首岭遗址中的房墙上，有两方连续的几何形泥塑，还有刻画的平行线和压印的圆点图案等。

新石器晚期，室内装饰又有新发现。河南陶寿遗址的白灰墙面上有刻画的几何形图案；山西石楼、陕西武功等地的白灰墙面上还有用红颜色画的墙裙等。

埃及史学家把从史前时代穴居中发掘的众多物品进行分类，最古老的是燧石做成的物品，有箭头、石刀、石斧和石锯等。稍后产生的是陶器，考古学家还发现了用象牙及河马牙制成的物品，如梳子和具有某种装饰风格的匙。

我国距今10万年的周口店“山顶洞人”，洞内有赤铁矿染红的石珠，说明了原始人已有爱美的观念和原始宗教意识。龙山文化的住房遗址已有家庭私有的痕迹，出现了双室相连的套间式半穴居，平面成“吕”字形。内室与外室均有烧火面，是煮食与烤火的地方。外室设有窖穴，供家庭储藏之用。这与仰韶时期窖穴设在室外的布置方式不同。套间的布置也反映了以家庭为单位的生活。在建筑技术方面，广泛地在室内地面上涂抹光洁坚硬的白灰面层，使地面收到防潮、清洁和明亮的效果。在仰韶中期及某些仰韶晚期的遗址中已有在室内地面和墙上采用白灰抹面（如甘肃秦安大地湾F405），许多龙山时期遗址中的白灰面，是用人工烧制的石灰做原料的。在山西襄汾陶寺村龙山文化遗址中已出现了白灰墙面上刻画的图案，这是我国已知最古老的居室装饰。

1.地面

到新石器时代，此时期地面上建筑日渐多起来，土木混合结构的技术提高了，建筑构件趋向科学化，环境装饰意识趋向必然。这时期的建筑不仅刨槽筑基，而且普遍用石灰类物质涂抹居住面——地面及墙的根部。

新石器早期，在兴隆洼遗址中，有数十座半穴式房屋，其穴底大都经过夯实，有的还用火烤过，形成一个光滑平整的硬土层。

新石器中期，在湖北宜昌红花套和关庙山两个遗址中，也有用火烤过的地面，有些地面还用火烧的土块做垫层，以达防潮、防水的目的，这些房屋有人称为“红烧土建筑”。

新石器后期，先民们已开始使用石灰。龙山时期的房屋在考古学上称为“白灰面建筑”，就是因为它们的地面和墙面都有一层白灰面。与以前的硬土和红土建筑相比，白灰面建筑是一个不小的进步。[1]

2.墙面

早期的墙壁大都是用树枝编成的，随后，又在内壁抹泥土。与地面的演变相对应，相继出现的是火烤的土墙面和白灰墙面（图1-33）。

图1-33 长脊短檐式陶屋模型

新石器中期，有挖槽奠基者。新石器晚期，则有了土坯墙。河南龙山文化的许多遗址都有土坯墙，而且在龙山文化白灰面住宅的灶的周围，有用颜色描抹一圈宽带的做法。与土坯墙同时存在的还有夯土墙。它流行于黄河流域，是用当地的黄土层层夯实筑成的，河南安阳后岗遗址就有不少夯土

[1] 霍维国.中国室内设计史.北京：机械工业出版社，2006：16–19.

墙圆形屋。据此，我们可以想见新石器时代的人对住房已有“美”的要求了[1]。杆栏建筑的墙体是竹、木的，河姆渡遗址就发现了许多圆柱、方柱、桩木等遗迹。

3. 灶

河姆渡遗址还发现了用夹砂红陶制成的陶灶。它平面呈箕形，长0.5m有余；火门敞开，宽大略微上翘；内壁有三个支钉，用来架釜；外壁有一对提环，为的是便于提携；底呈椭圆形，形体稳重。可以说，灶的使用，推动了原始人类生活方式的改变，使他们生活变得更加文明。

二、室内陈设用具

原始时代的工艺品，既具实用性，又具艺术性，但几乎都以实用为主要目的。古埃及艺术发起于公元前4000年左右，即所谓前王朝时期（包括石器时期）及早王朝时期（提尼斯时期：第一、二王朝）。

陈设设计的结果是将一种材质或多种材质，经过艺术的提炼，产生一个有感召力的物品，强化空间的审美效果，丰富人们对空间的审美需要，暗示或升华空间特定的气质及个性。

现在来看原始时代的陈设用具，它们在当时都不以室内陈设的面目出现，而表现为各种生产、生活用具或器物。但是，以陶器为代表的原始时代的工艺品，又确实反映了原始人的艺术成就，其造型、色彩和纹饰对以后的工艺具有深刻的影响。它们被置于室内，客观上也具有陈设的意义，并为以后室内陈设的发展做了必要的铺垫。

1. 陶器

早期的陶器为手制，中期出现了慢轮法，随后又出现了快轮法。原始时代的陶器，就色泽而言，有红陶、黄陶、黑陶和白陶；就器形而言，有碗、壶、钵、罐、盆、瓶、鼎、鬲（音利）、甗（音yǎn）、甑、鬶（音guī）、盘、豆、斝（音jiǎ）和杯等；其装饰手法有刻画、堆贴、指印、雕塑和彩绘等。已发现的陶器中，最著名的是彩陶和黑陶（图1-34）。

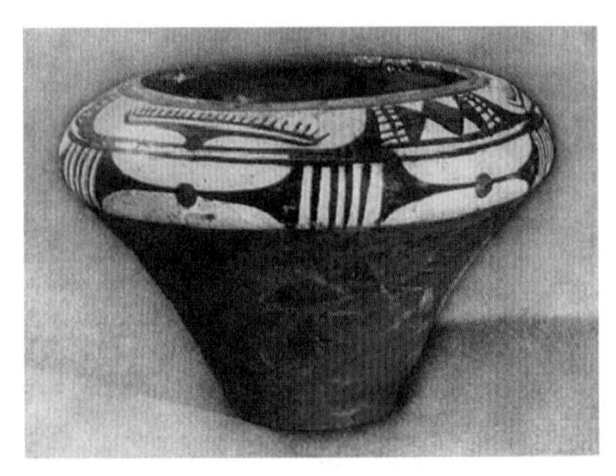

图1-34　仰韶文化时期的彩陶

（a）

（b）

图1-35　母系氏族装饰纹样

2. 漆器

漆器工艺在中国具有悠久的历史。考古发现，新石器中期已有漆木碗。良渚文化时期，漆绘已广泛用在木器和陶器上。20世纪70~80年代，考古学家在山西襄汾陶寺龙山文化墓葬中发现了数十件彩绘的漆木器，尽管木胎已腐，但仍能看出有案、俎等家具和器物。这批漆木器的颜色有红、黄、白、蓝、黑绿等多种，纹饰多为条带纹、几何线、云纹和回纹。器物中有一件长方形箱式木案，面绘红漆，边为白框，已具今日家具的雏形。

---

[1] 刘致平．中国居住建筑简史·城市、住宅、园林．北京：中国建筑工业出版社，2000：3.

3. 茵席

茵席，是供坐卧铺垫的用具，在古人的日常生活中占有重要的地位。其时，人们都席地坐卧，因此，茵席不仅是生活起居的必需品，也有了礼仪的意义。

席有编织的和纺织的，纺织席包括毡、毯、茵和褥，其中的茵和褥也有由兽皮制成的。我国，以丝麻制作坐具的历史非常早，《壹是纪始》第十一卷记载，“黄帝作旃（古毡字i），尧作毯”，毡、毯的区别在于毯比毡薄而细密。褥的名称传说始于神农。《黄帝内传》说：“王母为帝列七宝登真之床，敷华甘净光之褥”，说明褥使用同样很早。其实，褥是一个统称，毡、毯之类既可称茵、席，又可称褥。由于茵席易腐，出土的实物不多，但从上述文献记载中可以得出结论，原始时代已有茵席等用具。

三、纹样

我国原始母系氏族社会相对和平安全，其装饰纹样也相对生动、活泼、天真和淳朴。原始时代的装饰纹样以彩陶纹样最有代表性，而仰韶半坡彩陶和马家窑文化的彩陶就更典型。半坡彩陶的纹饰以动物形象和动物纹样为主，尤以鱼纹最普遍。兼有抽象的几何纹（图1-35），如各式曲线、直线、水纹、漩涡纹、三角纹和锯齿纹。

追溯起来，原始社会仪式上放置的一个图腾，就可算作陈设，随着时光流逝，宗教的意义淡化了，演变出了最初的陈设意识。陈设艺术在人类的发展过程中不断地完善，逐步形成了相对独立的体系。

⊙思考题

1. 原始社会的建筑空间类型有哪些？
2. 原始社会的室内装饰和室内用具有哪些特点？
3. 简述原始社会的环境艺术设计的发展趋势。

第2章 文明古国的环境艺术设计

古埃及、两河流域、印度、中国的古代文明被世界公认为“四大古文明”。在人类社会文明早期，人类改造自然的能力较弱，因此自然地理环境对人类文明中心的形成起到了决定性的作用。本章通过介绍各大文明古国各自不同的地理环境，进而分析各文明古国在不同时期阶段的环境艺术设计。

第1节 追求永生与支配——古埃及和巴比伦的环境艺术设计

尼罗河流域的古埃及是西方文明的发祥地。在埃及，法老是人间的最高统治者，这意味着古埃及环境艺术，主要体现于以石料所建成的陵墓与庙宇建筑群。

巴比伦王国继承并极大发展了两河流域的文明，把美索不达米亚文明推向了顶峰。巴比伦城被建设得宏伟壮丽，直到100多年后，希腊历史学家，被称为“历史之父”的希罗多德来到巴比伦城时，仍称它为世界上最壮丽的城市。

一、折射信仰和造型纯粹的古埃及环境艺术设计

贯穿埃及全境的尼罗河孕育了古埃及的文明，古埃及文明被古罗马学者希罗多德称为“尼罗河的恩赐”。

古埃及人的环境观体现在修建和装饰规模宏大的陵墓及神庙，这与古埃及人特殊的生死观念和宗教信仰有密切的关系。埃及人建起坚固的陵墓，还在里面布置精美的壁画及作为死者替身的雕像等，以期使灵魂获得永恒的安逸与幸福。古埃及的宗教则属于一种对自然神的崇拜，尼罗河规则涨落，农作物定期枯荣，昼夜更替、季节变换等显著的自然变化规律使得埃及人形成了关于给自然界制定秩序的神的观念。

古埃及环境艺术设计史分为四个主要时期：第一，早王朝时期，这一时期没有留下完整的建筑物，主要是一些简陋的住宅和坟墓。第二，古王国时期，这时候氏族公社的成员还是主要劳动力，作为皇帝陵墓庞大的金字塔就是他们建造的，金字塔反映着原始的拜物教，纪念性建筑物是单纯而开廓的。第三，中王国时期，建筑以石窟陵墓为主。第四，新王国时期，这是古埃及最强大的时期，建筑以神庙和宫殿为主，追求神秘和威严的气氛。

古埃及人创造了人类最早的一流的建筑艺术以及和建筑物相适应的室内装饰艺术，早在3000年前，他们就已会用正投影绘制建筑物的立面图和平面图，新王国时期有相当准确的建筑图样遗留下来，会画总图及剖面图，同时也会使用比例尺。

1.早期王朝（约前30世纪—前27世纪）

希腊孔波利斯是埃及史前时期的重要历史遗迹，在这里发现的一段墓室壁画反映着埃及艺术萌芽期的状况。壁画的含义不明，动物、人群和白色的船只散乱地漂浮在画面上，相互间缺乏明确的联系，具有原始绘画的特征（图2-1）。但这种形象已流露出程式化的倾向，类似于象征性的符号，

可能和古埃及象形文字有某种亲缘关系。

2. 古王国时期（约前27世纪—前22世纪）

古王国时期，埃及形成了以法老为中心的高度集中的集权政治体制，国家稳定而强大。古代埃及最辉煌的建筑成就是金字塔和神庙。埃及金字塔体现了埃及墓葬仪式的新观念和君主神圣化的信念。迄今为止，埃及共发现金字塔97座，其中绝大多数是古王国法老们兴建的，主要分布于尼罗河三角洲一带，其中最大、最有名的是祖孙三代金字塔——胡夫金字塔、哈夫拉金字塔和孟卡拉金字塔。

图2-1 埃及墓室壁画

作为法老陵墓的古埃及金字塔经历了一个逐渐演变的过程。早期法老的陵墓只是一种由泥砖构筑的低台建筑，被称为“马斯塔巴”（图2-2），向高处发展的集中式纪念性构图萌芽了。后来随着王朝的加强和社会财富的增长，“马斯塔巴”被淘汰，取而代之的是宏伟壮丽的角锥型金字塔。

阶梯金字塔建于古埃及第三王朝以前，坟墓一般是用泥砖砌成的巨大的长方形的坟堆。到第三王朝时，有一个名叫伊姆霍泰普（Imhotep，前27世纪）的医生，想以特殊的方式为国王左塞（Zoser）建造坟墓（图2-3）。于是，他在人类历史上第一次用石块建造了巨大的坟墓，即为古埃及历史上最早的金字塔。金字塔由五个顺序缩小的马斯塔巴叠加在一起构成，它是埃及最早的六级梯形金字塔（图2-4），全部用岩石构筑，十分坚固。

图2-2 马斯塔巴

图2-3 左赛尔金字塔

阶梯金字塔周围还建有葬礼庙、柱厅以及围墙等附属建筑物，形成一个庞大的墓葬区。墓葬区的围墙上有许多漂亮的扶壁石柱，其中有的模拟纸草植物的形状，纤长的柱身顶着纸草花形的柱头，虽起不到支撑作用，但极具优雅的装饰效果。在金字塔的周围，伊姆霍泰普还修建了“北家”“南家”祭殿等其他一些建筑物。

弯曲金字塔（图2-5）约建造于公元前26世纪，位于沙卡拉地区，是埃及第四王朝第一位法老萨夫罗在位时期修建的。其特别之处在于，塔身在超过一半高度的时候，角度发生变化，倾角由下半部的52° 向内弯折成43.5° ，这样金字塔的四面看起来是弯曲的。

红色金字塔是法老萨夫罗在弯曲金字塔附近修建的另一座金字塔。它是埃及最古老、最“真正”的金字塔，底部为边长约220m的长方形，高约104m。因其主体建筑材料采用红色石灰石而得名。它的建成说明了古埃及人的金字塔建筑技术已经非常成熟。

“三大金字塔”（图2-6），胡夫、哈夫拉、孟卡拉金字塔，由第四王朝的三位法老修建。它们的

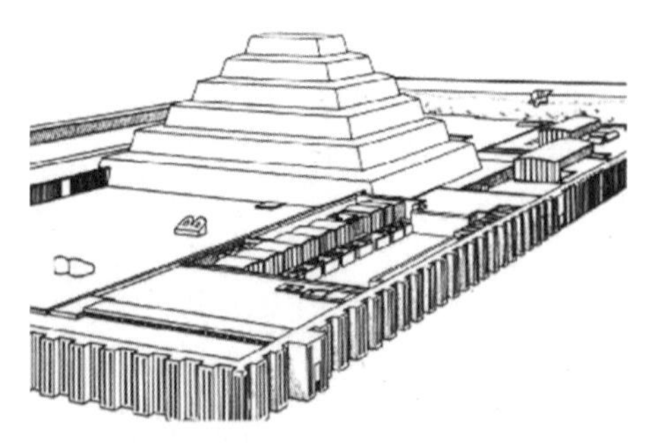

图2-4　六级梯形金字塔

图2-5　弯曲金字塔

体积大到难以测量，其中以胡夫金字塔最宏大，也最古老。其高度与底边的比例恰好等于圆周率的两倍，为6.28，即等于圆周与直径的比例。这一切充分显示了公元前第三个千年的古埃及人在数学、天文和工程方面的高度成就。胡夫金字塔高146.5m，用来建造金字塔内芯和表面的石块就要230万块，据专家估计，要建造吉萨的胡夫金字塔，得雇佣10万人劳动20年。

图2-6　三大金字塔

三座金字塔由沉重的石灰岩块垒叠而成，异常稳固，原先还装饰着一层光洁的石灰岩面砖，目前只剩下哈夫拉金字塔顶端的一小部分。若保持原状，金字塔简洁、单纯、稳固的结构效果会更加强烈。整个金字塔非常牢固，石块之间相互压叠咬合而没有使用任何的黏合剂，其砌工之精确甚至现代的石匠也难以企及。在无垠的沙漠上只有金字塔这样高大、稳定、沉重、简洁的形象才能永恒，也反映了一种威严、神秘的时代气氛。

离胡夫金字塔160m远处，还有胡夫次子及其继承者哈夫拉的金字塔。与胡夫金字塔相比，哈夫拉金字塔的高度低了3m，边长也缩短了16m，但它更加壮观豪华。哈夫拉金字塔的塔身都用磨光的花岗岩饰面，从它保存完整的顶部仍然可以看到，金字塔顶部在阳光照耀下熠熠生辉。

哈夫拉金字塔是一座规整的梁柱结构建筑，立柱没有模仿纸草之类的植物的形状，而是适应花岗岩的材质特点，把它雕琢得平直方正，与横梁贴合无间。哈夫拉金字塔的东面建有它的附属建筑——河谷神庙及举世闻名的狮身人面像，它被希腊人称为“斯芬克斯”（图2-7），是从整块天然山岩上雕凿出来的，象征着王权神授的观念。

古王国的雕像艺术已趋成熟，除了狮身人面像这类露天的大型纪念性神像外，大量的雕像作为随葬品，放置在陵墓和葬礼庙中，是一种墓葬艺术。在古埃及人的头脑中，死亡之国与现实世界并无区别，所以，浮雕、壁画力求真实、生动地反映现实，为死者的灵魂构筑一个永恒的乐园。

3. 中王国时期（前22世纪—前16世纪）

中王国时期，首都迁到上埃及的底比斯（Thebes），法老的权威由于受到日益强大的地方割据势力的冲击而衰微，他们再也无力组织修建庞大的金字塔。中王国时期的陵墓多采用崖窟墓的形式，把墓穴开凿在深山野谷里，不过葬礼庙的规模有所扩展。

大约公元前20世纪，在戴尔·埃尔·巴哈利（Deir el-Bahari）造的中王国法老孟特荷太普三世陵墓的葬礼庙（图2-8）开创了新的形制。有两层开阔的平台，平台立面为宽敞的柱廊，顶部有一座小型的金字塔，整组建筑物坐落在一个幽深的山谷中，与环境配合协调。中王国的贵族墓也盛行崖窟墓的形式，在贝尼哈桑附近发现了近40座贵族的崖窟墓。

在中王国的神庙建筑中，出现了一种引人注目的纪念建筑形式——方尖碑，它一般被竖立在神庙的入口处，是献给太阳神拉的。神庙入口采用塔门的建筑形式，稳固、庄重，与方尖碑结合形成威严神圣的气势。

图2-7 斯芬克斯

图2-8 孟特荷太普三世陵墓金字塔

图2-9 卡纳克（Karnak）阿蒙神庙

4.新王国时期（前16世纪—前11世纪）

新王国时期经历了18~20王朝，这时的埃及国力强盛，成为一个地跨亚非的强大帝国。建筑上除了强调外观的雄伟壮丽外，有一些建筑物内部有意识地造成幽深压抑的空间效果。总之，新王国时期在环境艺术设计方面已经脱离了传统的形式规范，而显现出鲜明的时代特征。

卡纳克（Karnak）阿蒙神庙（图2-9），它始建公元前14世纪，是底比斯最为古老的庙宇，也是当今世界上仅存的规模最大的庙宇。神庙总长366m，宽110m，其平面呈长方形、前面设有塔门。神庙以西面的主神殿为中心，大殿密密麻麻排列着134根粗壮的石柱，分16排而立，每根高21m，直径超过3.57m。据估计，这些圆柱的顶上可容百人站立。看上去神殿内部的空间完全是柱子的森林。这些石柱历经3000多年无一倾倒，令人赞叹。中央通路两旁有12根带有纸莎草花形状的柱头，高达23m，为现存的古代最大的石柱。埃及神庙的美学特征就在于巨石林立所产生的势不可挡的视觉效果，它使神的子民步入神殿的第一步，甚至在很远处敬畏感就油然而生。

卢克索（Luxor）阿蒙神庙（图2-10）。它位于底比斯城尼罗河东岸，比卡纳克的阿蒙神庙规模略小。神庙总长262m，宽56m，由塔门、庭院、柱厅和诸神殿构成。在塔门两侧矗立着六尊拉美西斯二世的巨石雕像，其中靠塔门两侧的两尊高达14m。进入塔门的东北角是太阳神阿蒙庙，庙内原有两座方尖碑（图2-11），其中一座被作为礼品送给了法国，现坐落在巴黎协和广场上。14根高达20m粗壮的石柱坐落在两进院子之间，充满了阴暗神秘的感觉。卢克索阿蒙神庙是如此的繁复华丽，以至于当拿破仑的军队首次发现它的遗址时，部队自动停了下来，所有的士兵扔掉了手中的武器，瞠目结舌地凝视着这不可思议的一切。庞大的物质数量而非精致的审美效果，也正是神庙装饰的目的。

图2-10 卢克索（Luxor）阿蒙神庙夜景

图2-11 方尖碑

阿布·辛贝勒神庙。新王朝后期，拉美西斯二世在埃及南部的阿布·辛贝勒（AbuSimbel）地区的山崖下开凿了一座雄伟的石窟神庙，神庙正面树立着四尊高约20m的拉美西斯二世（Ramses Ⅱ）坐像（图2-12），极其庄严稳重，他们的尺度由门洞和小雕像衬托出来，像一座巨大的纪念碑。

图2-12　拉美西斯二世（Ramses Ⅱ）坐像

（1）帝王谷和帝后谷。

历代埃及国王大造陵墓，由于材料和资金紧缩，后来的许多法老在底比斯西部的“王陵谷”因势利导地建造了许多岩崖墓。

在尼罗河西岸的一处隐秘山谷——帝王谷中（图2-13），所有陵墓的形式基本相同，坡度很陡的阶梯通道直通陵墓走廊，走廊通墓室前室，室内有数间墓穴。第十八王朝著名女王哈特什普苏特女王在位时兴建的巴哈利神庙最具代表性，庙宇紧靠底比斯山冈。整座建筑利用悬崖峭壁前的三阶大平台构筑而成，气势相当壮观。

强大的新王国衰落之后，埃及社会进入了一个持续动荡的历史时期——后王朝时期。这时埃及的环境艺术设计活动在总体上已趋于萎缩。波斯人以及后来的希腊人先后征服了埃及，在他们文化的影响下，埃及环境艺术设计的全貌大为改观。

图2-13　帝王谷遗址

埃及石造建筑环境艺术的设计特点：一是在于利用巨石材料模仿木质结构的艺术效果，二是较早产生了拱券、拱券陵等结构形式，在陵墓和神庙中穹顶已经常见，只不过这种形式尚未应用于建筑的外部结构；三是建筑物的细部装饰，各种柱式的装饰主题多取材于生活中的纸莎草、莲花、棕榈叶等吉祥之物；四是华丽的色彩装饰效果，建筑常用青、红、黄等原色，彩绘样遍施于整个建筑。这种装饰风格，完全不同于只在特定部位饰以色彩的古希腊建筑。

与神殿、金字塔相比，建筑就显然简陋得多了，往往是低层的平顶屋，内部空间比较简单，由于使用的材料多为坯和砖，这类建筑能够保存下来也就很困难了。上层的贵族在豪华开敞的庭院中常常使用镶嵌宝石、雕有豪华装饰纹样的家具（图2-14），而平民则使用无靠背的四腿凳子及造型简朴到用四根柱子支撑一块方形面板的餐桌。在这一时期，埃及人的装饰技术、住宅和花园设计都达到了相当的水平，所有的表现性艺术都带有几何形状的原型。

（2）精美的浮雕和壁画。

埃及文明一直保持了稳固的传统，在美术上形成了独特的风格。浮雕和壁画是埃及陵墓装饰中不可缺少的组成部分。古埃及雕塑作品的形式多样，有石板浮雕、木板浮雕、彩陶塑、着色石雕人像、着色肖像雕刻等。古埃及壁画的题材极其广泛，这些壁画对于我们了解公元前2000年左右古埃及法老与显贵们的环境艺术设计观，有很大的帮助。在许多情况下浮雕和壁画之间是没有严格区别的，可以称为浮雕壁画。有些艺术手法一直被延续下来，形成了埃及艺术独特奇异的风格。

图2-14　雕有豪华装饰纹样的家具

二、华丽精巧和神秘悠远的古巴比伦环境艺术设计

两河流域（图2-15），指的是幼发拉底河和底格里斯河之间的肥沃平原，也是人类最早进入奴隶制社会的文明地区之一，在历史上称为美索不达米亚。这片土地是十分富饶的冲积三角洲，人类开始在江河的冲积层上种植谷物，渐渐这片土地上发展起以农业经济为主体的奴隶制城邦。

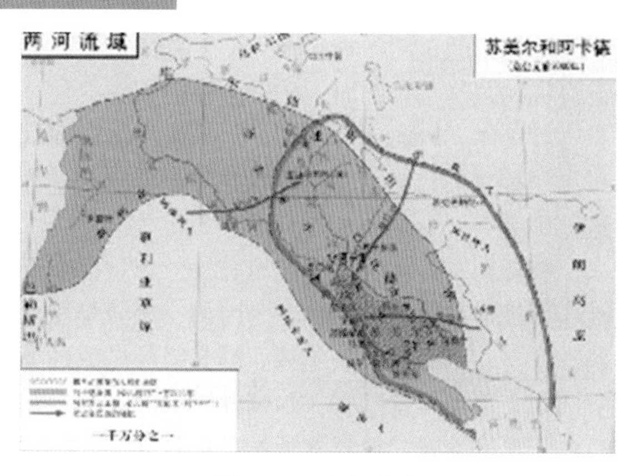

图2-15 两河流域

美索不达米亚建筑的主要创新是金字形神塔。神塔的主要结构是一个矩形、卵形或者正方形的平台，平台由多层构成，自下而上面积逐渐减小。晒制砖构成神塔的核心，而烤制砖构成神塔的表面结构。表面通常被不同颜色的釉所装点，可能具有占星术意义。美索不达米亚的金字形神塔不是举行崇拜和仪式的公共场所，每个城市都有一座神塔，它被认为是当地保护神的住所，只有祭司才准登上神塔与神灵进行沟通。

美索不达米亚文明在它的发展历史上曾有过多次的中断，它的种族成分也非常复杂，也有过许多王朝和地理范围的变更，这些造成了建筑和景观上的发展错综复杂，这支文明曾被称为“巴比伦文明”和“巴比伦——亚述文明”，然而它的创立者并不是巴比伦人或者亚述人，而是更早的苏美尔人。

定居、游牧民的征服、同化、新的征服、再同化，这种更替现象是这段人类历史的特征，大约公元前40世纪，在两河下游的平原沼泽地带出现了最初的真正意义上的城市，建立城市的是当地被称为“苏美尔人”的人。他们的土屋集聚而成城镇，他们还为自己的宗教兴建起塔式的庙宇。由于幼发拉底——底格里斯河流域地势较低的地方，完全缺乏诸如石头，矿物甚至树木之类的自然资源，苏美尔人就在阳光下晒干黏土，以砖筑屋，制造陶器和泥土偶像并在瓦形的薄块泥坯上描画，随后，也在上面写字。

在这片土地上相继建立起的许多城邦国家，主要由以下三种文化组成。

1. 苏美尔——阿卡德文化

在人类历史发展的早期阶段，建筑环境艺术与宗教和政治有着千丝万缕的联系，苏美尔文化也不例外。大约在公元前30世纪初，苏美尔人居住的地区出现了十多个城邦。这些城邦都供奉着各自的庇护神。在城邦的中心地带修筑气势宏伟的塔庙，作为庇护神在人世间的居所。塔庙不但是宗教活动中心，还是政治、经济活动的要地。

最早的苏美尔塔庙遗址位于乌鲁克城（图2-16），大约建成于公元前35世纪，比埃及最古老的金字塔的年代还要久远。它的平面呈方形，由体积巨大的平台和平台上的神殿两部分组成，平台高度在12m上下，外围有盘旋上升的阶梯坡道，神殿涂成明亮的白色，故也称为“白庙”。值得注意的是，神殿正门并不正对坡道的尽头，祭坛也隐匿在神殿内的一个角落里，说明建筑师没有强调严格对称的格局。苏美尔复兴时期修建

图2-16 苏美尔塔庙

的乌尔城塔庙，规模要更大一些，它原先有三层平台，现在只剩下一层。它的正面突出了三层阶梯坡道，显得气势非凡。

苏美尔的金字状神庙，是保存最好的金字状神庙，从复原图中可看出，神殿位于四层平台之巅，设有大门，这是拾级而上的崇拜者们的目的地，是整个神庙最神圣的部分。

苏美尔人以农业为基础，但是底格里斯河和幼发拉底河年年泛滥，人们经常面临洪水之灾。面对无法控制的自然力量和蛮族的不时攻击，人们开始将精神寄托于神灵，并且崇拜自然界的力量，这其中天空、土地及水占有很大的比重。

神庙则一直作为一种值得敬畏的力量存在于苏美尔社会中。为了增强神庙的威严崇高，苏美尔神庙都被建在高大的平台上，因而，神庙是用于俯瞰城邦和苏美尔那平展的地平线的。由于缺乏石料和木材，所有的苏美尔神庙都是由泥做成的泥板和砖块筑成的，由一个个由大到小的梯形平台拾阶而上，整体呈金字状，顶端置神殿。

2. 巴比伦文化时期的环境艺术设计

古巴比伦（Babylon）王国的文明是在苏美尔——阿卡德的基础上建立起来的，并且经历了两度繁荣。公元前19世纪初，巴比伦王汉谟拉比实现了两河流域的统一，建立了巴比伦城。公元前16世纪初，巴比伦城被亚述国王所毁。从公元前7世纪时，巴比伦王尼布甲尼撒再一次统一两河，重建了雄伟的巴比伦城，包括著名的世界七大奇迹之一的空中花园（图2-17）。

图2-17　古巴比伦空中花园

西方的造园概念旧约时代就已经出现,《圣经》中“乐园”即上帝的居所伊甸园，是一个树荫茂盛、气味芬芳、水源充沛的地方。对这种“乐园”的追求也始终贯穿着西亚和欧洲的园林、环境发展史。

公元前10世纪，出现在旧约时代中期的以色列所罗门是一位酷爱园艺的君主，受到埃及造园艺术的影响，创造了规模巨大、布局规则，林荫、凉亭、大水池等景观散布其间的人工特色显著的园林环境。

巴比伦“空中花园”建于公元前6世纪初，是新巴比伦国王尼布甲尼撒二世为他的妃子建造的花园。其实所谓空中花园只是各层土台屋顶上的屋顶花园，其底边长及台高，一般推测为每边120m，呈方形，高约23m，各个台地用墙和拱廊支撑，内部有很多洞窟和浴室。近台地的四边，覆土种植各种树木花草，从整体上看，像是被树林覆盖着，呈小山的景观，高高耸立在巴比伦平原的中央。

这一时期是宫廷建筑的黄金时代。宫殿豪华而实用，既是皇室办公驻地，又是神权政治的一种象征，还是商业和社会生活的枢纽。宫殿往往和神庙结合成一体，以中轴线为界，分为公开殿堂和内室两个部分，中间保持着一个露天庭院。内部设计比较完整的就是玛里（Mari）城的一座公元前1800年的皇宫，皇宫大面积是著名的庙塔所在的区域，在另一侧小部分是国王接见用的大厅附属用房。宫殿西边是祭祀用的庙堂及办公、生活区和一些储藏室。庙堂里树立着皇家祖先的雕像，其中一个厅堂的神龛里，立着一个女水神像，双手握着流水的瓶罐。

在巴比伦，建筑基本是由黏土烧结砖砌筑而成的，相对于石刻建筑来说用这种砖修建的建筑造型可以比较自由。构筑物一般比较低矮，重要建筑建在台基之上，这样是为了避免洪水与昆虫的侵扰。在巴比伦出现了拱和拱顶技术，这可能就是传说中的空中花园的基本筑造技术。新巴比伦城(图

2-18）于公元前605年至前562年达到其奢华的顶峰，从迄今存留的“游行圣路”和“伊斯塔尔城门”两处古迹中可见一斑。开阔的游行圣路宽73英尺，由白色石灰石和淡红色大理石铺就，从北到南穿越全城。路的两旁是高23英尺的彩墙，墙用闪光的蓝色瓷砖贴面，上面有红色和金色的狮子浮雕装饰。可见，两河流域的环境艺术不像埃及那样完全将目光投向君权和神灵，而是更注重现实生活的世俗特征，并且善于创造并运用多种材质，因地制宜地进行设计，搭配出丰富多彩的色彩效果。

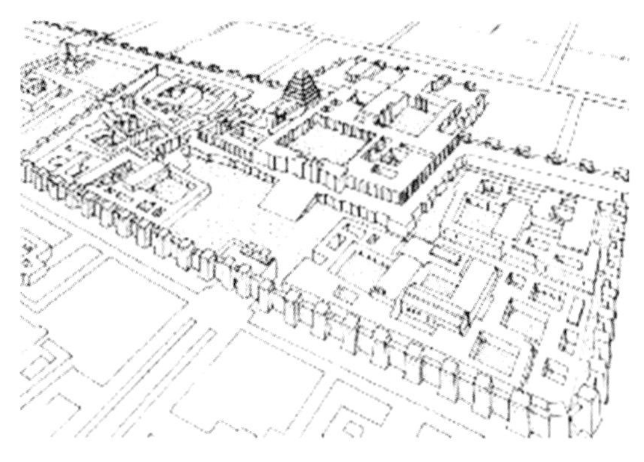
图2-18 新巴比伦城

这一时期的饰面技术有了较快的发展，因当地多暴雨，为了保护土坯墙免受侵蚀，在一些重要建筑物的重要部位，趁土坯还潮软的时候，揳进长约12cm的圆锥形陶钉，陶钉密密挨在一起，底面形同镶嵌，于是将底面涂上红、白、黑三种颜色，组成图案。起初，图案是编织纹样，模仿苇席。后来，陶钉底面做成多种式样，摆脱了模仿，有了适合于自己工艺的特色，这就是饰面的起源和演变。

当地盛产石油，公元前三千纪之后，多用沥青保护墙面，比陶钉更便于施工，更能防潮，因此陶钉渐渐被淘汰。由于墙的下部最易损坏，所以多在这部位用砖和石板贴面，做成墙裙。于是，在墙裙上做横幅的浮雕就成了这一地区古代建筑装饰的又一特色。

大约在公元前三千纪，两河下游在生产砖的过程中发明了琉璃。土坯墙的保护和建筑物的彩色饰面因为有了琉璃砖而大大提高了。琉璃砖的防水性能好，色泽美丽，又无须像石片和贝壳那样全靠在自然界采集，因此，逐渐成了这地区最重要的饰面材料，并且传布到上游地区和伊朗高原。

公元前6世纪前半叶建设起来的新巴比伦城，重要的建筑物大量使用琉璃砖贴面。重建于柏林柏加马博物馆的伊斯塔尔门是巴比伦最为壮观的残留。彩色釉面砖做装饰，上面有成排的实际大小般的金色公牛和龙（图2-19）。它们在大墙面上均匀地排列，简单地不断重复，完全符合琉璃砖大量模制的生产特点，和小块拼镶的施工工艺。

在建筑物上施加装饰，或是淳朴地为了美化生活，又或是有主题思想需要表现。一种装饰手法，只有当它适合于建筑物的和它本身的物质技术条件时才会有生命力，否则必然会在实践过程中被淘汰。

3. 亚述古国

公元前539年，波斯国王塞流士攻陷巴比伦，结束了巴比伦帝国。亚述帝国和波斯征服者的建筑在波斯波利所斯（Persepolis）达到了顶峰。大跨度结构可能由来自黎巴嫩的杉木梁构成，建筑物仍旧放置于方形组合的平面上。伊朗所保留的建筑思想在希腊化时期被淹没了，但是，在萨良文化期间却又重新出现，早期置于方形平面之上的拱顶演变成了穹顶。萨良王宫（The Palace of Sargon Ⅱ，前722—705年）（图2-20）位于都城夏鲁金（Dur Sharrukin）西北角的卫城里，高踞在18m高的大半由人工砌筑的土台上。大门再用两河下游的典型式样而显得更加隆重，在4座方形碉楼中夹着3个拱门，中央的拱门宽4.3m。墙上满贴琉璃，墙裙3m高，石板上作浮雕。在门洞口的两侧和碉楼的转角处，石板上雕人兽翼牛像（图2-21）。这是亚述常用的装饰题材，象征睿智和健壮。

图2-19 新巴比伦城的伊斯塔尔门

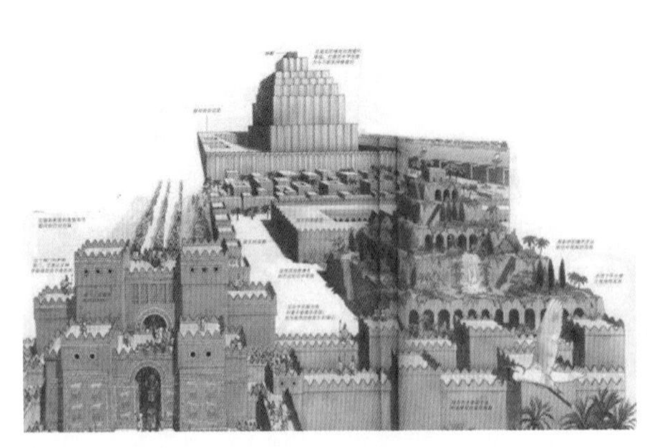

图2-20　萨艮王宫

图2-21　人兽翼牛像

由于农耕经济的灌溉水渠的形成，在广袤的土地上人们产生了最初的园林设想。这时的园林往往以几何形为基本形，边界设有围墙，内部以灌溉水渠和树木为主。按伊甸园的形制：一块围合起来的方形平面，用来分离充满危险和敌意的外部世界，再用象征天国四条河流的水渠穿越花园。

在亚述人统治期间也出现了景观园林，随着农耕经济的发展马匹驯养逐渐普及，于是出现了最早的狩猎苑囿。与早期的园林相同，苑囿也是以几何形布局，而狩猎用的亭岗逐步演化成为最初的观景亭与台。即使在波斯人入侵期间，在景观园林方面思路的开拓和实践都没中断过。

第2节　简朴与装饰——古代希腊和罗马的环境艺术设计

得天独厚的地理位置，地中海宜人的气候和与外界频繁的交流使得希腊人有着积极的理性认识和平等的民主作风，审美崇尚健康、有力，富有外向而善于雄辩的哲理精神，这些都是促成希腊成为西方文明摇篮的重要因素。

而古罗马是由意大利的一个小城邦扩展而成为拥有辽阔疆土的多元民族。与希腊相比，罗马人更有追求浮华的世俗化倾向，建筑柱式与雕塑的形式倾于烦琐。另外，罗马人创造性地运用了火山灰制成天然混凝土，大力推进了拱券技术，建造起大规模的宫殿与城市，成就了罗马帝国的宏伟景观。

一、典雅和谐的古希腊环境艺术设计

约公元前21世纪，克里特文化（或米诺斯文化）（前2100—前1400）进入青铜时代，有亡灵祭祀和殉葬习俗，有祭祀舞蹈；前1700年在克里特岛出现线形文字，迈锡尼文化（前1700—前1199）使用青铜器和犁耕；约前1400年克里特被希腊人占领，克里特文化（或米诺斯文化）结束；荷马时代（前1100—前700）出现《伊利亚特》和《奥德赛》两部史诗，开始由铜器时代转入铁器时代，处于军事民主制阶段；约前1190年，荷马史诗中的特洛伊战争爆发；约前1000年，古希腊诸神系统开始形成；约前950年希腊文化开始广泛使用铁；前776年，奥林匹克竞技会兴起，规定以后每4年举行一次，希腊随之成为精神和文化中心。

（一）爱琴文明

远在古代希腊文明诞生之前，在希腊半岛南部和爱琴海诸岛，就已经出现了成熟的古代文明——爱琴文明。古代爱琴海地区先后出现了以克里特（Crete）、迈锡尼（Mycenae）为中心的古代爱琴文明，史称克里特——迈锡尼文化。

1. 克里特

克里特文化主要体现在宫殿建筑，而不是在神庙。宫殿建筑及内部设计风格古雅凝重，空间关系变化莫测极富特色。

20世纪末，在克里特岛中心的克诺索斯发现了传说中的国王米诺斯的王宫，位于爱琴海南部，这是克里特最重要的环境艺术遗存，即克诺索斯王宫（Palace of Knossos）（图2-22）。

图2-22　克诺索斯王宫

它是一个庞大复杂的依山而建的建筑，建筑中心是一个长52m、宽27m的长方形庭院，宫殿的布局带有随意经营的特点，没有统一的规划。四周是各种不同大小的殿堂、房间、走廊及库房。由于克里特岛终年气候温和的原因，房间之间互相开敞通透。室内外之间常常用几根柱子划分。另外，因为它依山而建，造成王宫中地势高差很大，空间高低错落，走道及楼梯曲折回环，变化多端，曾被称为“迷宫”。

迷宫的采光、通风和供水、排水都有周密而精确的设计。在高低错落的宫室之间安置一个个可以采光和通风的天井，让光线和空气通过靠天井的窗口和通风口进入室内。对于光线较暗的底层，则在采光天井的一角装上一块磨光的大理石，让光线通过大理石的反射照入室内，使底层的房间获得较好的光线。敞开式的房间在夏天可以感受到微风，另一部分可以关闭的房间在冬天能用铜炉烧水。另外迷宫还备有洗澡间和公共厕所，并有十分完备的下水道系统。

米诺斯王宫广泛使用圆柱，柱头和柱基大多是厚实的圆盘，上粗下细，可见当时的建筑工匠在设计工程中运用了高明的视差矫正法，这增强了室内的低矮感。

装饰与舒适同等重要，内部生活设施齐全，房间的面积都不大，似乎在有意造成一种温馨家庭生活的氛围。房间和廊道上的墙上充满壁画，天花板也涂了泥灰，绘有一些以植物花叶为主的装饰纹样，光线通过许多窄小的窗户和洞口射入室内，使人置身其间有一种扑朔迷离的神秘感。此外，宫殿的建筑结构也是绝无仅有的，墙的下部用乱石砌筑，以上用土坯，土坯墙里再镶入涂成红色的木骨架，使构架裸露，很有一番独特的审美情趣。

2. 迈锡尼

光辉一时的克里特文明最终何时湮没于历史长河中始终是一个不解之谜。迈锡尼是克里特统治下的一个小地方，后来逐渐强大起来，占领并吞并了克里特。迈锡尼人崇尚武力，擅长征战，在希腊南部地区留下了许多用巨石垒筑的坚固城堡，作为大陆文明的迈锡尼是位于希腊半岛的一座古城就是他们创造的。后来的希腊人把他们视为传说中独眼巨人的杰作。

迈锡尼城也被称为迈锡尼卫城，自古典时代便是人们向往的旅游胜地。我们今日所见的迈锡尼遗址（图2-23）是公元前1200年至前1300年几经扩建而成的。坐落在高于四周40~50m的山岗之上，从高处俯瞰，蜿蜒起伏的城墙环绕于山岗之上，形成一个巨大的城址。城堡的正门位于西北方，城门的由巨大厚重的石灰石砌成，门两侧向外的墙形成一条狭长的过道，通向山下，形成易守难攻的险要环境。城堡的主城门——狮子门，顶部的三角形浮雕上刻着两只狮子护卫着一根米诺斯风格的圆柱，可能带有宗教或政治的象征含义。其文化与克里特文化在很多方面都有所不同，它的宫殿建筑是封闭而与外界隔绝的，主要房间被称作梅格隆（Megarn）。含意是大房间的意思，其形状是12m^{2}左右的正方或长方形，中央有一个不熄的火塘，是崇拜祖先的一种象征。房间一般由四根柱子支撑着屋顶，房间的前面是一个庭院，其他型制同克诺索斯宫殿一样，空间呈自由状态发展，没有轴线。

图2-23 迈锡尼遗址

所谓“阿特柔斯宝库”则堪称迈锡尼建筑遗址中最有特色、最引人注目的例子，它位于城堡之外的西南方，是一座有着巨大圆顶的陵墓。因其突出的穹隆顶状如蜂房，因此也被称为“蜂房墓”。陵墓主室是一个用于祭拜仪式的圆形大厅，大厅的壁面和穹顶内面曾用青铜花瓣装饰，今天已不复存在。王宫陈设可从《奥德赛》所描述的华丽的椅子窥见一斑，从派罗斯发现的泥板文字中，便列举有镶嵌象牙、大青石和黄金的安乐椅及悬垂黄金和象牙装饰的安乐椅及带有小脚踏的椅子。

虽然迈锡尼的建筑风格与克里特大为不同，一个粗犷雄健，一个纤秀华丽；一个有极强的防御性，一个毫不设防。但二者也有不少共同点：如以正室为核心的宫殿建筑群布局，工字形平面的大门、上粗下细的石柱等，这些共同点影响到以后的希腊建筑。

（二）古代希腊文化与设计艺术

大约在公元前12世纪，另一支未开化的希腊人部族——多利斯人从北方南迁到希腊半岛，他们完全毁弃了迈锡尼文明的成果。希腊历史自此进入了所谓的“黑暗时期”，在这段时间里，古希腊文明发展的线索中断了。

地中海被人们称为“欧洲文明的摇篮”，而希腊文明可以说是欧洲文明的发源地了，希腊文化也鲜明地反映出了西方精神。希腊人赞扬自由探究的精神，竭力用智慧去发现事物存在的法则，认为知识高于信仰。也是出于这些原因，古代希腊人将自己的建筑与环境设计的文化发展到了一个古代世界最高的阶段。

到了公元前7世纪和前6世纪，希腊美术进入了迅速成长的古风时期，这个时期为古典美术的全面繁荣奠定了基础。古典时期是希腊艺术发展的鼎盛期。建筑和雕刻艺术达到了完美的境界，成为理想的美术的典范。

古希腊位于欧洲南部，从地理上讲，它是东西半球的交会点。在希腊大陆上，连绵不断的山划分了土地和海岸，使之形成相互隔离的小块，在这种海洋性的地理条件下，希腊不是以农耕，而是在海上开拓谋求生存。阿蒂卡（雅典所在地）的年平均气温在17摄氏度左右，是个自给自足的社会。雅典到了公元前6世纪已成为这一带的中心，这里气候适宜，物产丰富，人们将更多的精力投入到艺术创造上来。

奴隶制政权的建立将文明的火把插在了希腊大地，希腊、罗马先后经历了奴隶社会由盛及衰的各个阶段，并孕育了这一地区的奴隶制文明。另一方面，希腊的文明也不仅是自身文化发展的结果，美索不达米亚、埃及等地区文化也带给希腊文明很大的影响。

大海给希腊人提供了在海湾之间乘风航行的勇气，他们向物质上的自给自足挑战，到大海上去开拓冒险。他们的开拓精神使他们对原有的生活信条产生了质疑，于是在希腊出现了纯理性的哲学家，他们在科学事实积累基础上，用智慧去推断事物的法则。希腊受美索不达米亚人的众神观念和埃及几何学的影响，人总是期望和追求着完美，而完美则反映在恒定而永恒的数学原则上。逻辑学家和生物学家亚里士多德（Aristotle）则更强调对现实世界的理解和认识。

图2-24 帕提农神庙

如果说埃及人的数学形式来源于人们对于自然现象的体验，那么，希腊人对数学形式的审美则是主观的和先验的。庙宇就是一种以空间秩序的意识去寻找比例、安全和平静的典型，无论其周围的景观是优美还是平淡的，希腊建筑不是去控制景观而是去与风景联系或协调。它启示了后来的理性主义规划，导致了罗马帝国的非常现实主义的设计思想和相应的物质建设成就。

基于早期的木结构建筑形制，希腊人发展了自己的石结构。庙宇平面呈方形，梁架结构简单，坡顶。这一形制也逐步发展成为欧洲建筑的基本型。帕提农神庙（ Parthenon）（图2-24）全部用白色大理石构筑而成，如同一尊雕塑，它的远近视距、视差和太阳的光影都在细部设计的考虑之中。这些不仅是出于技术上的考虑，同时也反映了希腊人的观念，特别是反映了他们的美学思想。

希腊古典建筑给后人留下的并不仅仅只是建筑的形制本身，更多的则是与建筑结合在一起的环境意识。帕提农神庙所具有视觉上的震撼力并不仅仅在于建筑本身，也在与它与环境的联系。建筑物的美学力量在这些建筑的底下：是那些巨大的山岩支撑了这些建筑使之耸入云霄，这些青色和赭石色的山岩同其上方的大理石建筑形成鲜明的对照；这些山岩参差不齐的轮廓线，也同神庙建筑物壮丽的几何体形成对照。即使在夜晚的月光下，面对雅典卫城，也是一种宗教般的体验，其效果胜过任何刻意的安排。在希腊，无论是神庙、剧场、集市或住宅，它们都被在规划的角度上从属了自然景观。

古希腊为人类留下的立体的设计经典是其各种各样的建筑，其中尤以神庙建筑更为出色，它们是希腊人将使用功能、宗教信仰、审美情趣和他们杰出的艺术才华完美结合的典范。从使用功能看，古希腊人不再对每一个建筑都重新进行研究而浪费时间，发明了一套实用的准则和原理，其核心是按照合理的原则构筑一种固定不变的模式和标准，如柱基、承受屋顶重量的墙和圆柱、与支承体相连的石块，然后将这些组成部分按照事先规定的一般规则结合起来，这就是建筑史家和艺术史家们经常提到的希腊的“柱式”。

古希腊建筑中最基本的柱式以多立克式（ Dorico）、爱奥尼式（Ionico）以及由后一种发展而来的科林斯式（ Corintio）为主（图2-25），它们是古希腊建筑体现其创造者的审美情趣和装饰手法的结晶。多立克式朴实刚劲，体现了男性气概，著名的帕提农神庙就是使用这种柱式。而与其大约同时期产生的爱奥尼柱式则显得纤细精巧，体现了女性的特征。科林斯柱式比起前两种显得更加华丽，它已经表现了创造者是把它作为建筑的装饰物，而非有实际功能组成部分的设计意向，这种倾向与

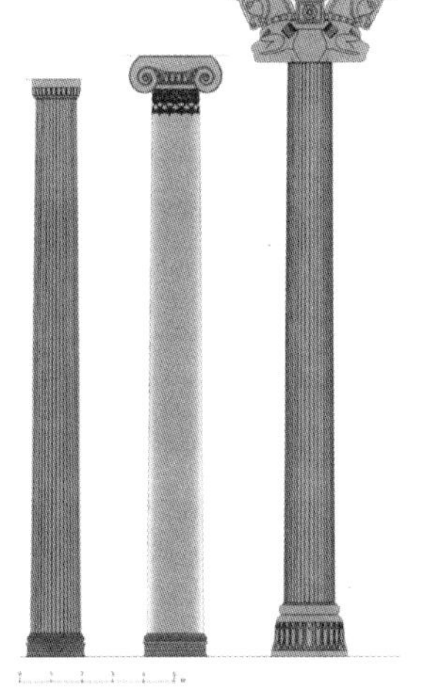

图2-25 科林斯式

当时希腊哲学和美学中对于尽善尽美的追求有密切关系。

在古典时代，希腊建筑设计的代表作品可以列举雅典卫城（Aoropolis）的诸神殿。位于卫城中央的帕提农神庙（ Partnenon），其整体虽是一座典型的多立克柱式建筑，然而在其后的内部却竖立着四根爱奥尼式柱子，显而易见作者的设计意图是在于把多立克柱式的静穆、凝重、庄严与爱奥尼式柱式的轻柔、秀美、洗礼美妙地结合起来。而位于雅典卫城正门台阶右上方的胜利女神神庙（Nike）（图2-26）则是爱奥尼柱式的典型遗例。位于帕提农神庙北侧的伊瑞克提翁神庙（Erechtheion）（图2-27），也是一座爱奥尼式建筑。这座神庙构筑在高低不平的地基上，所以呈现不规则的平面布局和外形，在神殿中建筑师把三种不同风格的建筑形式巧妙地组合在一起，使其既富于变化，又显得和谐优美。

图2-26　胜利女神神庙

图2-27　伊瑞克提翁神庙

希腊的家具设计也极富有特色。当时在城市中，富裕阶层的公民由于各自生活方式的差异而出现了不同的家具形式。当时流行一种名为“克里纳”的躺椅，是为适应男子休息或进餐设计的，吃饭时可以侧卧其上，在面前放置一个三条腿的小餐桌，就可以舒适地进餐了。对于女子，为适应其做家务、梳妆、织绣等，还专门设计了一种名为“克里斯莫斯”（图2-28）的轻便椅子，颇受广大妇女们的喜爱。作为一般民用家具的种类，主要包括以下几种形式：装饰有纹样的会客用扶手椅；适用于室内、配有皮条编结座面的四腿方凳，用于饮食的轻便餐桌；收存衣类及其贵重物品的橱柜等。此外，还有用四条方腿或圆腿支撑的床类，床的两头设有较矮的床栏，同时配备厚厚的褥垫和长枕，其形式与现在床的类型大致相同。

图2-28　克里斯莫斯

古代希腊的辉煌成就根植于深刻的人本主义精神，这种精神也是整个希腊文明的基本价值取向。在古代希腊，人们崇尚一种精神与物质、理智和情感相协调的、合乎人性的生活，这样的一种生活态度反映在希腊环境艺术设计中，就是始终把人作为艺术创作的出发点和主要的表现对象。希腊的建筑呈现的是开朗、合理、和谐的艺术品质，绝不会令人畏惧或使人感到压抑。

二、恢宏壮观的古罗马环境艺术设计

古罗马的历史可以上溯到公元前8世纪。公元前5世纪以前罗马处于氏族部落时期，以后古罗马经历了共和国时期（前509—前28）和帝国时期（前27—476）。帝国时期的罗马成为地跨亚、非、欧三大洲的大帝国。

罗马文明是公元前6世纪逐渐发展起来的。罗马人同希腊人同属一个民族，远在希腊的辉煌衰退之前，在西方的一个很大程度上来自希腊文化的文明，已经开始在意大利半岛的台伯河两岸崛起了。

当马其顿和其儿子亚历山大建立了地跨欧、亚、非三洲的希腊大帝国时，在意大利半岛台伯河流域又兴起了一个国家，这就是罗马大帝国。罗马人在广泛吸收四邻各族文化精华，特别是古希腊人的卓越文化成就的基础上，根据本国社会、经济、政治发展的需要，创造了自己独特的文化。罗马成为希腊之后的西方政治、文化的中心。

罗马和希腊都是奴隶制国家，也都是半岛国家。与喜欢海上冒险的希腊人不同，罗马人主要依靠农业为生，罗马人在同自然的不断抗争中培养了对客观事物冷静思考和求实精神，设计中更注重实用，反对过分的装饰，宏伟和崇高是他们的追求。作为一个重视实际、重视实用的民族，决定了罗马人的艺术观是求实、写实的，缺乏幻想和想象力。

1748年，在附近一座遗址工作的一支西班牙工程队开始挖掘庞贝古城遗址（图2-29），1763年，庞贝终于重见天日。因为罗马人讲求实际，他们的工艺也是为了特定的主顾而作。表面带浮雕的装饰模仿了当时流行的雕塑风格，有些枯燥，过分强调线条的作用，但这正是西方人推崇的古典风格。同一时期，他们建造了很多巨大的土木工程，古罗马建筑对以后欧洲的、美洲的甚至全世界的建筑，都有极其深远的影响。

罗马的城市规划思想更注重实用的目的。“罗马城市规划的最大艺术成就与贡献，就是对城市开敞空间的创造以及对城市整体明确‘秩序感’的建立。”罗马人通过轴线、对比、透视等手法，建立起了整体宏伟的城市空间，罗马的景观设计到了奥古斯都时代以后达到高峰。富家花园规模庞大，无论是圣殿、公共建筑还是富人的住宅都与希腊神庙的一般形式相对应，并在一种去控制自然景观的设计意念上试图建立人为秩序与自然景观之间的和谐。

罗马人发现了用意大利特有的火山灰、石灰和碎石搅拌加工成的混凝土，发明了拱券，增大了建筑跨度。这一时期开始广泛使用券拱技术，并达到了相当高的水平。与希腊的承柱式不同，罗马人采用混凝土制成的拱券和圆顶，用墙体作为支撑，形成一个巨大的内部空间。

罗马城内建于27年的万神庙（图2-30）是神庙建筑中最杰出的代表，它最显著的特点就是以精巧的穹顶结构创造出开敞、凝重的内部空间，可以说，万神庙的结构达到了功能、结构、形式三者的和谐统一。神庙正殿上覆半圆形穹隆，直径43.5m，顶高与直径相同。直到19世纪以前，它仍是世界上跨度最大的穹隆形建筑。

罗马时期的柱式，罗马人在继承了古希腊柱式的基础上又做了发展，创造了一种最简单的柱

图2-29 庞贝古城遗址

图2-30 万神庙

式——塔司干柱式（Toscan Order）（图2-31），为了解决支撑拱券的墙所形成的呆板局面，罗马人还创造了一种装饰性的柱式——券柱式（图2-32）。后来又发展了连续券，进而创造了建筑物的水平韵律。罗马人强烈的实用主义态度使得古罗马的建筑类型和内部空间的设计内容空前丰富。某些巨型结构，像古罗马的一些公共浴场，不仅仅是沐浴的场所，还是市民社交活动的中心，除浴室外，还有演讲厅、图书馆、剧院等，这些浴场的空间布局处理得独具匠心。花园作为建筑的延伸，在罗马时期也得到了发展，渐渐罗马城本身就成了一座花园城市。

图2-31　塔司干柱式

图2-32　券柱式

罗马因为征服了希腊便有机会接触希腊文化，在希腊园林艺术的基础上发展起了大规模的庭园，生活的奢华使得别墅庭院的建造发达了起来。住宅庭院外有组织成图案形式的围墙并种植有花木，园内建有鱼池、园亭和必要的设施小品等。公元2世纪，哈德良大帝（Hadraian，117—138年在位）在罗马东郊梯沃利（Tivoli）建造的著名的哈德良山庄就是罗马城区园庭的典型，该园面积达18km^2，由一系列馆阁庭院组成，还有层台柱廊、剧场浴池等。

罗马建筑的最大特色在于混凝土的（Concrete）应用，为利用拱券和拱状穹顶等结构形式，建造跨度较大的大型建筑提供了可能。作为圆形剧场的典型案例，则是罗马的大斗兽场（Colosseum），斗兽场的平面呈长圆形，长径为188m，短径为156m，高度为48m，据说可以容纳观众5万多人。其外观分为四层，自下而上分别采用了多种柱式。

此外，罗马建筑一大特色，是公共建筑得到了显著发展，罗马的浴场、图书馆、剧场等公共文化设施相对都非常发达。罗马广场和希腊的城市广场一样，也是市民们从事社交活动的公共场所。在古代罗马，每逢节日或某种庆典，都会用青松翠柏的枝叶搭建起漂亮的“彩门”，到了后来就逐渐演变成为一种用石材构筑而成的“纪念门”，这便是以后的凯旋门（Triumphal）。罗马最有名的凯旋门当属罗马帝国时期的君士坦丁（Constantinus）大帝所兴建的凯旋门（图2-33）。

图2-33　君士坦丁凯旋门

家具艺术设计在罗马生活中也有相当杰出的表现，上层阶级住宅中的家具，其制作材料除了使用各种木材外，还包括大理石及青铜。作为罗马家具的典型样式之一，是一种名叫“列克塔斯”的躺椅。罗马时代的各类储藏家具，大多采用各种珍贵材料的镶嵌装饰，诸如象牙、金银、宝石等。罗马人为了收藏并陈列价值高昂的银质和玻璃制餐具，则喜欢使用餐具柜或某种装饰橱。在日常生活应用最广的椅类中既有用木材、青铜和大理石制作而成的名“斯塔姆那”的长椅，又有名叫“萨布塞利亚”的四腿式凳子。此外，还有一种设有靠背的折叠式矫凳，很受人们欢迎。而且，在这个类型的轿凳中，还有的用大理石和青铜制成，同时施以豪华的面料装饰，这就是皇帝和执政官在举行礼仪大典时使用的“权威座位”。

第3节　追求与环境的融合——古代美洲的环境艺术设计

美洲包括南美洲和北美洲两大部分，在1492年哥伦布到达这里以前，美洲一直与世界其他文明隔绝，形成了独树一帜的美洲文明。美洲文明的代表有玛雅文明、印加文明、阿兹特克文明。此外，托尔特克文化时期、瓦哈卡文明、特奥蒂瓦坎文明和奥尔美加文明等在美洲发展史上也占有重要地位。

1. 玛雅文明时期

在整个美洲的古代文明中，最辉煌、也最为人熟知的当属玛雅文明了。玛雅文明是古代美洲印第安人文明，是美洲古代印第安文明的杰出代表，以印第安玛雅人而得名。主要分布在墨西哥南部、危地马拉、巴西、伯利兹以及洪都拉斯和萨尔瓦多西地区。

认识一个文明的艺术成就必然不能割裂其与不同地域、不同时期的其他文明之间的相互关系。奥尔美加文明对玛雅产生了深远的影响，玛雅的宗教信仰、玛雅人对碧玉的热爱皆与其有着渊源，玛雅辉煌的文明成就也大量为后期崛起的阿兹特克文明所用。玛雅文明的艺术成就闪烁着神秘的东方色彩，绚丽的色彩表达、夸张的人物造型、敏锐的感性表现无不透出鬼斧神工的艺术创造力，艺术成就令人叹为观止。

公元3世纪至16世纪是玛雅文化的鼎盛期，这一时期玛雅人活动的范围大致在今墨西哥南部及尤卡坦半岛、危地马拉、洪都拉斯和伯利兹的北部。玛雅人有自己独特的宗教信仰，他们修筑的金字塔显得高峻、陡峭。

（1）艺术成就：玛雅艺术家对繁复的细节表现有着偏执的喜好，艺术家们竭尽所能表现着人物、场景以及纹饰的详尽。有时甚至整体形象几乎被遍布的细节刻画所分解，这种细节的表现并非无序的堆砌，玛雅艺术家懂得在不同的载体上进行形体的聚散和疏密分割，他们将元素分解和重构，按自己的审美取向和对形体的认识进行再现。对审美的均衡理解同样表现在建筑上，如乌斯马尔祭司住所南翼对称的入口拱门便与其北翼不对称的主体建筑形成了视觉上的平衡。

图文并茂是玛雅艺术的一大特征。文字与图像一样被作为构成元素出现在艺术品上，在陶器、石雕、饰品、抄本乃至建筑装饰上（图2-34），皆可看到大量在构成中并不孤立的象形文字符号。文字除了语意的表达，也是重要的构成元素。

图2-34　图文并茂应用在建筑装饰

（2）宗教：玛雅人宗教意识很强，文化、生活均富于宗教色彩。他们崇拜太阳神、雨神、五谷神、风神等神灵。这其中太阳神居于诸神之上，被尊为上帝的化身。所以，玛雅文明是建立在对太阳的崇拜基础上的，能追溯历史，也能预示日食一类的天体现象，其精确度超过同代希腊、罗马所用历法。他们相信上苍的力量能毁灭人类在大地上建立的秩序。因此，每项新的工程项目开工，他们都要选择适宜的时辰。玛雅人诸神的观念是和人类的献祭联系在一起的，诸神对于粮食收成和物产多寡负有责任，同时，如果没有人类以血液供奉，他们则无法生息而人类也将死亡。在玛雅人统治时期，据说人们自愿血祭神灵。

为了建立人与神的对话，玛雅人建造了巨大的纪念性建筑，除了满足祭司或头领们的居住之外，他们的建筑只考虑其外部的感染力：一种有秩序的、反映玛雅人对于外部世界看法的建筑形态。

玛雅人对石质建筑有着天生的爱好，而用石材修建建筑要耗费更多的时间，如果没有强大的宗教精神力量，难以想象数目如此之多的建筑是如何完成的。在蒂卡尔建筑中，建筑的宗教性尤为明显，庞大的建筑外观尺度与内部狭小的空间形成鲜明的对比。神灵是第一位的，至于人居住在其中是否舒适则显得无关紧要了。

（3）建筑成就：玛雅人的建筑工程达到古代世界高度水平，早期他们不会用拱券，但是，却能组织大量的劳力去完成大型的土方工程。玛雅建筑以布局严谨、结构宏伟著称，建筑用沉重的牛腿来支撑石构的屋顶，墙体较厚，而这些厚墙又提供了雕刻的可能，玛雅人对坚硬的石料进行雕镂加工。

尤卡坦半岛发现的所谓乌斯马尔修道院（图2-35）反映了玛雅建筑的特征。这是一座包括四幢房屋的砖石结构的复合建筑，外形方正、低矮，横卧于平坦的地面上，水平感突出，显得非常稳重。

中南部的奇琴伊察古城（图2-36）是玛雅文化的历史遗址，城内建筑宏伟，雕刻精美，大金字塔、神庙以及各种神秘的柱列群遍布城区各处。被现代人称为天文台的建筑物，外观新奇，圆柱形建筑主体立于高高的平台之上，形势略似现代的天文台。建筑物内部采用了拱顶技术。

图2-35　乌斯马尔修道院

图2-36　奇琴伊察武士神庙

玛雅人与埃及人都热衷于修建金字塔，埃及金字塔十分单纯，表面没有装饰，而玛雅金字塔则表现出阶梯状的结构，顶部常常建有神殿，内部一般是实心的。不过在帕伦克铭文神殿的金字塔（图2-37）基础中也发现了国王巴卡尔的墓室。帕伦克宫殿建在梯形的土台上，建筑物排列在4个中庭四周，其间有走廊或地下通道相连。宫殿的一角还有一座高耸的塔楼，共4层，高15m，是玛雅建筑中唯一的塔楼式建筑。

（4）建筑装饰：玛雅建筑的表面常常装饰着绚丽的色彩，玛雅人在长期的艺术实践中已经理解了色彩的作用，建筑上绚丽的装饰色彩使得建筑从绿色的热带丛林脱颖而出，体现着城邦的荣耀。

2.托尔特克文化时期

托尔特克人在继承和吸收部分特奥蒂瓦坎文化的基础上不断丰富和发展了自己的物质生活和精神生活，在墨西哥这块古老的土地上创立了伟大的艺术文明——托尔特克文明，它在很多方面影响了阿兹台克文明和玛雅文明的发展。

托尔特克文明也就此兴起于图拉城。图拉城虽然在山上，但气候宜人，水草丰盛。正由于这一绝佳的自然环境，这里成为人类活动繁衍生息的一个中心，人类从事劳动、创造的一个基地，为阿兹台克文明的发展创造了有利条件。

图2-37 帕伦克铭文神殿的金字塔

3.阿兹台克文化时期

阿兹台克文化是墨西中部最主要的土著文化，阿兹台克的经济生活以农业为基础。阿兹台克人的宗教意识很强，崇拜太阳神、战神、月亮神、雨神、玉米神和羽毛蛇神等，其中以太阳神和战神为主。阿兹台克人在迁徙和对外扩张的过程中不断学习和吸取其他文化的精华，以玛雅历法为基础创建了“太阳历”。

4.印加文化时期

印加人（Incas）原为印第安人中克丘亚人的一支，15世纪，这个强悍的民族的势力在安第斯山地区逐渐强大，又征服了西部地区，建立了一个绵延约2000英里海岸线的印加帝国。

在宗教方面，印加人主要崇拜太阳，自称为太阳的后代。每逢农事周期的各个节日，都要举行祭典。印加人重视农业，所以修建梯田和远程水利的灌溉工程发达，最长的水渠长达113km，主要农作物是玉米和马铃薯。由于农业生产的需要，印加人建立了一定的天文知识和历法。

印加人的道路系统却是其他文明所不及的，修筑道路是印加人物质文化的巨大成就之一。印加人没有车，建造道路是便于运输货物或行人。首都与其他地区之间有许多道路连接，主要的道路有两条，自南而北纵贯全国。印加人的道路是世界上最杰出的古代工程之一。

与其他古代美洲文明相比，印加文明更加讲求实际。实际上，被印加人所征服的低地文明产生得较早一些，而且文明程度也比他们高。尽管低地人接受了印加人的统治，因为两者所处的环境不同，他们并没有接受其宗教信念。低地人的灌溉系统良好，但日照过多，缺雨水，仅靠海风带来的水分滋润着农田。因此，低地人能更多地考虑聚落与自然环境的关系，而不是单纯地显示他们的建筑技艺和审美趣味。低地的印加人城市都是用泥构筑起来的，由于地势平坦，人们多用方形来组合各种单元。这些单元因地制宜地按地形排列，规则中也带有相当的灵活性。他们没有统一的城市设计，土地与地形在这里被运用得节制而微妙。但是，在山地情况却不同。那里，地形的影响压倒了一切，地形的影响给人造成的印象是神秘莫测的。山上的堡垒和层层平台沿着山坡展开，至今仍给人以非常浪漫的印象。其高超的工程技术质量，特别是石材的开采技术，运输与安装工艺，水平之高令人叹为观止。可以说，印加人的石构技术已将土木工程转换成了一种永恒的造型艺术。

墨西哥中部特奥蒂瓦坎城（见图2-38）是古代中美洲最重要的城市之一，初建于公元元年前后，大约在公元600年时全面繁荣，成为当时政治、文化和宗教活动中心。城区面积约20km^2，城内有集市、神庙、住宅及宏大的金字塔广场。金字塔广场是城市举行宗教活动的场所，外围有小型阶梯金字塔围绕，中心坐落着四层大金字塔，其外观与美索不达米亚的塔庙近似，正面也有一条阶梯坡道通向塔顶的祭庙，只是建筑材料为坚硬的石砖，而非烘干的泥砖，所以更为坚固。他们创造的文明一度影响到整个中美洲地区。

图2-38 特奥蒂瓦坎城

第4节 追求人与自然的和谐——古代中国（商周—两汉）的环境艺术设计

旧中国进入封建社会的时间很早，这时期各国手工业和商业发达，各都城都很繁华，宫城内兴建多座高台宫室，高台建筑群高低错落，复杂壮观。铁质工具的运用促进了木架建筑质量和结构技术的提高，战国时期筒瓦、板瓦在宫殿建筑中有了广泛的运用。大块空心砖用在地下墓室的墙壁和底面，说明了制砖技术具有相当高的水平。

秦帝国建立以后集中六国技术兴建都城、宫殿、陵墓，从都城规划到宫室营造，都具有划时代的创造和进步意义。公元前206年汉朝建立，建筑上有显著的进步，主要表现为：木架建筑趋向成熟，砖石建筑和拱券结构有很大发展；我国汉代木结构建筑常用的抬梁式和穿斗式已经形成，多层木架建筑应用比较普通；作为中国木建筑最显著特征的斗拱已被广泛使用，只是形式还未统一。建筑屋顶形式多样，其中悬山和庑殿式顶最常见。

汉代在制砖和拱券结构上取得巨大进步，创造了楔形和有榫的砖，并大量运用于墓室的拱券结构和下水道工程。汉之后到隋再次统一全国之前，都处于政治分裂状态，这三百多年间也取得了相当的建筑成就：佛教建筑在各地得到大力的发展，结合中国建筑艺术的高层佛塔出现，著名的敦煌、云冈、龙门、天龙山石窟都兴建于这一时期；建筑比汉代更为圆浑、细腻，曲面屋顶的出现源于这时期大、小木作的成熟，建筑中的自然主义与山水风景园林同步兴起。

中国古典园林从开发方式上分为人工山水园和天然山水园。人工山水园以人工开水筑山，天然山水园以自然山水取胜。从中国古典园林的隶属关系上又可分为皇家园林、私家园林、寺观园林和其他园林。皇家园林属帝王所有，是各时代园林集大成的作品，是庞大的艺术创作和经济财力的集合。私家园林为贵族、官僚、民间缙绅所私有，其名目有园、园墅、山池、山庄、别业、草堂、馆等数种。佛、道是盛行于中国的两大宗教，寺、观都占有较大的土地面积，由于大多建在风景优美的地带，周围向来不许伐木采薪，加上对名贵花木的着意栽培，因而古木参天、环境幽雅，历来为文人名士借助养性读书的佳所。

古园林生成期历经了漫长的历史岁月，从殷、周以至秦汉，最早的园林从实用型的池沼园圃发展起来，皇家建苑囿以象征君临天下之威，苑中建山造池，地域宽广。山象征昆仑。代表皇权天授，水象征渔牧农耕，泽被天下。贵族宫苑也占地建造，将山林之趣、自然风水纳入居处。

商（前1750—前1125）和周（前1125—前250）是中华民族迈入文明门槛时期的两大朝代。原始建筑是中国土木结合建筑体系发展的技术渊源，穴居发展序列所积累的土木混合构筑方式成为夏商直系延承的建筑文化，自然成了木构架建筑生成的主要技术渊源。

夏商周三代是中国木构架建筑体系的生成期和奠定期。从构筑技术看，夯土技术已达到成熟阶段，广泛运用于夯筑城墙、地基、台基、墙体，并创造了大体量的台榭建筑。在木构技术方面，已经开始运用斗拱，能制作带边挺、抹头的板门，联结木构件的节点——榫卯已做得很精巧。屋顶形式已有两坡顶、攒尖顶和四阿重屋，扶风西周中期房址，很可能已出现“上圆下方”的屋顶。

从原始社会到奴隶社会，是社会形态的一次大的飞跃，也带动了建筑的大发展。夏商时期的建筑成就在商代的后期才显现出来，商代已经逐渐形成了我国古代建筑的雏形。夏商时期的建筑在我国建筑史上起着承上启下的巨大作用，他的成就表现为：

在夏商宫室王陵和民居等遗址中，其建筑的主要轴线都大约为北偏东八度，这种朝向可令建筑在冬天获得更充分的阳光，由此说明当时测定方位的技术已经成熟了，用夯土的方法筑城和砌墙是早在原始社会就出现的建筑方法了。这项技术经不断发展到商代又有了提高并被广泛应用于屋基、墓矿回填等更多的地方，并且在一些夯土墙的上面还发现了土坯砖的使用，这些砖上下错缝并用黄泥浆黏合，可见当时的建筑构造技术也已经有所进步了。

商代早期开始了中国建筑陶器的烧造和使用，到西周初期又创新出了板瓦、筒瓦等建筑陶器。到了汉代生产力又有了长足发展，手工业技术突飞猛进。在此基础上，秦汉时期制陶业的生产规模、烧造技术、数量和质量超过了以往任何时代。秦汉时期建筑用陶在制陶业中占有重要位置，其中最富有特色的是画像砖和各种纹饰的瓦当，这些瓦当被后世称为“秦砖汉瓦”。“秦砖汉瓦”内涵丰富，反映了秦汉时期的美学、文字、建筑、文化等多方面的信息。

1.华丽神秘的商周环境艺术设计（前1600—前256）

夏商周时期是中国木构架建筑体系的奠定期，居住建筑也开始从“穴居”发展成为“杆栏”“碉房”“宫室”等建筑类型。在都邑及附近的房子已多为地面以上建筑，此外的地方仍以半地穴为多，例如山东平阴朱家桥殷代村落遗址，是不规则的梁柱式的半地穴。在南方多雨地区，常用木结构的板房，或是编竹夹泥墙。

青铜器的使用为木结构及版筑提供了很大的便利，版筑即是用木板或木棍做边框，然后在框内倾注黄土，用木杵打实后，再将木板拆除。殷代的许多建筑的台基、墙垣、陵墓等均为版筑而成的，这是一种非常经济的筑墙方法，这种方法一直到今天仍在某些地方使用着，“干打垒”其实就是版筑。

夏、商、周三代的中心地区都在黄河中下游，属湿陷性黄土地带。原始社会晚期已出现城垣，主要用于防避野兽侵害和其他部族侵袭。大型建筑工程中，把木构技术和夯土技术相结合，形成了“茅茨土阶”的构筑方式。西周的凤雏宫殿、召陈宫殿进一步将“茅茨”演进为“瓦屋”，奠定了中国建筑以土、木、瓦、石为基本用材的悠久传统。春秋、战国时期盛行台榭建筑，推出了以阶梯形土台为核心、逐层架立木构房屋的一种土木结合的新方式，把简易技术建造大体量建筑的潜能发挥到极致。

据文献记载，殷末帝王已有了广大的园林。台是园林中的主要建筑，囿的数量很多，说明帝王已修建离宫别馆了。周朝高大的人工筑的土台，利用台旁取土的坑做水池养鱼，台池以外有陆地作为鹿囿，并养殖植物……这种作风深刻地影响了后来的造园。

纣王的园林兼有植物、动物及建筑物，已具备了后世大园林的规模。纣王过分的享乐剥削及残暴，促使殷代的奴隶社会毁灭，代之而兴的则是周代。周文王在陕西关中造园，他的园包括三个主要部分：灵台、灵沼、灵囿，其总称为灵囿。

凤雏西周建筑遗址（图2-39），位于陕西岐山凤雏村，是西周早期的建筑遗址，整组建筑建在1.3m的夯土台面上，呈严整的两进院格局。南北通深45.2m，东西通宽32.5m。中轴线上依次为屏、门屋、前堂、穿廊、后室。两侧为南北通长的东庑、西庑。这个遗址保持着若干项“第一”的纪录：它是迄今发现的第一个四合院；它是第一个被发现的两进式组群；它是第一个出现的完全对称的严谨组群，意味着建筑组群布局水平的重要进展；它是第一次见到的完整的“前堂后室”格局；它是第一次出现的用“屏”建筑，“屏”也称“树”，就是后来的照壁；它是迄今所知的第一个用瓦建筑，标志着中国建筑已突破“茅茨土阶”的状态，开始向“瓦屋”过渡。从木构技术

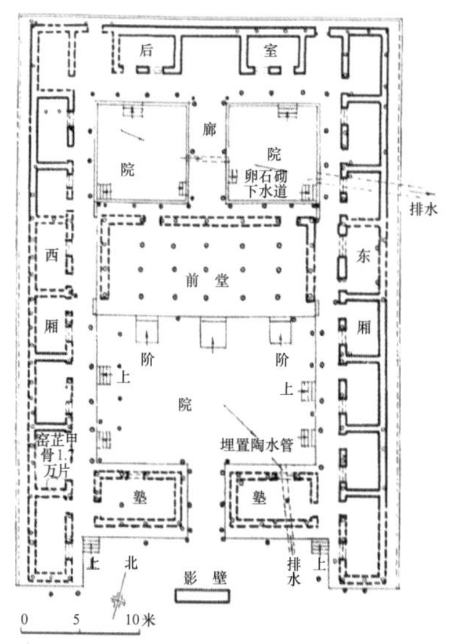

图2-39 凤雏西周建筑遗址

的角度，遗址显示堂的柱子在纵向均已成列，而在横向有较大的左右错位。室、庑的前后墙柱子和檐柱之间，也是纵向成列而横向基本不对位。因此专家推测其构架做法是：在纵向柱列上架楣（檐额）组成纵架，在纵架上承横向的斜梁，斜梁上架檩、檩上斜铺苇束做屋面。这个遗址无论是从空间组织还是从构筑技术来说，在中国建筑史上都具有里程碑的意义。

2. 实用多元的春秋战国环境艺术（前770—前221）

中国第一个王朝——夏朝的建立，标志着中国跨入了“文明时代”，进入了奴隶社会。

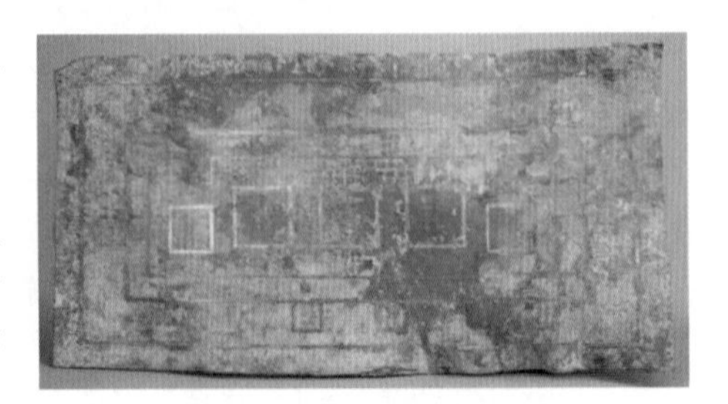

图2-40　铜板兆域图

战国时期盛行半瓦当。有云山纹、植物纹、动物纹、大树居中纹等，画面生动流畅。圆当也有少量出现，汉以后半瓦当消失，全为圆当。瓦当的大小极不一致，有的直径大到尺余，有的小到数寸。这就充分地说明了当时建筑规模及类型是多种多样的。

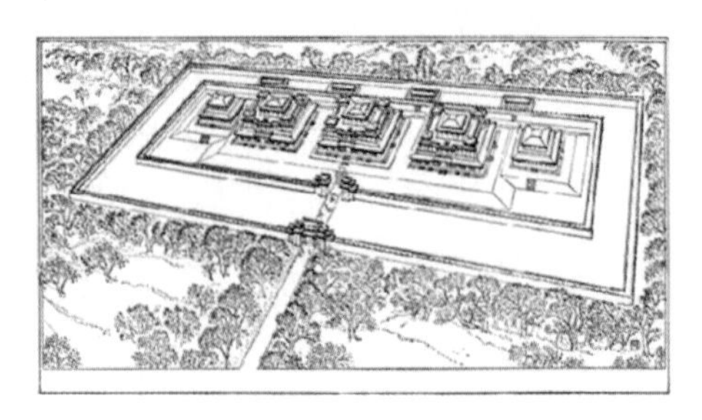

图2-41　陵园复原图

大块方砖在战国时被用作铺地，空心砖也出现了。瓦砖的大量应用，说明建筑较前大为进步，社会的财力较前大为增加。春秋、战国时期掀起一股“高台榭，美宫室”的建筑潮流。台榭建筑的基本特点是以阶梯形土台为核心，逐层架立木构房屋。河北省平山县战国时期中山王墓出土了一块铜板兆域图（图2-40），版面刻着陵园的平面图。傅熹年据此图和王墓的发掘资料，绘出了想象复原图（图2-41）。这组兆域图生动地显示出台榭建筑组合体的庞大体量和雄大气势，也标志着战国时期大型组群所达到的规划设计水平。

春秋战国时代，生产力提高，手工业独立分工及商业兴盛，富商巨贾众多。宫阙园林很是壮丽，居民也很拥挤，这些都会全有城池的筑造（《左传》所载筑城不下三十余处）。所谓“三里之城七里之郭”是一般常谈的制度，这显然是因为战争太多，及城乡对立的缘故。在城内外或城郭之外其他重要地点常有台的建筑，即是诸侯国王们用以防御及游乐的建筑。

由于春秋战国时期战争频繁，各国为了防御彼此及北方胡人等入侵，竞相修筑长城。长城是最为人们所熟知的防御设施，其建筑目的是防御别国的进攻。到了战国时期，由于各国间的战事频繁，各个国家都开始修筑长城以自保了。长城的建筑形式因地区而有所不同，平原地区的战国长城，以夯土墙为主；建于山地的，多以在天然陡壁上加筑城墙的方式构成；还有的城墙是用石头砌成的。

（1）《三礼图》中的周王城图。

战国初期的著作《考工记》记载周王城的规制是：方形，每面长9里，各开3座城门。城内有9条纵街，纵街宽度能容9辆车并行。王宫居中，宫左右分布宗庙、社稷，宫前为外朝，宫后设市场。市和朝的面积各为“一夫”，即100亩。宋人聂崇义在《三礼图》中据《考工记》所画的王城示意图（图2-42）表明当时的城市规划已涉及城市布局、规模、城门街道分布、主要建筑分区位置、局部用地指标，以及不同等级城市的等差标准。充分反映出当时中国城市规划和建设所达到的水平，并对以后中国都城形成宫城居中的方格网街道布局模式有深远的影响。

（2）临淄齐城遗址。

战国的齐国都城遗址。文献记载临淄有7万户，21万男子，街道上“车毂击，人肩摩”，是人口众多、工商业密集的繁华城市，反映出春秋、战国之际经济生活在城市中的作用。城址位于淄河西岸，宫城依于郭城西南部。城垣随河岸转折，有20多处拐角，呈不规则布局。宫城西北部有传为“桓公台”

的大片夯土高台，应是宫殿区的所在。

（3）燕下都遗址（图2-43）。

战国中晚期燕国都城遗址，位于河北易县东南，是战国都城中面积最大的一座。城址分东西两部分，东城又分南北二部。以武阳台为中心，向北有望景台、张公台、老姆台等大型夯土台，全城内外大小台址达50处，展现出当时风行高台建筑的盛况。西城可能是战国晚期增建的附郭城。

（4）邯郸赵城遗址。

战国中晚期赵国都城遗址。城址分宫城、郭城，但城、郭不相连。宫城习称“赵王城”，由三座小城相连。西城中心有称为“龙台”的、尺度达296m×265m的大型夯土高台，是战国最大的夯土高台。龙台北部轴线上，尚有其他高台。郭城为长方形，但西北隅曲折不整。把齐临淄、燕下都、赵邯郸与《考工记》周王城规制相比较，可以看出中国城市很早就形成了随形就势的“因势型”布局和强调对称规整的“择中型”布局，这两种布局方式对中国后来的城市都产生了深远影响。

（5）秦国雍城宗庙遗址（图2-44）。

位于陕西凤翔南郊，是春秋时期秦国都城雍城的一座大型宗庙。方院内有3座大小差不多的殿屋基址，居中为太祖庙，前方左右两座为昭、穆二庙。中庭地面下有密集的牺牲坑，是识别祭祀性建筑的重要标志。整组建筑左右对称，布局严整，为我们展示出春秋时期诸侯国宗庙的典型格局。

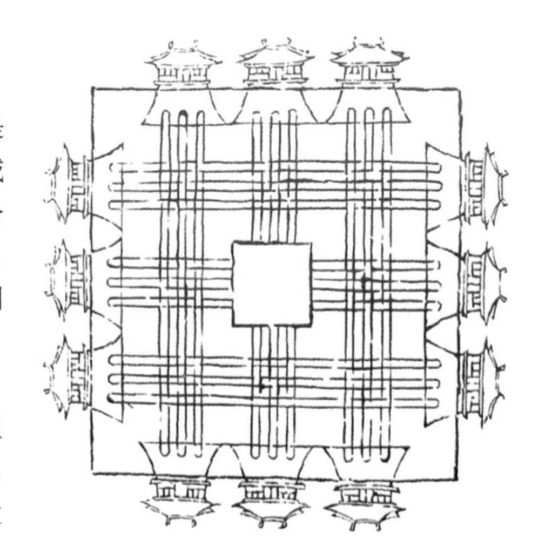

图2-42 《三礼图》中的周王城图

图2-43 燕下都遗址

总之，春秋战国由于生产力的发展，建筑技术的进步以及砖瓦铁器等材料的使用，使居住园林、建筑园林等有了飞跃的进展。如果说商是版筑时代，春秋战国则是盛用砖瓦的时代。整个居住建筑有一定的标准化制度及等级秩序，充分地反映出封建制整体礼仪制度的特性。

3. 恢宏华美的秦汉环境艺术设计（前221—220年）

公元前221年，秦灭六国，建立了中国历史上第一个真正实现统一的国家。秦都咸阳的大兴土木，集中了全国巧匠、良才，起到了交流融合各地建筑技艺的作用。强盛而短暂的秦帝国，在长城、宫苑、陵寝等工程上，投入的人力物力之多，建造的规模之大，都令人吃惊。从遗留至今的阿房宫、骊山陵遗址，可以想见当年建筑的恢宏气势。

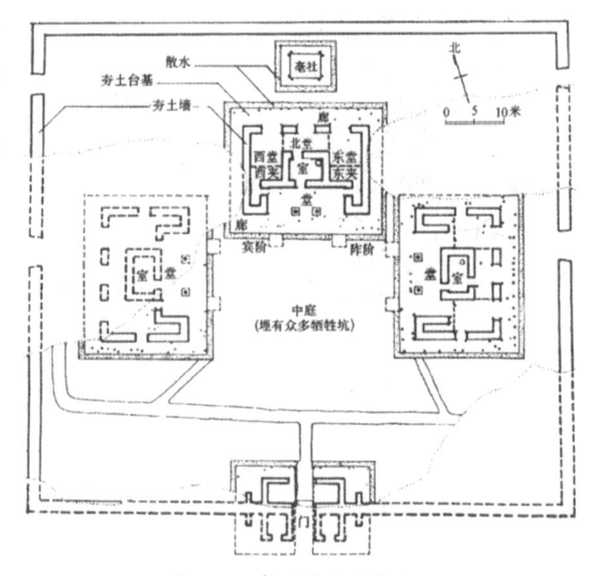

图2-44 秦国雍城宗庙遗址

两汉是中国古代第一个中央集权的、强大而稳定的王朝。在城市建设上，由于汉代手工业、商业的发展，出现了不少新兴城市。西汉首都长安面积达36km^2，是公元前世界罕见的大城市。建于东汉末年的曹魏邺城，则以明确的功能分区和规则的严整布局，开创了都城规划的新格局。

两汉时期是中国建筑发展的第一个高潮，主要表现在：

（1）形成中国古代建筑的基本类型：包括宫殿、陵墓、苑囿等皇家建筑；明堂、辟雍、宗庙等礼制建筑；坞壁、第宅、中小住宅等居住建筑，在东汉末期还出现了佛教寺庙建筑。

（2）木构架的两种主要形式——抬梁式、穿斗式都已出现，斗拱的悬挑机能正在迅速发展。

（3）多层重楼的兴起和盛行，标志着木构架结构整体性的重大进展。

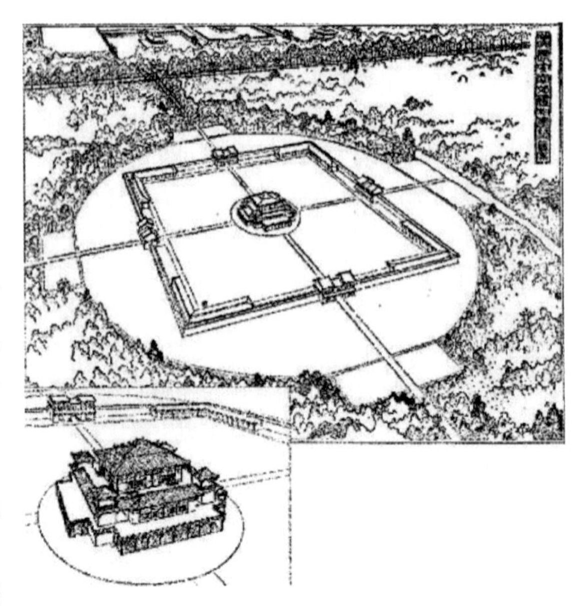

图2-45　汉长安明堂、辟雍遗址

（4）建筑组群已达到庞大规模，未央宫有“殿台四十三”，建章宫号称“千门万户”，权贵第宅也是“并兼列宅”“隔绝闾里”。

所有这些，显示出中国木构架建筑到两汉时期已进入体系的形成期。

汉代礼制建筑的发展水平已达相当程度，这在汉长安南郊礼制建筑的巨大规模上得以充分显现。

从汉长安明堂、辟雍遗址（图2-45）的建筑构造来看，这组建筑展示了典型的、双轴对称的台榭形象，是一处难得的台榭建筑遗址。台榭建筑盛行于春秋国时期，进入东汉后，随着楼阁建筑的兴起，台榭建筑就趋于淘汰。

曹魏邺城城址在今河北临漳与河南安阳交界处，是东汉末年魏王曹操营建的王城。平面呈横长方形，东西约3000m，南北约2160m。以一条横贯东西的大道把城分为南北两部分。北城中部建宫城，正对南北中轴线为大朝所在，其东侧有作为常朝的听政殿。宫城以东是贵族聚居的“戚里”。宫城以西是禁苑铜雀园。园西北隅设铜雀三台，供平时游赏、检阅演习和战时城防之用。南城除正对常朝的司马门大街两侧集中部署衙署外，均为居民闾里。

邺城是中国历史上第一座轮廓方正严整、功能分区明确、具有南北轴线的都城。它把宫城设在北部，避免了宫殿与闾里的混杂；它将常朝的主轴对准城市南北中轴，改变了此前都城的不规则格局；禁苑、戚里、衙署、闾里的分布都很合理，7座城门也是根据街道的情况，灵活地分布，没有强求刻板的对称。这些都体现出规整布局与讲求实效的统一，标志着中国都城规划找到了规范的模式，对此后中国都城规划有深远的影响。

秦代是中国空前的统一的封建大帝国，尤其是汉武帝时为最盛。其时的园林建筑，到后来影响也最甚。汉代的花园已经有水、石山、动物、植物、长廊修阁等建筑物，整个布置也是自然形式。园林建筑是较先秦远为发达了。尤其是石山高到十余丈连延到数里，是以前所未见于记载的。

第5节　其他地区的古代环境艺术设计

日本历史悠久，传统文化深厚，它的环境艺术在借鉴其他国家先进思想技术的基础上，加以消化和创新，让其充分融合进本国的文化内涵，是个成功的改良主义者。古印度也是古代文明的发源地之一，印度河流域和恒河流域的古代文明在亚洲文明史上的地位同样不容忽视。

一、日本的环境艺术设计

日本传统园林有以下四类。

1.筑山庭

筑山庭指在庭院内堆土筑成假山，缀以石组、树、飞石、石灯笼的园林构成，用来表现山峦、平野、谷地、溪流、瀑布等大自然山水风景的园林。筑山庭一般偏重于地形上，要求有较大的规模表现开阔的河山，常常运用自然地形再加上人工的美化达到丰富的视觉感受。筑山庭和平庭都有真、行、草三种形式，真庭是对真山真水的全方位模仿，而行庭是局部的模拟和少量的省略，草庭是大量的省略。

2.平庭（图2-46）

平庭又称“壶”，是日本最小的庭院，“平”是体量小的意思。虽然平庭的面积小但它却是其他庭院的缩影，功能完善，内容丰富。平庭是建筑之间相互围合所形成的规模比较小的中庭。在住宅前后比较小的空地上布置小庭院来给居住者营造一种安宁的空间环境，这也是平庭的一种形式。平庭的主要作用就是给建筑物内部提供采光和通风。在平庭的设计手法上不单单运用石块、草坪等自然元素，也利用禅宗的枯山水以及石灯和踏石来烘托平庭的气氛。

3.茶庭

茶庭也被称为露地，定是一种自然的凝聚。茶亭与茶室是不可分离的，它包括庭院里的茶室以及茶室周边的各种景物，是为茶道的礼仪而创建的一种园林的形式。在茶庭中，水是必不可少的元素，所以茶庭中必然有蹲踞，它象征着圣洁的泉水，是一种自然的凝聚。石灯也是茶庭不可或缺的景物，立于晚上举行茶会的途中。犹如中国的园中之园，茶庭分为外露地和内露地，分界线是一扇中浅的门。外露地是供个人整理衣冠的地方，而内露地一般设有厕所，蹲踞等。在通往茶室的小径上铺设踏石来营造一种小径通幽的感悟，这在日本的庭院中成为一种模式。

(a)

(b)

(c)

图2-46　日本平庭、茶庭、枯山水园

茶庭产生于室町末，发展于桃山时代。由于茶室追求的是一种“禅”的意境，其中包含的深邃的哲理。从此种意义上来说，茶庭也是一种追求寂静的精神境界。茶庭的一个重要特点就是茶道功能决定茶庭的布局形式，并遵守一定的规则。

4. 枯山水庭院

枯山水庭院又称为石庭，“枯”指的是干涸的意思，“山水”则指的是园林的意思。从园林的平面上看，枯山水的园林营造分为两种，一种是在庭院内用石块叠成岛的形状，或者是在庭院内点置、散置、群置山石，来传达出一种意境。

日本枯山水的理论源于绘画，北宋水墨画的传入对日本枯山水的形成有着至关重要的作用。中国的水墨画在于传达一种意境，而将山水画传入的是禅寺里的禅僧，枯山水最初是为了禅僧修行而设计的。现在的枯山水是指没有水体，通过地苔以及白沙为寓意来表现水的微波粼粼，高度概括抽象“写意”的技法来表达自律的精神。其中枯山水庭院中的石块代表着山体，白沙代表着围山环绕的海洋。通常的做法是以白色的沙石铺满庭院，并且运用没有精心细作的原石进行散置或者群置来突显园林空寂的意境，立足于其中便会产生一种空寂之情。这是园林史上的一个重大的创新点。从某种意义上讲，它无疑是一种精神庭院。它的总体布局相对平衡协调，以至于稍微移动某一块石头便会破坏庭园的总体效果。

二、印度的环境艺术设计

古代印度是指今印度、巴基斯坦、孟加拉国所在的地区。印度同中国、埃及和两河流域一样是世界上古老文明的发源地之一，印度古代环境艺术主要源于印度河流域与恒河流域。印度文明的最早繁荣在印度河两岸，1922年印度河流域发掘出摩亨佐达罗和哈拉帕两大古代城市遗址，时间大约为公元前2300至前1750年左右，这是白种民族雅利安人到来之前当地土著居民达罗毗荼人创造的文明，它是一种典型的青铜文化，遗留下来许多青铜制品以及陶器、小雕像等。

哈拉帕文化发祥于印度河，其面貌为：一座高耸的城堡，大约高出下面的城区50英尺，一座巨大的蓄水池或浴池和一座粮仓。还可以确定这一废墟有六个居住层，整个建筑群被包含在方圆3英里的范围之内。

今天，这种印度河流域文明，或称哈拉帕文化，可以确定是繁荣于公元前三千纪末的早期城市文明。这一文明的两座主要城市是摩亨佐达罗和哈拉帕。二者均以先进的城市规划著称。摩亨佐达罗大部分建筑是用窑砖营造的，建筑物集中于长1200英尺、宽600英尺的“上区”。主要街道宽33英尺，南北走向与东西走向的次要街道交叉成直角。一些小巷常常被犬腿状的小拐角折断，并且往往安有盖着石板、带有检查弯管的下水道。

这两座城市和其他一些哈拉帕遗址最显著的特征是有一座居高临下的城堡。在摩亨佐罗达，它是一道高出下城43英尺、其中填满泥土的厚实砖堤。在其顶部，有几处引人注目的建筑遗迹，最突出的是所谓的大浴池（图2-47）。该池南北长39英尺，宽23英尺，深8英尺，四周是砖铺的院子。每一端都有台阶可下，用截开的合适的砖铺成的底部浇灌了沥青，不渗水，其用途只能靠猜测。考古学家一般认为，它想必与某种沐浴仪式有关，这令人强烈联想到后来的印度教习俗和关于玷污的观念。

图2-47　摩亨佐达罗遗址

古代印度城市的建筑水平是很高的，哈巴拉文明的城市，是其重要的代表之一。雅利安人进入文明之初，城市的建筑比较简陋。考古学家在印度西北部发觉一座城市遗址，此城约建于公元前6世纪，城市内只有一条南北走向的大街，小街曲折且不规整。

一般可以确定，在公元前四千纪至公元前三千纪期间，在伊朗高原的多种游牧民族都趋向于定居，并形成以石器和青铜器混合技术为标志的社会。由于从事小规模农业和畜牧业，他们逐渐发展了一种基本文化，这一文化首先向西南扩展到富饶的新月地带（Fertile Crescent），后来向东南跨过俾路支丘陵进入印度河流域，首先在美索不达米亚而后沿着印度河产生了新的比较复杂的城市文明。

⊙思考题

1. 简述古希腊环境艺术设计的特征。
2. 简述古罗马环境艺术设计的特征。
3. 日本的传统园林有哪几类形式？各自特点是什么？

第3章　中古时代的环境艺术设计

中古时代的开始标示着西罗马帝国的衰落，欧洲古典时期的历史在此告一段落。欧洲中世纪战乱频繁，环境艺术也受到了影响。建筑方面保留了旧的建筑技法，随着宗教建筑兴起又增加了新的艺术和技术。同时期的中国先后经历了魏晋北朝的动荡时期，隋唐的鼎盛时期和手工业、商业发达的五代宋元时期；伊斯兰区域的建筑艺术则包含了统一性与多元性，各国各地的伊斯兰建筑具有明显的可识别性，是人类又一重要艺术成就。佛教的引入对亚洲其他国家的环境艺术设计也产生了很大的影响。

第1节　欧洲中世纪的环境艺术设计

"中世纪"，指自公元476年西罗马帝国灭亡到15世纪文艺复兴运动开始的一段时期。这个时期的欧洲并没有一个强有力的政权来统治，封建割据引起频繁的征战，造成科技和生产力的发展停滞，人民生活在毫无希望的痛苦中，所以中世纪或者中世纪早期在欧美普遍被称作"黑暗时代"。

欧洲中世纪文化受到基督教思想的强烈冲击，艺术也不可避免地深受影响，无论是建筑还是雕刻、绘画，无不具有浓厚的宗教色彩。由于东西罗马教会不同（分为西罗马天主教和东罗马正教），各教堂展现的建筑风格也迥然不同。战乱中，西欧建筑技术严重下滑，拜占庭的拱券技术也逐渐失传，建筑直到十世纪后期才开始复苏。而后复兴的罗马建筑称为罗马风建筑、类罗马建筑等，这些建筑早期主要采用拉丁十字式的"巴西利卡"，并渐渐发展到后来的以法国为代表的哥特式。

一、早期基督教与拜占庭建筑环境艺术设计

由于西罗马帝国向欧、亚、非三洲的横跨扩张，频繁的战争使得人民生活十分疾苦，处于水深火热中的下层平民极度需要一种精神寄托，宣扬救世主传说的基督教正迎合了这种思想。公元1世纪前后，基督教流传于罗马帝国境内的巴勒斯坦地区，并在东罗马和西罗马的各大城市都受到了广泛的欢迎，基督教环境艺术也由此诞生。

1.早期基督教环境艺术设计

最初基督教是不被统治者承认的，其秘密流传促成了基督教艺术的主要形式。基督教艺术一开始主要体现于圣经题材的墓室壁画上，如罗马的普利斯拉地下墓窟（约建于3世纪），其闻名于世的天顶壁画《善良的牧人》。这是早期基督教艺术最常见的题材，在造型手法上还继承着古典的传统，形象准确而逼真。基督肩托羔羊站立，生机勃勃，线条简明流畅，使人联想到古希腊瓶画，四周的图案暗示出基督教最重要的象征十字架。

当基督教于公元313年被罗马皇帝君士坦丁赋予合法地位后，基督教的传播及各种艺术形式都转到地上发展。基督教前后地位的变化，使其性质由下层人民的信仰和意识，转变为统治者控制人民思想的工具。而正是这种性质的转变，使得早期的基督教艺术富有过渡时期的典型特征，例如早期基督教的教堂建筑形式（图3-1）。

"巴西利卡"原是罗马帝国一种重要的公共建筑，用作交易所、会场或法庭，是一座长方形大厅，

用柱列分成三跨或五跨，中跨最宽最高，以中跨和左右跨之间的高差开高侧窗，一般采用简单的木屋架和石柱结构。在大厅两头或一头突出一座半圆形的大龛，作为法官和议长的席位，入口设在矩形长边（图3-2）。而基督教合法化之后的教堂建筑则直接搬用罗马式的“巴西利卡”，且规定必须使纵轴处于东西方向，只在东端设半圆龛，内有圣坛，并饰以宗教题材绘画，入口改放在矩形的西面短边。

兴建于公元320年前后的圣彼得教堂是规模最大的“巴西利卡”教堂之一。圣彼得教堂分为前院和正殿两部分，其建筑入门处有壮观的阶梯，前院是一个三面带有过廊的方形院落，接着由巨大的柱廊引向正殿入口，柱廊内还设有净身用的喷泉。殿堂（图3-3）分为5个长廊，以4排柱子分隔，中间最高最宽，长廊的顶端是祭坛，上有半圆形的拱顶，祭坛与正殿之间还有左右两个横廊，称为袖廊。

典型的早期基督教教堂还有位于罗马城外的圣保罗教堂（约385年）（图3-4）、巴勒斯坦的圣诞大教堂（由君士坦丁皇帝于330年建在传说中的耶稣降生地）、西罗马都城拉温那的圣阿波里奈尔教堂（约490年）以及叙利亚托曼宁教堂（建于5世纪）等都是“巴西利卡”式教堂，这种形式为以后的西方基督教堂的样式定了基调。

图3-1 典型的早期基督教教堂内部

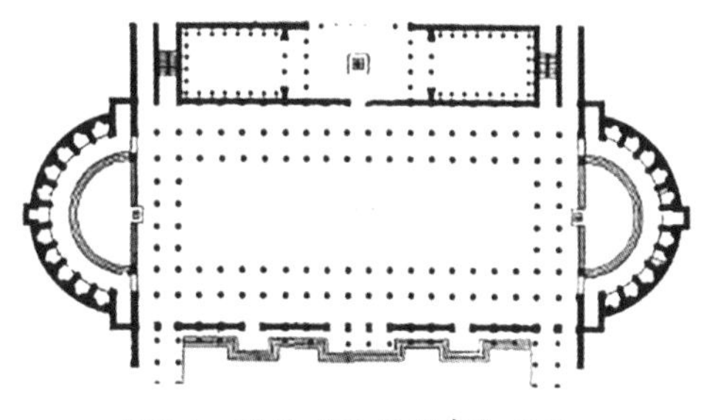

图3-2 罗马“巴西利卡”平面

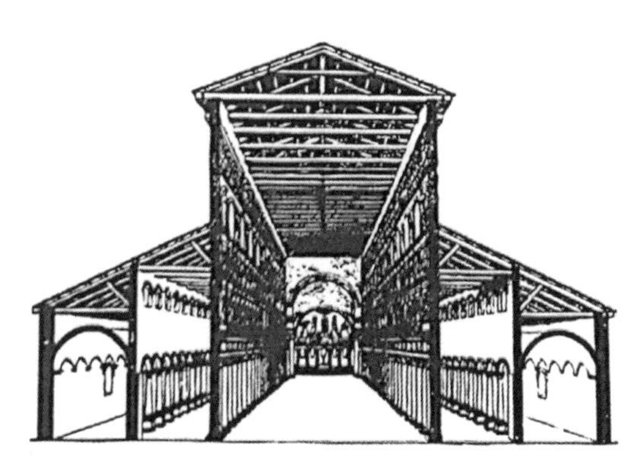

图3-3 圣彼得教堂殿堂剖面

图3-4 罗马城外的圣保罗教堂

2. 拜占庭环境艺术设计

公元4世纪，罗马帝国日渐强盛，而西欧经济严重衰退。330年，君士坦丁大帝迁都拜占庭并以自己的帝名命名之，称为君士坦丁堡，即现在的土耳其伊斯坦布尔。拜占庭帝国的基督教艺术成就也主要集中在君士坦丁堡。拜占庭帝国的基督教文化是政教合一的产物，为宗教皇权服务，皇帝是教会领袖，因此，教堂建筑发展迅速。政教双方为了争夺在政治和社会方面的权利发生过激烈的斗争，这些在建筑和雕塑艺术上都有直接的体现。另外，大量的古希腊古罗马的文化被继承和保存下来，使建筑艺术透着古希腊罗马的遗风，又汲取波斯、两河流域的文化，形成拜占庭建筑风格。所以，拜占庭建筑可以说是古希腊罗马建筑基础和东方丰富木结构建筑经验的结合产物。

拜占庭建筑对后世的贡献是发展了穹顶和帆拱。早期的拜占庭教堂建筑主要沿用罗马陵墓圆形或多边形的平面结构和万神庙式的圆穹顶，并将其穹顶结构加以变化；中后期四边侧翼相等的希腊十字式平面成为教堂布局的主要模式，圆形、多边形形式被取代，但是穹顶被沿用下来，成为控制内部空间和外部形象的主要因素。拜占庭建筑的独特创造就在于它彻底解决了在方形平面上使用穹顶结构和建筑形式的问题，使集中形制的建筑大大发展。它的做法是：在4个柱墩上，沿方形平面的4边发券，在4个券之间砌筑以方形平面对角线为直径的穹顶，它的重量完全由4个券下面的柱墩承担。这个结构方案不仅使穹顶和方形平面的承接过渡在形式上自然简洁，同时，把荷载集中在4角的支柱上，不需要连续的承重墙，这就使穹顶之下的空间变得更加自由。这样比起古罗马必须用圆形平面、封闭空间的穹顶技术来说有了非常重大的进步，创造了穹顶统率之下的灵活多变的集中式形制。帆拱、鼓座、穹顶这一套拜占庭的结构方式与艺术形式逐渐在欧洲广泛流行。

拜占庭的装饰艺术也有长足的发展，壁画和镶嵌画，几乎在所有拜占庭时期的重要建筑内都留下了杰作。壁画与材料技术等因素密切相关，出于安全考虑，券拱和穹顶表面不便贴彩色大理石，于是，马赛克和粉画被大量运用。代表作有圣维达来教堂。那些不是很重要的教堂，则使用粉画装饰，在墙面抹灰后直接作粉画。同时，在一些用石头做承重或结构转折的部位，石头表面被雕刻上花纹来装饰。

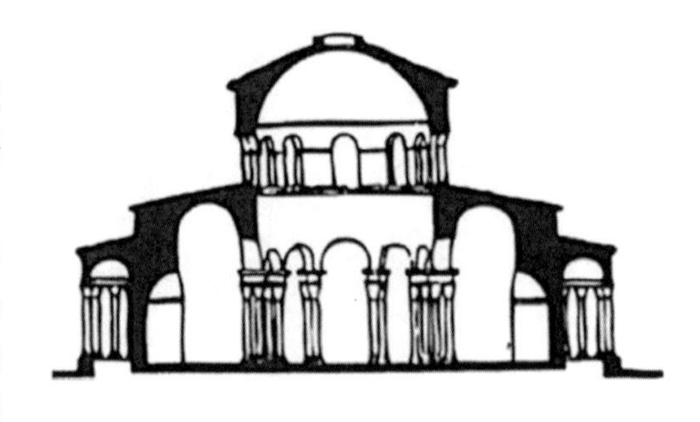

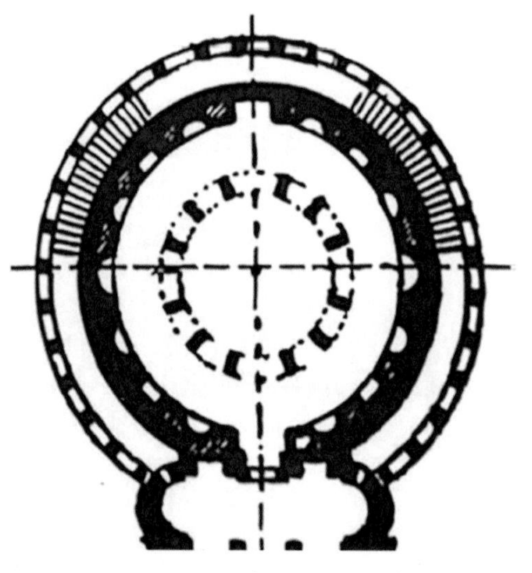

图3-5 君士坦扎墓剖面与平面复原图

拜占庭教堂以君士坦丁堡建于东罗马皇帝统治时期（532—537年）的圣索菲亚大教堂最为有名。圣索菲亚大教堂虽然成就巨大，但也有一个发展过程，罗马的君士坦扎墓、拉温那的普拉西迪亚墓，还有拉温那圣维托教堂，都是它的前导。君士坦扎墓（图3-5）规模比皇帝陵墓小很多，中央为直径只有12m的圆穹隆，由12对科林斯柱式的内外双柱围绕支撑，柱头上面以半圆券围成圆墙，墙上部开一圈12个拱形高窗。中央以外有一圈宽5m的筒拱回廊，廊墙高处开小高窗，下部开深龛。内外双柱的排列不是等距的，位在纵横二轴的柱间距较大，上面的券也较大，凸显其强调十字轴线构图的意向。外观极其简朴，穹隆并没有显露在外，被一座木结构攒尖顶覆盖。内部（图3-6）

极其华丽，规模虽小但装饰非常精细，其券墙、穹隆和筒拱都饰满了马赛克镶嵌画。

建于公元420年的普拉西迪亚墓也完全由拱券构成。平面围绕着中央一个方形空间向前后左右各伸出一个矩形，形成十字，前臂稍长，属于拉丁十字，是拜占庭建筑的前导。从前至后，十字纵轴长12m，中央空间高高耸起，采用了一种新型穹隆顶，对索菲亚教堂影响极大。

拉温那的圣维托教堂建于公元526至547年，虽然拉温那属于西罗马，但是这座建筑也是拜占庭教堂的先导，它与罗马君士坦扎墓布局有点相似但规模更大，平面从圆形改为八角形，后龛突出于外，后龛前的空间成为后殿。外观仍然非常简朴、毫无装饰，周围建筑是两层的，各开窗。中央突出仍不显出穹顶，只是窗子开得很大，内部（图3-7）装饰华丽、色彩鲜艳、步移景异，呈现出一种复杂的视觉效果。

公元8世纪初，拜占庭曾发生过一场“圣像破坏运动”，认为给耶稣和圣母造像违犯教义，运动结束后仅能使用马赛克或壁画，不再用雕刻，所以在拜占庭建筑中很少能看到雕刻的人像。

圣索菲亚大教堂（图3-8）是拜占庭艺术中最辉煌的成就之一，堪称拜占庭建筑的巅峰之作，建于东罗马皇帝Justinian统治时期（532—537年），当时拜占庭帝国正处于鼎盛阶段，也被称作拜占庭帝国的“第一次黄金时代”。

圣索菲亚大教堂正是采用了拜占庭独特的建筑技术手段，在平面上采用了希腊式十字架的造型，其结构与窗间壁柱外的飞梁仍可以看出巴西里卡式的特征；在空间上，它创造了巨型的圆顶，利用圆顶下方4个拱门的拱柱将全部重力传导至平面方形4个角的方块柱上。这些拜占庭建筑的技术使得圣索菲亚大教堂的大圆顶离地55m高，在17世纪圣彼得大教堂完成前一直是世界上最大的教堂。室内繁多的侧窗透过光线，照射在彩色镶嵌画上，其反射的光线与天光一起使人们感觉圆顶就像浮在教堂上方一样，显得十分轻盈，让人感觉能够通过这里到达天堂一样。15世纪土耳其人入侵后，圣索菲亚大教堂被改为清真寺，室内许多镶嵌画墙被刷白，拱顶的镀金也被剥掉。

威尼斯圣马可教堂始建于公元838年，是拜占庭帝国与圣索菲亚大教堂齐名的另一座最著名的建筑。教堂的穹顶原是木结构，以镀金铜皮包裹。公元976年教堂在市民反对总督的暴动中焚毁，现存的是公元1071至1073年重建的，保存了原来的形制，并改为石结构。

总的来说，早期基督教和拜占庭教堂都相当不重视外

图3-6　君士坦扎墓内部回廊

图3-7　圣维托教堂后殿天顶画

图3-8　圣索菲亚大教堂穹顶

部造型，是教士们否定现世生活遵行禁欲主义的表现，而内部的华美装饰，则反衬出他们对天堂的向往。

二、罗马式建筑环境艺术设计

罗马原是意大利半岛南部一个拉丁族的奴隶制王国，古代罗马包括今意大利半岛、西西里岛、希腊半岛、小亚细亚、非洲北部、西亚洲的西部和西班牙、法国、英国等地区。古罗马建筑在材料、结构、施工与空间的创造等方面均有很大的成就。到公元11至12世纪，一些有意向古罗马风格靠拢的教堂建筑在欧洲国家陆续出现，这些教堂、修道院模仿了古罗马凯旋门、城堡及城墙等建筑式样，采用了古罗马式的拱券结构，所以人们称其为“罗马式建筑”。罗马式建筑并不是古罗马建筑的完全再现，而是欧洲基督教建筑的一种。依据各地不同的气候、传统和建筑材料，罗马式建筑在法国、意大利、西班牙、英国和德国有着很大的不同，也称罗曼建筑、罗马风建筑、似罗马建筑等（图3-9）。

（a）

(b)

(c)

图3-9　罗马式建筑

虽然罗马式建筑被罗马人长期视为异端教堂，但却和中世纪后期的哥特式建筑在形象上、结构上以及文化内涵上有紧密的联系。罗马式建筑是哥特式建筑的前导。罗马式建筑的特征是：线条简单、明快，造型厚重、敦实，其中部分建筑具有封建城堡的特征，可以满足战争威胁时期强调坚固和防御的要求，同时也是教会威力的化身。它的半圆形拱券结构深受基督教宇宙观的影响，罗马式教堂在窗户、门、拱廊上都采取了这种结构，特别是窗户，由于小而且离地面较高，以至于室内环境采光少，里面光线昏暗，使其显示出神秘与超世的意境。屋顶也是低矮的圆屋顶。这样的屋顶造型，一方面让人感到圆拱形的天空与大地紧密地结合为一体，同时又以向上隆起的形式表现出它与现实大地分离。在艺术风格上，罗马式教堂表现为堂内占有较大的空间，横厅宽阔、中殿纵深，在外观上构成十字架形。

罗马式建筑创新地采用了扶壁和肋骨拱来平衡拱顶的横推力，另一个创新是将钟楼组合到教堂建筑中。从这时起在西方无论是市镇还是乡村，钟塔都是当地最显著的建筑。（图3-10）钟塔的建立在现实意义上是为了召唤信徒礼拜，但是在战争频繁时期也常兼作瞭望塔用。这样罗马式教堂在技术和与其相应的形式上可以总结为以下几个特点：

（1）仍采用拉丁十字的巴西利卡式平面，但比早期基督教教堂丰富，有时十字的一横较长；

（2）上部结构由木结构改为拱券方式的石结构；

（3）上部结构由木改石使得荷载加大，柱式已经不适用，改为比较粗重的柱子或墩子；

（4）外观沉重；

（5）双塔立面。

典型而重要的罗马式建筑是11至13世纪在意大利北方大城比萨建造的比萨教堂（图3-11）。全部建筑群包括三座建筑——教堂、教堂前方（西）轴线上的圆形洗礼堂和教堂后面偏南的钟塔。比萨教堂规模较大，是典型的拉丁十字平面，中厅左右各有两条侧廊，耳堂左右也各有一条侧廊。中厅很高，下层有左右各两列由列柱支持的连续券。中厅仍采用木构平顶天花板，上面是木构坡屋顶，但每间有尖券分间。天花板高27m。左右侧廊两层，下层每间都是十字拱，上层仍是木结构。因中厅没有筒拱，所以可以开高侧窗，但为了抵抗分间尖券的水平推力，窗子不能很大。上层侧廊面向中厅的一面也可以开窗，但因有外侧廊，只能间接采光，透进来的光线有限。下层外墙因要抵抗下层侧廊十字拱的推力，开窗很小。

图3-10　法国勃艮第大教堂

比萨教堂的正立面（图3-12）保留了中间高四边低的意大利传统形式，钟塔建在附近，不与教堂相连，但是西立面处理得相当丰富。底层由连续券分为7间，其中三间较宽为入口。上层中部高起，侧廊低下，其轮廓反映了内部结构，用四层密密的空券柱廊作为装饰。柱子细细的，好似一层面纱，朦胧而柔美。在平面的十字交点上高高耸起东西略长呈椭圆平面的穹顶，已不再像罗马万神庙那样的扁平，而被故意地拉高了。

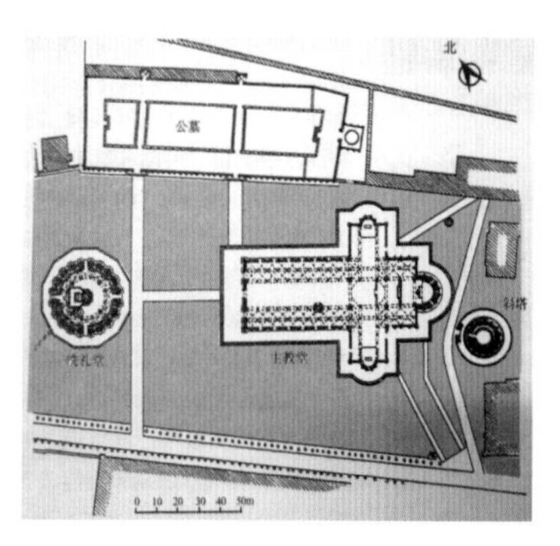

图3-11　意大利比萨教堂总平面

圆形洗礼堂（图3-13）兼有罗马式和哥特式两种风格，直径39m，也是高高耸起的大穹顶，与教堂的穹顶取得呼应。它的底层有连续券，第二层为密密的空券柱廊，都与教堂的处理方式相同，取得呼应。第三层分间开窗。上两层完工时已到了13世纪，有许多尖形母题带着哥特建筑的意味；穹顶建于14世纪，也注意了与教堂穹顶的呼应。

钟塔高8层，直径16m，高达50多m，也采用如同教堂上层和洗礼堂底层那样的构图，由柱子支持的密排连续券组成围廊。当钟塔施工到第四层时，发现由于地基的不均匀沉陷造成了倾斜，继续施工时企图纠正它，因此上几层有意向相反的方向扭转，但终于还是阻挡不住继续倾斜的趋势。最后

图3-12　比萨教堂正立面及斜塔

图3-13　比萨教堂洗礼堂

全塔倾斜达到4m，就是著名的比萨斜塔。最近采取措施加固地基往回扭转了一些，并有效阻止它继续倾斜，但已经倾斜的外观仍特意保存着。

在罗马风时期，除了早期使用的纵向筒拱和作为特例的拜占庭式穹顶外，各类十字拱（四分拱）、对角线拱或六分拱，都仍存在着，由于在中厅进深两间构成方形平面，导致平面布局受到限制，以及拱跨较大的问题。有的还存在柱上横肋肋顶低于方形开间的拱顶，上部构图不整齐，或柱列上的柱子与柱墩隔间不同等等问题。这些问题，到哥特建筑时期都完全得到了解决。

三、哥特式建筑环境艺术设计

公元10世纪以后，社会逐渐稳定，手工业与农业分离开，商业活动也逐渐活跃，人们生活需求的重心改变，种种变化都促使着艺术也要寻求新的变化与发展。

由于中世纪时期欧洲宗教的绝对统治地位，使得中世纪的建筑大多带有宗教意义。另一方面，由于罗马式教堂堡垒式的粗笨外形无法满足市民把教堂当作公共活动的场所，以及把教堂当作独立斗争的纪念碑来装饰、赞美城市的愿望和石材的开采与运输的不便等促成了哥特式建筑的产生。哥特式建筑风格的起源可以说是由罗马式建筑进一步发展而来的。

哥特式教堂，以结构方式为标志，初成于巴黎的圣德尼教堂，在夏特尔主教堂成为形制，成熟于巴黎圣母院，繁荣时期以汉斯主教堂为代表。到15世纪，西欧各国的哥特式教堂趋于一致，且都被繁冗的装饰和花哨的结构所淹没。

哥特教堂首先在法国北部出现，其第一个作品在巴黎近郊的圣丹尼斯修道院教堂的东端。之后30年内，其他很多地区都出现了哥特教堂，掀起了欧洲长达百年以上的教堂建设高潮。但它的西立面很不统一，中部与左右二部不相呼应。现状双塔也只有一座，塔楼两层，上为方锥台顶。不过双塔的构图和玫瑰花窗、透视门等，以后都成了被效仿的榜样。

巴黎圣母院（图3-14）和拉昂大教堂是法国早期哥特式建筑最著名的两例，以巴黎圣母院最为著名，它位于巴黎塞纳河中城岛的东端，始建于1163年，1320年落成。该教堂以其哥特式的建筑风格，祭坛、回廊、门窗等处的雕刻和绘画艺术，以及堂内所藏的13至17世纪的大量艺术珍品而闻名于世。

图3-14　巴黎圣母院

巴黎圣母院之所以闻名，主要因为它是欧洲建筑史上一个划时代的标志。圣母院的正外立面风格独特，结构严谨，看上去十分雄伟庄严。它被壁柱纵向分隔为三大块，三条装饰带又将它横向划分为三部分，最下面有三个内凹的门洞。门洞上方是所谓的“国王廊”，上有分别代表以色列和犹太国历代国王的二十八尊雕塑。1793年，大革命中的巴黎人民将其误认作他们痛恨的法国国王的形象而将它们捣毁。但是后来雕像又重新复原并放回原位。“长廊”上面为中央部分，两侧为两个巨大的石质中棂窗子，中间一个玫瑰花形的大圆窗，其直径约10m，建于1220至1225年。中央供奉着圣母圣婴，两边立着天使的塑像，两侧立的是亚当和夏娃的塑像。教堂内部极为朴素，几乎没有什么装饰。（图3-15）。

拉昂大教堂（图3-16）始建于1155年，完工于1230年，它的西立面更接近较晚建造的理姆斯教堂，即底层三座透视门上楣以上都加了三角形，超过了水平线，与巴黎圣母院有别。但它的中厅仍以进深两间为一个结构单元，上覆六分拱。中厅高24m，不如巴黎圣母院，其侧立面与巴黎圣母院差不多，值得注意的是拉昂大教堂将层数增为四层，加出的一层是侧廊的楼层，而将第三层的小通道尽量压低，显得主次有别，并加强了高度感。此外，西立面较深，而且双塔很高，从下部方形体量上突出三层，上两层是最后添加的。这些都可以看出它对高度感的追求，但构图不如巴黎圣母院完整。此外，这座教堂有五座塔，除西面和十字平面交叉处必有的塔外，东立面也有双塔。

图3-15 巴黎圣母院中厅

图3-16 法国拉昂大教堂西立面

图3-17 法国汉斯的理姆斯大教堂

理姆斯大教堂和亚眠大教堂也强调垂直感。理姆斯大教堂（图3-17）（1211—1481年），是哥特盛期的典范之作。与巴黎圣母院比较，西立面的国王像列放到了更高处，紧接在塔楼下面，与尖拱柱廊合二为一，即像外各加了尖顶龛，更高也更瘦。镂空的双塔楼仍没有尖顶，但依形推断，原设计应该是有尖顶的，即使不计尖顶也有101m高。左中右三部之间的附壁墩被加以强调，装饰相当复杂，也更加醒目。下层三座透视门的上面都和拉昂大教堂一样，加了三角形饰，更高更复杂也更向前突出。形成的总体效果是横向分划被有意弱化，而尽量加强垂直感，装饰也更复杂。哥特式的各种特点在这里得到了充分的体现。

欧洲其他国家也都有比较典型和著名的哥特式建筑，例如德国科隆大教堂（1248—1880年）和乌尔姆大教堂（11—13世纪）、彼得伯勒大教堂（12世纪）、韦尔斯大教堂（1175—1490年）、林肯大教堂（1072—1092年）、西班牙的布尔哥斯主教堂（9世纪）、意大利的米兰大教堂（1386—1965年）等。德国科隆大教堂始建于1248年，体量和高度都非常大，极度追求垂直感，历经650年到19世纪末才建成，是哥特教堂中工期最长的。

15世纪早期，在法国北部又出现了“火焰式”设计，特点是在墙面、尖塔和门廊大量使用如火焰状的曲线装饰，骨架上也披满了如蜘蛛网般的琐细的石头雕饰。直到19世纪中叶，当法国正流行以罗马复兴为主的新古典主义建筑的时候，还有一位对

图3-18 19世纪中叶法国建筑师勒·杜克所绘理想哥特教堂方案

哥特建筑十分痴迷的建筑师勒·杜克画出过他心目中最理想的哥特教堂方案：尖塔更多，也更高，更尖（图3-18）。

第2节　中国（魏晋—两宋）的环境艺术设计

中国是人类的发祥地之一。公元5世纪至15世纪，中国历经南北朝、隋唐、五代、宋辽夏金、元、明等朝代，正值封建社会盛期，中国古代绝大多数的文明成就都发生在这一大阶段。公元220年曹魏政权建立，三国鼎立社会纷争，一时间百家争鸣，各种文化兴起，与周边各民族及外邦的各种交流也使得各方面艺术得以交融。

一、融合转型的魏晋南北朝环境艺术设计

秦至东汉时期，每朝都相继实行加强中央集权的各项措施，至东汉中叶以后社会矛盾激化导致黄巾起义，并最终形成了三国鼎立的局面。公元220至581年间的魏晋南北朝是中国历史上一个动荡战乱的时代，阶级和民族矛盾尖锐，政权分裂，战争频繁不断。由于少数民族的侵袭，社会经济遭到严重的破坏，但中原先进的文化却促使少数民族加速了自身文化形态的建设。同时，少数民族的文化也丰富了中原固有的文化传统，从而形成了中华民族文化传统的新特色。中原正是由于各地军阀割据、立旗树帜，重现了“百家争鸣”，各种思想兴盛，产生了玄学，促进了逻辑思辨的发展和理论探索的自由空气，直接间接地影响了文学艺术的创作。人物品题的风气以及文艺理论的研讨和开拓则促进了绘画理论的探讨。顾恺之的《论画》、谢赫的《画品》奠定了古代画史、画论的发展道路。魏晋时期士族的行为和思想也影响了当时的文学、艺术。

和西方一样，战争下的百姓生活疾苦，宗教得到了快速且广泛的传播。经由丝绸之路和南方水路两方传入中国的佛教，影响了中国古代的环境艺术设计。僧人的西行和佛教的东渐促进了中西文化的交流，尤其是大量寺院的兴建和造像的盛行，极大地丰富了建筑艺术和绘画、雕塑创作。

1.魏晋南北朝建筑环境艺术的发展

魏晋南北朝时期的建筑主要是继承和运用汉代的建筑成就。由于佛教的传入引起了佛教建筑的发展，我国出现了高层的佛塔。印度、中亚一带的雕刻、绘画艺术传入，不仅使我国的石窟、佛像、壁画等有了巨大发展，也影响到建筑艺术，使汉代比较质朴的建筑风格，变得更为成熟、圆淳。其中最突出的建筑类型是佛寺、佛塔和石窟。寺庙建筑借艺术形象宣扬宗教的“真实”，融合宫廷及园林的建筑手法，将木构建筑推向高层，使以“间”“进”为单元的空间组合，从数的集结转变成了量的堆砌，取得了完美的艺术效果和社会影响。

洛阳永宁寺塔是北魏最宏伟的建筑之一。此塔在北魏永熙三年被火焚毁，但从石窟内的塔心柱，各种浮雕和壁画，以及北魏天安二年制作的小石塔等，可以看出当时的木塔都建于相当高大的台基或须弥座上，塔身自下往上，逐层变窄减低，但各层腰檐上未施平坐，刹的高度约在塔高四分之一至三分之一之间，与现存日本飞鸟时期木塔的比例大体相近。此外，天安二年石塔与云冈第六窟塔柱第一层的四角各有一个方墩，第二层以上方墩逐层缩小，成为倚柱，以抵抗塔身的推力，这可能与汉朝礼制建筑具有因袭相承的关系。至于这种塔的结构，根据汉长安礼制建筑遗址、日本飞鸟时期木塔和文献所载唐洛阳明堂等，塔内可能有贯通上下的中心柱，如果塔身过高，柱材供应困难，也可能采取其他结构方式。值得注意的是北魏中期出现了模仿木塔式样的石塔，规模相当宏大，对

唐以后楼阁式砖石塔的发展有一定影响。❶

石窟寺是南北朝时期佛教建筑的一个重要类型。它是在山崖的陡壁上开凿出来的洞窟形式的佛寺建筑。石窟寺的概念虽然源于印度，但从汉代崖墓就已具有开凿山崖予以建筑的手法。东汉时，中国新疆地区出现最早的石窟寺。十六国时，石窟寺建筑经由甘肃河西走廊一带传到中原，并向南方发展。中原地区早期石窟的建筑，沿袭南亚次大陆于窟内立塔柱为中心的做法，并明显受到汉化建筑庭院布局影响。如云冈第六窟，四世纪末建成，窟室方形，中心立塔柱，四壁环以有浮雕的廊院，北面正中雕殿形壁龛；敦煌莫高窟（图3-19），始建于北魏，终于元代，是一座由建筑、绘画、雕塑组成的综合艺术宝库。敦煌莫高窟的窟型有禅窟、中心柱式窟、方形佛殿和佛殿建筑的不同布局与形制。

图3-19　敦煌莫高窟

在建筑技艺方面，以佛教建筑为代表的单栋建筑在原有建筑艺术及技术的基础上进一步发展，单栋的楼阁式建筑相当普遍，其平面多为方形。斗拱有卷杀、重叠、跳出，人字拱大量使用，有人字拱和一斗三升组合的结构，后期出现曲脚人字拱；令拱替木承转，栌斗承栏额，额上施一斗三升柱头人字补间铺作，还有两卷瓣拱头；栏杆是直棂和勾片栏杆兼用；柱础覆盆高，莲瓣狭长；台基有砖铺散水和须弥座；门窗多用版门和直棂窗，天花常用人字坡，也有覆斗形天花；屋顶愈发多样，屋脊已有生起曲线，屋角也已有起翘；梁坊方面有使用人字叉手的和蜀柱现象，栌斗上承梁尖，或栌斗上承栏额，额上承梁；柱有直柱和八角柱等，八角柱和方柱多具收分（图3-20）。

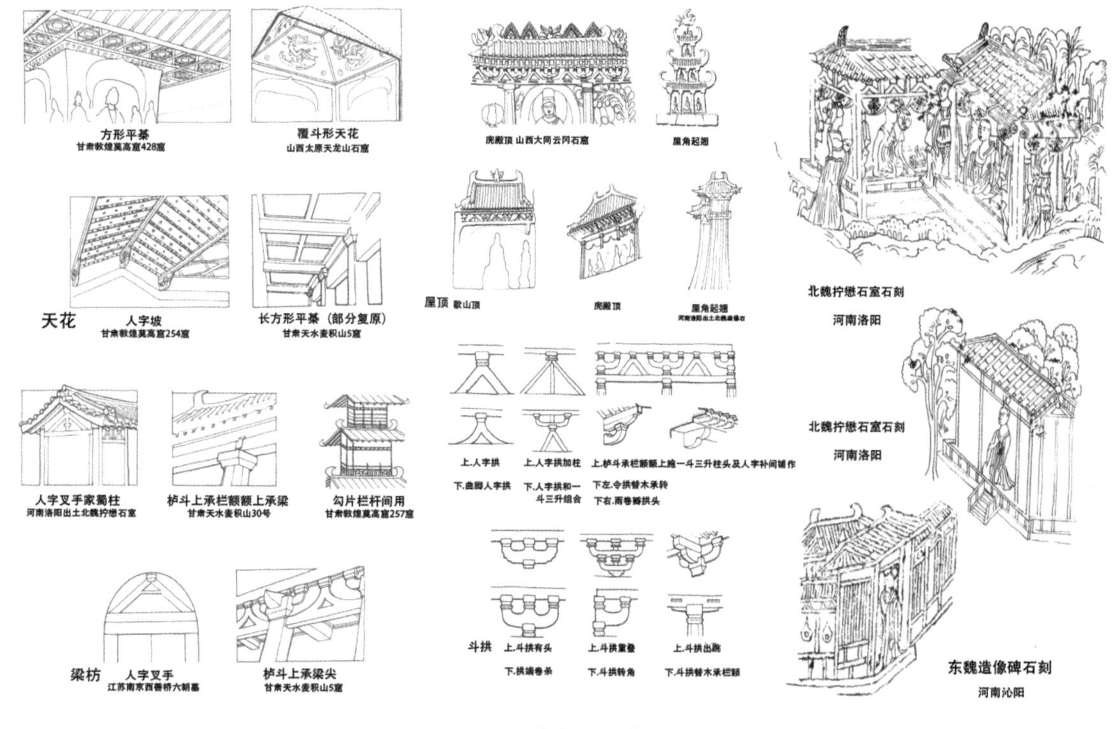

图3-20　魏晋南北朝建筑技艺

❶ 李少林. 中国建筑史. 呼和浩特：内蒙古人民出版社，2006：60.

2. 魏晋南北朝园林环境艺术的发展

魏晋南北朝时期是中国古代园林史上的一个重要转折时期。文人雅士厌烦战争，玄谈玩世，寄情山水，风雅自居。豪富们纷纷建造私家园林，把自然式风景山水缩写于自己私家园林中。魏晋南北朝时期的著名画家谢赫在《古画品录》中提出的六法：气韵生动、骨法用笔、应物象形、随类赋彩、经营位置、传模移写，对我国园林艺术创作中的布局、构图、手法等也都有较大的影响。

据《洛阳伽蓝记》记载："当时四海晏清，八荒率职……于是帝族王侯、外戚公主，擅山海之富、居川林之饶，争修园宅，互相竞争，崇门丰室、洞房连户，飞馆生风、重楼起雾。高台芸榭，家家而筑；花林曲池，园园而有，莫不桃李夏绿，竹柏冬青。""入其后园，见沟渎赛产，石蹬碓尧。朱荷出池，绿萍浮水。飞梁跨阁，高树出云。"从以上的记载中可以看出，当时洛阳造园之风极盛。在平面的布局中，宅居与园也有分工，"后园"是专供游憩的地方。石蹬碓尧，说明有了叠假山。朱荷出池，绿萍浮水。桃李夏绿，竹柏冬青的绿化布置，不仅说明绿化的树木品种多，而且讲究造园的意境，也即是注意写意了。

私家园林的极致当属皇家园林了。北魏洛阳的皇家园林，在《洛阳伽蓝记》记载中就有描述："千秋门内北有西游园，园中有凌云台，那是魏文帝（苔五）所筑者，台上有八角井。高视于井北造凉风观，登之远望，目极洛川。"从记载中可以略见魏晋南北朝时期皇家园林的简单情况。比起当时的私家园林来看，它虽规模大、华丽、建筑量大，但却没有私家园林富有曲折幽致、空间多变的特点。

芸林苑是魏明帝时在汉旧有的基础上又加以扩建的皇家园林之一。芸林苑可以说是以仿写自然，人工为主的一个皇家园林，园内的西北面以各色文石堆筑为土石山，东南面开凿水池，名为"天渊池"，引来谷水绕过主要殿堂前，形成园内完整的水系。沿水系有雕刻精致的小品，形成很好的景况，不仅有各种动物充满其中和多种树木花草，还有供演出活动的场所。从布局和使用内容来看，既继承了汉代苑囿的某些特点，又有了新的发展，并为以后的皇家园林所模仿。

魏晋南北朝时期自然山水园的出现，为后来唐、宋、明、清时期的园林艺术打下了深厚的基础。而在佛寺园林的建造上与私家园林稍有不同，佛寺园林需要选择山林水畔作为参禅修炼的洁净场所。因此，他们选址的原则是：一是近水源，以便于获取生活用水；二是要靠树林，既是景观的需要，又可就地获得木材；三是地势凉爽、背风向阳的良好的小气候。具备以上三个条件的往往都是风景优美的地方，"深山藏古寺"就是寺院园林惯用的艺术处理手法。

寺院丛林逐渐有了公共园林的性质。帝王臣贵各造苑囿宅园，独享其乐，而穷苦的庶民百姓，只有到寺院园林中去进香游览。由于游人多，求神拜佛者都愿施合，这又从经济上大大促进了我国不少名山大川，如庐山、九华山、雁荡山、泰山、杭州西湖等的开发。

二、丰厚博大的隋唐环境艺术设计

隋、唐在结束了三百多年分裂混乱局面之后，相继建成了统一王朝。隋的历史较短，但是为了巩固统治，采取了恢复和发展社会经济的措施，缓和社会矛盾，促进了农业、手工业和商业的发展，稳定了社会秩序。手工业商业发达，各民族接触密切，中外经济文化交流频繁，创造了辉煌灿烂的文化艺术，使唐王朝发展到隆盛的顶点，成为在当时世界上最强大、最富庶，具有高度文明的大国。这一时期直至宋朝是我国封建社会的鼎盛时期，也是我国古代建筑的成熟时期，在城市建设、木架建筑、砖石建筑、建筑装饰、设计和施工技术方面都有巨大发展。

（一）隋代环境艺术设计

隋朝统一中国，结束了长期战乱和南北分裂的局面，为封建社会经济、文化的进一步发展创造了条件。但由于隋炀帝的骄奢淫逸、穷兵黩武，隋代经历了隋文帝和隋炀帝两位皇帝便灭亡了，而隋炀帝在暴政下所建的华丽行宫如阿房宫一般，毁于农民起义的战火之中，留下的只有遗址。隋代的环艺设计，只能从文献等书面记载中寻得一星半点的痕迹。

隋代最具代表的建筑可谓其都城——大兴城，隋大兴的总体布局，从当时统治阶级利益出发，为了使宫城、官府与民居严格分开，使朝廷与民居“不复相参”，在布局上把宫城放在居中偏北。南面为皇城，其中集中设置了中央集权的官府衙门，官办作坊和仓库、禁卫部队等，皇城三面用居住里坊包围。大兴城的规划大体上仿照汉、晋至北魏时所遗留的洛阳城，故其规模尺度、城市轮廓、布局形式、坊市布置都和洛阳很相似。不过大兴是新建城市，因此比洛阳更为规整，更为理想化。

图3-21 隋代的陶屋

另外，隋代的陶屋（图3-21）对当时建筑细部表现得较全面。如正脊鸥尾、垂脊端部兽面瓦、七铺作偷心造斗拱、八角形檐柱，还有柱中段的束莲装饰、柱根的地栿等细部，都准确地反映出当时建筑物的外观形象和构造特点。❶

图3-22 河北赵县的安济桥

河北赵县的安济桥（图3-22），无论是从工程结构还是艺术造型，都是世界第一流的杰作。河北赵县安济桥又称赵州桥或者大石桥，由隋代名匠李春主持建造。它是世界上最早出现的敞肩拱桥（或称空腹拱桥），大拱由28道石券并列而成，主券净跨度达37.37m。主券两端各有大小两个小券伏在主券上，这种空腹拱桥不仅可减轻桥的自重，而且能减少山洪对桥身的冲击力，在技术上、造型上都达到了很高的水平，是我国古代建筑的瑰宝。

在园林方面，隋文帝即位后修筑大兴城及大兴苑。隋炀帝即位后，又修筑洛阳新都和显仁宫，“周围数百里……奇禽异兽与其中……院外有海周十余里……海内有方丈、蓬莱、瀛洲诸山……”这样豪华的建筑，在当时生产力不高的情况下，只能用大量人力资源来弥补。隋炀帝大业元年（606年）在洛阳兴建的西苑，是继汉武帝上林苑后最豪华壮丽的一座皇家园林。以人工叠造山水，并以山水为园的主要脉络，龙鳞渠为全园的一条主要水系，贯通十六个苑中之园，使每个庭院三面临水，因水而活，并跨飞桥，建逍遥亭，丰富了园景。绿化布置不仅注意品种，而且隐映园林建筑，隐露结合，非常注意造园的意境，形成了环境优美的园林建筑。每个庭院虽是供妃嫔居住，但与皇帝禁宫有着明显的不同，对以后的唐代宫苑带来较大的影响。

隋朝时给皇室建造行宫及苑囿，再加上开挖运河，征战高丽，农村可用来耕种的劳动力越来越少，以至于粮食减产，农民爆发起义也在所难免。

（二）唐代环境艺术设计

唐代是我国艺术历史上的一个顶峰，无数的杰出之作争相涌出，“贞观之治”和“开元盛世”表现出社会经济文化的全面繁荣。唐代的经济繁荣，社会富庶，首都长安和东都洛阳在政治、经济、文化及国际交流中占有重要位置，在都城建筑中完整的体系体现雄伟壮丽，形成宫殿建筑的风格。

❶ 中国建筑科学研究院. 中国古建筑. 北京：中国建筑工业出版社，1983：57.

由于唐代重视与边疆各民族和邻国的友好关系，所以当时的美术大量吸收了其他民族文化的因素，丰富了唐代艺术的种类和表现形式。

1.唐代建筑环境艺术的发展

唐代时期是中国封建社会前期发展的高峰，也是中国古代建筑发展成熟的时期。在继承两汉以来的成就的基础上，吸收、融合了外来建筑的影响，形成了一个完整的建筑体系。

唐代首都长安原是隋代规划兴建的，唐代继承之后又加扩充，使之成为当时世界最宏大繁荣的城市。长安城的规划总结了汉末邺城、北魏洛阳城和东魏邺城的经验，在方整对称的原则下，沿着南北轴线，将宫城和皇城置于全城的主要地位，并以纵横相交的棋盘形道路，将其余部分划为108个里坊，分区明确，街道整齐。总之，唐代长安城相继隋代大兴城，进行了更进一步的规划、划分，是我国古代都城中最为严整的。

唐代的宫殿建筑，不仅加强了城市总体规划，宫殿、陵墓等建筑也加强了突出主体建筑的空间组合，强调了纵轴方向的陪衬手法。以大明宫的布局为例，从丹凤门经第二道门至龙尾道、含元殿，再经宣政殿、紫宸殿和太液池南岸的殿宇而达于蓬莱山，轴线长约1600m。含元殿利用突起的高地作为殿基，加上两侧双阁的陪衬和轴线上空间的变化，造成朝廷所需的威严气氛。再如乾陵的布局，不用秦汉堆土为陵的方法，而是利用地形，以梁山为坟，以墓前双峰为阙，再以二者之间依势而向上坡起的地段为神道，神道两侧列门阙及石柱、石兽、石人等，用以衬托主体建筑，花费少而收效大。这种善于利用地形和运用前导空间与建筑物来陪衬主体的手法，正是明清宫殿、陵墓布局的渊源所在。

图3-23　王维《辋川图》

华美的贵族宅邸。唐朝经济发展，财力雄厚，王公官吏和贵族都建造了华丽的宅邸和园林。例如从展子虔《游春图》及王维《辋川图》（图3-23）中，都可以见到四合院或三合院的宅邸形制。敦煌壁画及出土的绢画上也有唐代贵族宅邸的形象，有回廊、四合院、带后院的假山等，唐墓中也有四合院型的住宅明器。像汉代楼阁式的一般宅邸，在唐代显然是日趋衰退了。

另外，由于佛教在唐代的进一步发展，唐代兴建了大量的寺、塔、石窟。其中，唐代佛塔采用砖石构筑者增多，目前我国保存下来的唐塔是砖石塔。唐时砖石塔有楼阁式、密檐式与单层塔三种，其中楼阁式砖塔系由楼阁式木塔演变而来，符合传统习惯的要求，西安大雁塔就是这种实例。大雁塔（图3-24），塔高64m，底边各长25m，整体呈方形角锥状，造型简洁，比例适合，庄严古朴。塔身有砖防木构的枋、斗拱、栏额，塔内有盘梯可至顶层，各层四面均有砖券拱门，可以凭栏远眺。从大雁塔可以看出，唐时砖石塔的外形已开始朝仿木建筑的方向发展。

图3-24　大雁塔

在建筑工艺上，唐代建筑的艺术加工真实和成熟。现存的木建筑遗物反映了唐代建筑艺术加工和结构的统一，例如斗栱的结构职能极其鲜明，华拱是挑出的悬臂梁，昂是挑出的斜梁，都负有承托屋檐的责任。唐时琉璃瓦也较北魏时增多了，长安宫殿出土的琉璃瓦以绿色居多，黄色、蓝色次之，其他如隋唐东都洛阳和隋唐榆林城遗址也出现了不少琉璃瓦片。但此时出土的琉璃瓦数量较灰瓦(素白瓦)、黑瓦(青掍瓦)为少，还多半用于屋脊和檐口部分(即清式所谓“剪边”的做法)。

木建筑解决了大面积、大体量的技术问题，并已定型化。从现存的唐代后期五台山南禅寺正殿和佛光寺大殿来看，说明当时可能已有了用材制度，即将木架部分的用料规格化，一律以木料的某一断面尺寸为基数计算，这是木构件分工生产和统一装配所必然要求的方法。用材制度的出现，反映了施工管理水平的进步，加速了施工速度，便于控制木材用料，掌握工程质量，对建筑设计也有促进作用。

另外，设计与施工水平提高。掌握设计与施工的民间技术人员“都料”专业技术熟练，专门从事公私房屋的设计与现场施工指挥，并以此为生。

2.唐代园林环境艺术的发展

唐代园林从仿写自然美，到掌握自然美，由掌握到提炼，进而把它典型化，使我国古典园林发展成为写意山水园阶段。

唐代所建著名园林之一是华清宫，华清池位于西安城东，骊山北麓，自古就是游览沐浴圣地。其秀美的骊山风光，自然造化的天然温泉，吸引了在陕西建都的历代天子。周、秦、汉、隋、唐等历代封建统治者都将这块风水宝地作为他们的行宫别苑。至唐代天宝六年，李隆基命令大肆扩建，治汤井为池，池在宫室中。宫殿群周围筑以罗城，取名华清宫。宫城之外更有随形而曲、随势高下而筑的缭墙辇道。东南面正门即昭阳门，有辇道可上登朝元阁，中途可折向长生殿，翠花亭等。它体现了我国早期的自然山水园林的艺术特色，是因地制宜的造园佳例。

唐代文人画家以风雅高洁自居，多自建私家园林，并将诗情画意融贯于园林之中，追求抒情的园林趣味。最著名的有两位，一位是诗人兼画家的王维，另一位是大诗人白居易。王维在蓝田辋口营建的辋川别业，白居易在庐山营建的草堂，都是唐代著名的别墅式私家园林，在我国园林发展史上占有一定的地位。

辋川别业(见图3-25)是有湖水之胜的天然山地园，别业所处的地理位置、自然条件未必胜过南方，但由于在造园中吸取了诗情画意的意境，精心的布置，充分利用自然条件，构成湖光山色与园林相结合的园林胜景。再加上有诗人的着力描绘，使得辋川别业处处引人入胜，流连忘返，犹如一幅长长的山水画卷，淡雅超逸，耐人寻味，既有自然情趣，又有诗情画意。

图3-25 仿辋川别业

白居易在庐山营建的草堂，共占地17亩之广，其中房屋约占1/3，水约占1/5，竹林约占1/9，而园中以岛、树、桥、道相间，池中有三岛，岛中建亭，以桥相通，环池开路，置西溪、小滩、石泉及东楼、池西楼、书楼、台、琴亭、涧亭等，并引水至小院卧室阶下，又于西墙上构小楼，墙外街渠内叠石植荷，整个园的布局以水竹为主，并使用划分景区和借景的方法。草堂设计的成功，不仅在于建筑本身的朴素与实用，更在于整体建筑环境设计的和谐。草堂北靠山崖，和石嵌空，崖上杂木野草，绿荫蒙蒙，果实硕硕。草堂南向石涧前面是开阔的平地，上筑有平台，使草堂的南檐十分开阔，平台南面有方池，池中养鱼。草堂东面，有瀑布泻于阶隅，留入石渠，入夜听其声，如环佩琴筑。草堂西侧，以剖竹架空引崖上泉，注水如线悬，如贯珠，如雨露。总体环境设计的成功，把草堂和周围的自然景色有机地融为一体，交相辉映，相得益彰，达到了白居易所追求和神往的理想境界。

3.唐代工艺品及其他艺术设计

唐代经济发展，城市手工业也十分发达。唐代工艺美术在设计和制作上都具有造型精巧、色彩华丽、纹饰新颖活泼、品种多样的特点。隋唐之际发明的雕版印刷，不仅为世界文明做出了伟大的贡献，而且开创了版画艺术的新领域。

在雕塑壁画方面，由于这个时期佛教、道教仍为统治阶级所提倡，大规模的石窟造像不断涌现。在敦煌莫高窟、洛阳龙门石窟、太原天龙山石窟和四川广元、巴中等石窟中，唐代造像的规模气势和艺术水平都十分突出。长安、洛阳等地寺庙道观的建筑和雕塑也极宏伟，其中塑像和壁画多出自当时名家之手。唐代帝后和贵族的陵墓建筑，从石雕到环境的整体设计崇尚华丽宏伟，出土的大量墓室壁画都十分精美，技艺的精巧，大大超过了前代水平。

在书画方面，唐代非常重视发展与边疆各民族和邻近国家的关系，对外文化交流十分频繁，中国的美术传播到了邻近国家，同时也大量吸收了其他民族文化的有益因素，丰富了唐代美术的种类和表现形式。

唐代山水画继魏晋之后成为重要画种，出现了青绿和水墨两种不同风格。花鸟畜兽成为独立的绘画形式，显示出绘画领域的扩大。另外皇家贵族对美术需要的增加，招纳画家，收藏书法名画，对美术的发展也起了直接的推动作用。唐代帝王重视绘画“成教化、助人伦”的社会功能，要求绘制表现重大政治题材的图画，用以歌颂帝王的文治武功，达到了古代人物画的鼎盛时期。在反映贵族生活和城乡生活上，描绘道释形象和宗教题材上都取得了重大成就。道释人物画领域里出现了为百工所范的“吴家样”和“周家样”，大量的经变故事画和菩萨、罗汉的塑造，透露出明显的人间味和世俗情调。

隋唐书学承袭六朝体式，入唐以后，唐太宗爱重王羲之书法，国子监内设置书学，并以书学取士，尤其重视字体归正、法度精严的楷书。初唐书家欧阳询、虞世南、褚遂良创立唐人楷书法度，至颜真卿、柳公权一路书家，均以楷书立名。唐代书学与画学并兴，相互影响，齐头并进，由此而形成中国书画特有的技法特点与表现形式。

三、严谨规范的宋代环境艺术设计

宋代是中国传统思想观念转折的时期，而正是这种对内心反视、内省、调息与自控的精神，使宋代的艺术变得严谨规范，不再像唐代那样开阔外向。宋代的城市繁荣且手工业发达，市民阶层的壮大对建筑艺术的发展产生极大的影响，建筑风格也由唐代的雄美壮丽变为秀美多姿。宋代的艺术贴近普通市民，汲取市民文化的精华，在此基础上又作出了创新，对建筑、园林、工艺美术等有着极大的贡献。

1.宋代建筑环境艺术的发展

公元960年，五代十国分裂与战乱的局面以北宋统一黄河流域以南地区而告终，北宋在政治上和军事上是我国古代史上较为衰弱的朝代，但在经济上，农业、手工业和商业都有发展，有不少手工业部门超过了唐代的水平，科学技术有很大进步，产生了指南针、活字版印刷和火器等伟大的发明创造。南宋时，中原人口大量南移，南方手工业、商业发展起来，但南宋统治集团极其荒淫腐朽，国力更弱。由于两宋手工业与商业的发达，使建筑水平也达到了新的高度，具体有以下几方面的发展：

第一，城市结构和布局起了根本变化。城市消防、交通运输、商店、桥梁都有了新的发展。

第二，木架建筑采用了古典的模数制。北宋时颁布了《营造法式》，把“材”作为造物的尺度标准，即将木架建筑的用料尺寸分成八等，按屋宇的大小、主次量屋用“材”，“材”一经选定，木构架部件的尺寸都整套按规定而来，用以掌握设计与施工标准，节制国家财政开支，保证工程质量。

第三，建筑组合方面，在总平面上加强了进深方向的空间层次，以便衬托出主题建筑。

第四，建筑装修与色彩有很大发展。这和宋代手工业水平的提高及统治阶级追求豪华绚丽是分不开的。与唐代多采用板门和直棂窗不同，宋代大量使用格子门、格子窗。门窗格子除方格外还有球纹、古钱纹等，改进了采光条件，增加了装饰效果。木架部分采用各种华丽的彩画:包括遍画五彩花纹的“五彩遍装”；以青绿两色为主的“碾玉装”和“青绿叠晕棱间装”；以及由唐以前朱、白两色发展而来的“解绿装”和“丹粉刷饰”等。屋顶部分大量使用琉璃瓦，使得建筑外貌十分华丽。在室内布置上，宋代主要采用木装修来进行室内空间分隔，《营造法式》列出的42种小木作制品充分说明宋代木装修的发达与成熟。在宋代，家具基本上废弃了唐以前席坐时代的低矮尺度，普遍因垂足坐而采用高桌椅，室内空间也相应提高。从宋画《清明上河图》中可以看出京城汴梁的民间家具也采用了新的方式。所以宋代建筑从外貌到室内，都和唐代有显著的不同，这和装修的变化是有密切关联的。

图3-26　河南开封佑国寺塔

第五，砖石建筑的水平达到新的高度。这时的砖石建筑主要仍是佛塔，其次是桥梁。宋塔的特点是：发展八角形平面（少数用方形、六角形）的可供登临远眺的阁楼式塔，塔身多做筒体结构，墙面及檐部多仿木建筑形式或采用木构屋檐。其中最高的是河北定县开元寺料敌塔，高达84m。河南开封祐国寺塔（图3-26），则是在砖砌塔身外面加砌了一层铁色琉璃面砖做外皮，是我国现存最早的琉璃塔。

2.宋代园林环境艺术的发展

在任何一个时期，艺术总是最能够体现当时的人文风情。唐诗宋词，这在我国历史上是诗词文学的极盛时期，绘画也甚流行，出现了许多著名的山水诗、山水画。而文人画家陶醉于山水风光，企图将生活诗意化。借景抒情，融汇交织，把缠绵的情思从一角红楼、小桥流水、树木绿化中泄露出来，形成文人构思的写意山水园林艺术。宋代的造园活动由单纯的山居别业转而在城市中营造城市山林，由因山就涧转而人造丘壑。因此大量的人工理水、叠造假山、再构筑园林建筑成为宋代造园活动的重要特征。在具体造园的手法上，为了创造美好的园林意境，造园中很注意引注泉流，或为池沼，或为挂天飞瀑。临水又置以亭、榭等，注意划分景区和空间，在大范围内组织小庭院，并力求建筑的造型、大小、层次、虚实、色彩并与石态、山形、树种、水体等配合默契，融为一体，具有曲折、得宜、描景、变化等特点，构成园林空间犹如立体画的艺术效果。这种造园方法多出现在私家园林的设计中。

另一种园林类型是有公共园林性质的寺院丛林，多处在自然风景名胜区，以原来自然风景为基础，加以人工规划、布置，创造出各种意境的自然风景园。因为受文人画家的影响，这种园林也具有写意园林艺术的特色。不同的是，私家园林的写意山水园往往都是人工为主，兼有写意的艺术特色，显得更完美。而自然风景园则以原来的自然风景为基本条件，经人为加工组织而成。这一形式的园林，多出现在我国的一些名山胜景如庐山、黄山、嵩山、终南山等地修建的寺院，有的是贵族官僚的别庄，有的又作为避暑消夏的去处。在杭州等这种本来就具备丰富的风景资源的城市，到了唐、宋，特别是宋朝，极注意开发，利用原有的自然美景，逢石留景，见树当荫，依山就势，按坡筑庭等因地制宜的造园，逐步发展成为更为美丽的风景园林城市。1071年，苏东坡在这里组织修建了长堤，后人为纪念他，将长堤命名为苏堤（图3-27）。一条长堤，既起到把西湖湖水划分空间，增加西湖水面空间的层次的作用，又丰富了西湖水面景色，而且苏堤本身又是非常重要的一景。这种大范围的设计构思，可以说是我国最早期城市园林的极好实例之一。

宋代不仅有了利用预制件来安装木构建筑的理论与实践经验的总结，还有了专门造假山的"山匠"。这些能"堆垛峰峦，构置涧壑，绝有天巧……"的能工巧匠，为我国园林艺术的营造和发展，都作出了极为宝贵的贡献。

图3-27　苏堤春晓

第3节　伊斯兰领域的环境艺术设计

正值欧洲的日耳曼人、凯尔特人皈依基督教时，在地中海的东面崛起了阿拉伯帝国，它的统一和扩张借助了伊斯兰教的力量。伊斯兰教由穆罕默德于7世纪在阿拉伯半岛开创，"伊斯兰"即服从之意，指的是"对唯一神安拉的皈依"，教徒称穆斯林。穆斯林必须为建立真主安拉的统治而圣战。伊斯兰教随着穆斯林圣战迅速传播到北非、西欧、中亚和南亚，形成了一个容纳多个民族的、地域广袤的伊斯兰世界。起源于伊斯兰教的伊斯兰艺术也由此产生。

阿拉伯人本无建筑、雕刻、绘画的传统，扩张使他们接触了各地精美的艺术品，异族穆斯林也带来了各自的地方艺术，因此被征服地区的艺术传统构成了伊斯兰美术的母胎，多样化和地方性是其一大特点。历史的变迁和伊斯兰文明本身的内聚力又使伊斯兰艺术形成超时代、超地域的统一风格。对伊斯兰教本身来说，艺术不过是种装饰品。

伊斯兰文化与中国文化、西方文化并驾齐驱，为世界三大文化，其传播地域广泛、文化个性特征显著、对人类生活和其他文化都有重要的影响，其哲学和艺术学成就非常高。

一、东西融合的清真寺建筑

清真寺是伊斯兰建筑的典型形式，它最早起源于穆罕默德战败后的住宅，先知在这里生活、传道，死后也葬在这里。满足了宗教礼拜所需的建筑空间功能，包括露天或半露天的礼拜空间、圣龛讲经台、洗浴水池和宣礼塔，就可以称作清真寺了。

伊斯兰文化起源于阿拉伯半岛，后来经阿拉伯民族传播至印度、东南亚、中国、北非、西班牙、土耳其、东南欧部分地区以及东非濒海地带。

伊斯兰的宗教信条对于建筑的影响是很明显的，也是很重要的。由于自然条件比较严酷，伊斯兰礼拜寺在炎热而干旱的荒漠和沙漠上缺乏树木和石材的情况下，大都使用土坯或砖头来建造。有很大的穹隆顶和称为"伊旺"式的立面构图，用琉璃或马赛克贴在表面作为重要的装饰手段来保护墙面。建筑周围多有院墙围绕，形成院落，与荒漠隔绝。《古兰经》的经文决定了世界各地礼拜殿的方向：当穆斯林们面向设在大殿后壁的圣龛礼拜时，同时也应该朝向位于麦加城里的克尔白大寺。如果把全世界的礼拜寺都画在地图上，就可以看见一幅以麦加为中心的呈辐射状的奇妙图案。因为要聚集众多信徒入寺礼拜，礼拜殿的规模都较大，因此要求殿前有很大的院子。另外伊斯兰教要求人们在礼拜前应进行清洁，所以在礼拜寺的院落中央大都设有水池，有的在寺内还设有公共浴室。

高耸的宣礼塔（图3-28）是礼拜寺建筑的重要造型要素之一，大大丰富了建筑群的天际线。这些宣礼塔是为了向四方的信徒提示礼拜的时间，也是展望新月之所（中国回族清真寺有时另建望月楼）。阿拉伯人崇拜的对象主要是月亮而不是太阳，因为生活在炎热沙漠上的阿拉伯人，认为只有出现在凉爽夜晚的月亮才是真正的朋友，所以穆斯林的入斋和出斋都以新月在某个月份的出现为准。由于伊斯兰教认为不可以以任何偶像来代表唯一真主安拉，所以在礼拜寺中绝对不能出现人物或动物的形象，包括一切雕像或情节绘画。

图3-28 摩洛哥哈桑清真寺宣礼塔，建于1196至1197年

尽管如此，阿拉伯人却特别喜爱装饰，使得伊斯兰建筑也很重视装饰（图3-29），并很有特色。当然，装饰中也不能出现人或动物的形象，而充满了几何文、植物文和古兰经经文。可以说，伊斯兰使得几何图案发展道路登峰造极的地步。植物被认为是没有生命的，可巧阿拉伯字母也非常富有装饰性。因为绘画和雕塑艺术受到限制，阿拉伯人把他们的艺术转向书法，成为世界除中国以外唯一发展出书法艺术的民族。阿拉伯书法有许多流派或字体，应用在建筑装饰上较多者为库法体，以起源于伊拉克的库法而得名，也是阿拉伯文最早出现的书体。库法体横平竖直,棱角分明，坚挺有力，用在建筑上刚好合适。其他曲线较多较活泼的字体如纳斯赫体、三分体等用得较少。几何文和植物文经常被组合在一起，阿拉伯经文则更多单独运用。

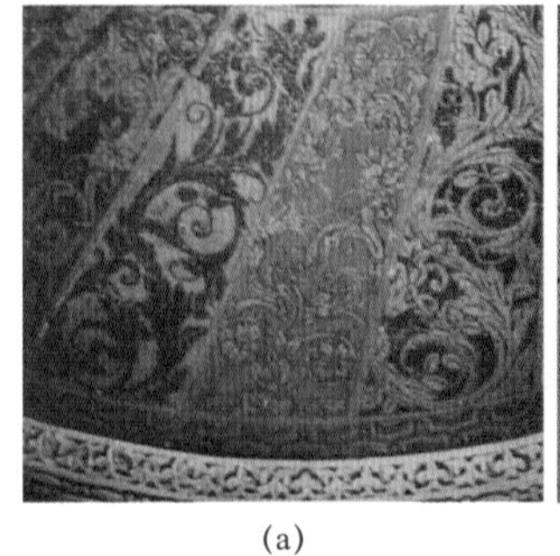

(a)

(b)

(c)

图3-29 西班牙科尔多瓦大清真寺内墙装饰，边门窗格，外墙细部，始建于公元785年

在阿拉伯地区和伊朗、中亚一带，这些装饰或是纯粹用砖砌出的图案，或是在砖或土坯墙上贴以预先烧成的琉璃或瓷质面砖，或是玻璃马赛克，也有在抹灰墙面上直接绘制的，还有浮雕。伊斯兰建筑经常使用穹顶或半穹顶，在伊朗、中亚等地区，其方形平面和圆形平面的交接不采用帆拱，而采用一种钟乳状的叠涩，渐渐成了一种装饰。

坚定的宗教信仰、阿拉伯语的迅速传播以及与外来文化的相互融合，使得伊斯兰文明在欧亚非三大洲得到了迅速而辉煌的发展，他们研究古希腊的哲学，推广中国的造纸术、罗盘针，在世界文化宝库的基础上发展和丰富了天文学、航海学、医学、数学、哲学，创造了灿烂的阿拉伯文明。所以伊斯兰建筑文化实际上就是多种文化的混合体。

由于地域的广大，各地自然条件的差异、原有建筑传统的不同以及受到与穆斯林杂居的其他民族的影响，伊斯兰建筑在各地也有一些差异。如印度和西班牙采用石头来建造，两地又分别受到同居一处的民族或邻近地区的影响，与西亚和中亚会有不同。土耳其和巴勒斯坦曾是拜占庭的统治中心，拜占庭的传统在礼拜寺中有更多体现。中国也是一样，回族清真寺除了保有伊斯兰某些共通特色外，建筑单体都采用了汉式建筑。这些不同，统称为“混合伊斯兰式”。

总的来说，伊斯兰建筑艺术既具有统一性，又具有多元性。前者使世界各地的伊斯兰建筑具有

图3-30 福建泉州“清净寺”

明显的可识别性，后者使之具有丰富性，是人类的又一重要艺术成就。

约从公元7世纪中叶即唐代开始，一些信奉伊斯兰教的阿拉伯人和波斯人进入中国经商，定居在广州、泉州、杭州和扬州等东南沿海口岸，称“番客”。这一时期遗存的清真寺为数不多，而且都在东南沿海地区。归纳起来，这一时期清真寺建筑的特点大致有如下几个方面：

第一，从工程用料上看，多为砖石结构。广州怀圣寺光塔、泉州清净寺（图3-30）门楼及大殿均如此。

第二，从平面布置看，早期清真寺多为非左右对称式，不甚注意中轴线。邦克楼或望月楼一般都建在寺前右隅。清净寺大门开在寺南墙东侧，进门有甬道，沿着甬道向左转弯即为礼拜大殿。这种大门与大殿密集的平面布置，与我国传统的寺殿制度明显不同，是西方清真寺的制度。建于宋末的江苏扬州仙鹤寺，平面布置也非左右对称式，而是屈卷为仙鹤状，用小天井而非四合院式，独具特色，也很难得。

第三，从外观造型上看，基本是阿拉伯情调。如广州怀圣寺光塔，古称“番塔”，顾名思义，其形制与我国佛塔显然不同。

第四，从细部处理上看，早期清真寺也是阿拉伯风格。

上述是中国清真寺建筑两大体系的其中一类，更多地保留了阿拉伯的建筑形式和风格，另一类是以木结构为主的建筑，体现了中国传统的建筑风格，属于中国特有的建筑形制。中国很多著名清真寺，都以其精美的彩绘艺术见长。如西安化觉寺、山西太原古寺、山东济宁大寺以及北京的东四寺、牛街寺、通县寺等，其后窑殿及圣龛上的彩画艺术精美绝伦，显得极其富丽堂皇。一般而言，华北地区多用青绿彩画，西南地区多为五彩遍装，西北地区喜用蓝绿点金。无论何种颜色的彩画，都源于中国传统当无疑问。而这些彩画的共同之处又在于，不用动物图文，全用花卉、几何图案或阿拉伯文字为饰。这是中国伊斯兰教装饰艺术的一个显著特色。

我国著名的回族清真寺有福建泉州“清净寺”，广州“怀圣寺”，杭州“真教寺”，北京牛街“大清真寺”，宁夏同心县李旺“大寺”，银川“大清真寺”等。[1]

二、园林和庭院

受地域、气候条件及本土文化影响，伊斯兰园林大多呈现为独特的建筑中庭形式，也因如此，在世界园林史上，伊斯兰传统园林可谓最为沉静而内敛的庭园。在此权以泰姬陵的实例分析来看伊斯兰的园林及庭院设计。

阿格拉的泰吉·玛哈尔陵（图3-31~图3-33），又被称为泰姬陵，是莫卧尔皇帝贾罕于公元1630至1653年间为他的爱妃蒙泰吉修建的陵墓。穆斯林帝王常在生前就为自己修建陵墓，兼做离宫别馆之用，该墓的世俗气息反映了此特点。陵园基地为长方形，有两重院子，中间的大花园被十字形的水道等分为四，水道的交叉处有喷水池，周围是茂盛的常绿树。陵墓全部用白色大理石建成，

[1] 中国伊斯兰百科全书编辑委员会. 中国伊斯兰百科全书. 2版. 成都：四川辞书出版社，2007：449.

局部镶嵌有各色宝石，建在一大平台上。建筑形体四面对称，每边中央有波斯式的半穹窿形门殿。平面约57m见方，中央大穹窿直径17.7m，顶端离地61m，也是波斯的尖顶式（事实上弓形尖券最早起源于印度）。平台四角有四座高约41米的邦克楼。整栋建筑格调统一，手法简练，施工精巧，是印度伊斯兰建筑的杰出代表。

图3-31 泰吉·玛哈尔陵陵堂

全部陵区是一个长方形围院，东西宽290m，南北580m，正好是宽度的两倍。由前而后，又分为一个较小的横长方形花园和一个很大的方形花园，都取中轴对称的布局。方院里的花园是典型的伊斯兰园林，有十字形水渠，在水渠交点的方形水池中设喷泉，其他地面是方格网小路、大片草坪和低树。陵墓的主题建筑陵堂在纵轴线尽端，下有方96m、高5.5m的白大理石基台，四角耸起细高的圆柱形宣礼塔，塔上有穹顶小亭。灵堂平面方形抹角，依方形计边长58m。

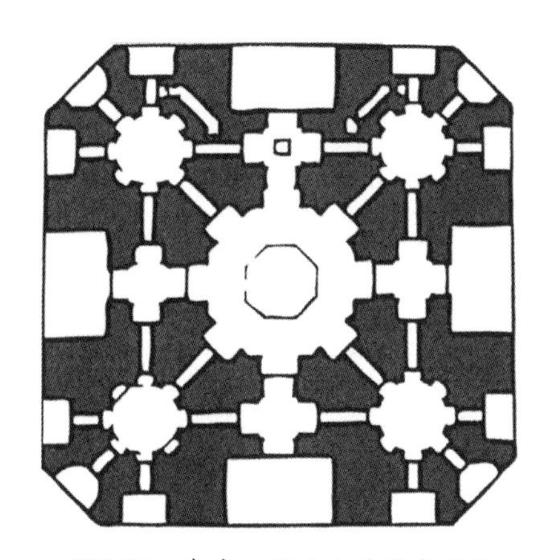

图3-32 泰吉·玛哈尔陵陵堂平面

陵墓环境极为单纯，宁静而优美，碧水绿草蓝天，衬托着白玉无瑕的大理石灵堂，圣洁静穆。灵堂是运用多样统一造型规律的典范，大穹隆和大龛是它的构图统率中心；大小不同的穹顶、尖拱龛、形象相近或相同；横向台基把诸多体量联系起来，以及全为白色，都造成了强烈的完整感。在诸元素的大小、虚实、方向和比例方面有着恰当的对比，使设计统一而不流入单调，妩媚明丽，有着神话般的魅力。陵堂左右隔水池各有一座较小红砂石的建筑，西面的是小礼拜殿，东面为接待厅，为陵堂起对比点缀作用。

全陵尤其陵园的造型运用了简单比例的构图方法，追求精确的几何构成之美。如前院是横向组合的两个正方形；主院的花园是一个大的正方形，其由水渠划分的田字格也是正方形，并与前院的两个正方形大小相同；陵堂台基的平面也是正方形，宽度恰为陵园全宽的三分之一；陵堂每面两座高塔围成的图形接近于两个方形；由中央大穹顶至台基四角的连线组成的棱锥体，接近于底边和每棱边长都相等的金字塔式正四棱锥体；陵堂正中带大拱龛的门墙之高，约等于整个抹角方形的陵堂宽的一半；门墙两边体量的高度约等于不带斜角的陵堂宽的一半等。这些1：1或2：1的简单比例，使全群具有了明确的有机性，值得认真的品位。

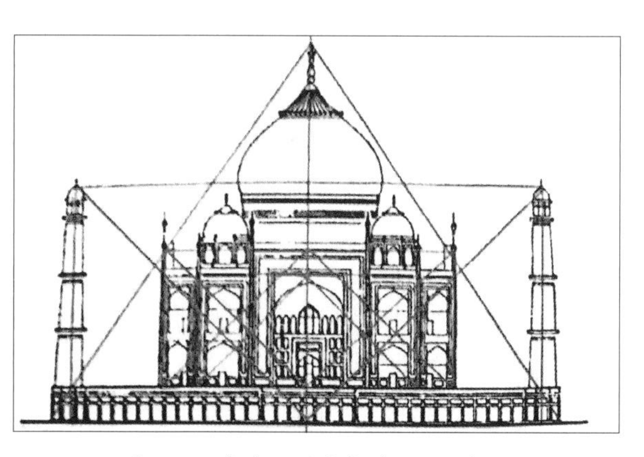

图3-33 泰吉·玛哈尔陵立面分析图

同时，泰姬陵的设计也注意了良好的观赏视角，如从二门观看陵堂包括左右两座建筑的总视宽（290m），与从二门到陵堂立面前沿的距离（290m），二者相等，这时的水平视角为54°，正好与人眼的自然水平视野张角相近，是一个理想的观赏位置。若距离再远，次要的景物进入视野太多，主景不能突出；距离过近，则难见全景。从陵园中心附近观赏陵堂本身，也有这样的效果。同时，其视高（即陵堂高度）为70.5m，与人到陵堂中点的视距（约200m）之比则十分接近于1/3，这时的垂直视角约为18°，是观赏陵园的最佳垂直角度。若距离过远，则天空显得太多，也影响主景的突出，反之则需上下俯仰，不能舒适自然地接受景物的全貌。从陵园回望二门，也有相类似的视线考虑。此外，在视觉设计中也考虑了框景效果，如从二门，或从陵堂左右建筑的门洞观看陵堂，都能形成十分动人的画面。

第4节　国外佛教领域的环境艺术设计

公元前6世纪，印度吠陀时代末期产生了耆那教、佛教，佛教得到了广泛传播，其直接结果是造型艺术的复兴。公元前3世纪印度孔雀王朝（前322—前185）阿育王时代将佛教尊为国教，从此佛教艺术便日臻繁盛。佛教使亚太地区结为一体，佛教艺术勃兴之地是佛陀活动的印度北部横河流域，公元1世纪左右，佛教经由丝绸之路传入中国，中国化了的佛教又于公元6世纪初经朝鲜半岛传到日本。

一、日本的环境艺术设计

日本作为中国隔海相望的友邻国家，与中国有着悠久的文化交流历史，并在隋唐时期达到第一次高峰，交流涉及了宗教、制度、文化等多个层面。而中古时期的日本远落后于中国，所以中国佛教的传入给日本的文化做出巨大贡献。

1.佛教建筑艺术

日本艺术是东方艺术的重要组成部分，其中日本的佛教艺术是日本艺术三大阶段的重要部分。南北朝佛教自中国经朝鲜百济传入日本，同时带入了中国南北朝与隋唐的建筑技术与风格。从此，佛寺成为日本的主要建筑活动，其影响遍及宫殿与神社。这一时期的佛教建筑造型庄严、结构精巧、布局合理，不仅能充分与佛教精神相吻合，而且显示了日本人民的高度智慧，代表性作品有唐招提寺金堂、东大寺大佛殿、当麻寺三重塔、室生寺五重塔等。其中唐招提寺金堂正面七柱七开间，雄大的七圆柱并列，撑出三端向上的斗拱，加强了深邃沉着之感，显示出独特之美。堂内架设着的巨大横梁以及宏大壮丽的屋顶和屋脊两端构筑的鸱尾等等，其均衡、稳重的作风堪称当时之代表性建筑。

在飞鸟时代（671年—8世纪初），佛寺的布局与形式各样都有，无论是寺院、神社，或者官厅、民舍大都是以木结构的各种穿榫组架为主。它们的屋脊结构，以其不同特点，被称为所谓“切妻造”“入母屋造”“寄栋造”“宝形造”等各种类型。不过无论哪种屋脊结构都是以大屋顶、大斜度为特点。公元1053年建筑在宇治河畔的平等院凤凰堂（图3-34），中有头躯，侧有两翼，似凤凰展翅之势，因此而得名，是日本美术史上富于变化、独具匠心的建筑范例。到奈良时代（710—784年）日本佛教建筑逐渐形成统一的风格，既有中国唐代建筑的明显特征，又在向日本化过渡。到平安时代（791—1194年），这个过渡基本完成，在佛寺中形成了具有日本特色的“和样建筑”，在贵族府邸中形成了“寝殿造”。

图3-34　修建于平安时代的平等院凤凰堂

12世纪后，地方势力兴起。在镰仓幕府（1192—1333年）和室町幕府（1338—1573年）时代中，宫殿、神社、佛寺、府邸逐渐推向全国。在奈良的仿中国宋式做法但称之为“唐样建筑”（又称“禅宗式”建筑）的风格与“和样建筑”一同传播各地。此时日本建筑一面继续受到中国影响，同时又有自己的创造。如奈良时期的粗大构件缩小了，柱子越来越细，枋子成为不可缺少的构件，佛堂内广泛使用天花板，门板演变为隔扇等等。在住宅府邸中又出现了“主殿造”，即简化了的“寝殿造”；还出现了适宜武士与僧人生活需要的“书院造”，即在居室旁另设披屋作为书房。自16世纪后佛寺就不再是主要的建筑活动了。

图3-35 东大寺卢舍那大佛像

2.佛教雕刻艺术

公元522年，我国梁代雕刻家司马达等赴日造佛像，世代相传。司马达的孙子鞍作止利所造佛像成为日本佛教雕刻早期的最权威、最典型的样式。这些佛像脸型较长，杏眼，仰月形口唇带着微笑，流露着沉静和善良的美。鞍作止利的代表作品是藏于法隆寺的释迦三尊像。来自朝鲜半岛的京都法隆寺藏宝冠半跏思维像等都是富于精神内涵的优美雕刻，特别是宝冠半跏思维像的神秘的笑意给人留下深刻的印象。

公元7世纪末到9世纪末，日本的佛教雕刻直接受益于唐文化。这个时代佛教雕刻的写实主义能力有显著的提高，同时在材料的使用上也扩大了范围，除传统的金铜、石、木等外，雕像、干漆、脱活干漆等技法也日臻完美。这个时期的优秀作品很多，较早的有旧山田寺的佛头、法隆寺梦殿救世观音像、鹤林寺的观音像等，稍晚的有法隆寺五重塔的塑造群像、兴福寺干漆造十大弟子、八部众像、东大寺卢舍那大佛像（图3-35）、招提寺脱活干漆鉴真和尚像等。其中许多造像姿态生动、表情细腻，特别是鉴真和尚像惟妙惟肖地表现了鉴真大师的精神和相貌，雕像中心空荡，刻薄如纸，至今完整无缺。在长时期的佛教雕刻中，不断融入了日本民族，特别是各时代贵族阶级的审美要求，如公元1053年建造于宇治平等院凤凰堂的阿弥陀佛像，即是完成于平安时代，体现了藤原贵族审美理想的一躯实例。雕像颜面如明朗的满月，细小的螺发卷，流露着温雅质感的躯体以及整洁明快的衣纹，使得整体造型圆满柔和、稳健端庄，成为影响一个时代的典范作品。这种风格因作者的名字而被称为“定朝式”。这种样式的造像被认定为是走向日本样式佛教雕刻之规范，致使佛像雕刻师们纷纷仿效，在一个时期内，“定朝式”佛像雕刻风靡了日本全国。同时，在平等院凤凰堂这座阿弥陀佛堂内的壁楣上的许多高浮雕，大有我国敦煌石窟飞天之意趣，也是十分精彩的作品。

3.其他佛教艺术

法隆寺有一件叫做玉虫厨子的佛龛，佛龛侧壁面上的一幅漆画是《舍身饲虎图》。这幅画在黑漆的底面上，以朱、绿青、土黄三色制作，构图明朗，造型概括简练，对比鲜明，很好地显示了材料的特点，是日本早期绘画的杰作。

二、印度的环境艺术设计

中古时期的印度美术主要是指佛教美术和印度教美术。印度教是雅利安文化和达罗毗茶文化相互同化的结果。它宣扬肉体的力量，将原始的生殖崇拜升华为一种宇宙观，像马克思所说的，“这

图3-36　德干比姆贝特卡，中石器时代狩猎舞蹈岩画

约公元前5500年或略晚。高约50.8cm。

图3-37　萨尔那特出土的佛陀立像躯干

笈多时代，可能在公元5世纪。楚纳尔砂石，高76cm，克利夫兰艺术博物馆。

个宗教既是纵欲享乐的宗教，又是自我折磨的宗教；既是和尚的宗教又是舞女的宗教。”（《不列颠在印度的统治》）愉悦感官的男女雕像成为神庙的主要装饰。在印度教中，梵天、毗湿奴、湿婆分别代表创造、护持、生殖与毁灭这些宇宙力量，为三大主神。作为印度教经典的两大史诗《摩诃婆罗多》《罗摩衍那》为印度教美术提供了题材。

印度教美术源远流长，印度次大陆所创作的最初的真正视觉艺术作品是原始岩穴或岩石绘画。这些岩画最常见的是描绘动物，单独的动物或者与狩猎或巫术场面中程式化的人物在一起的动物。有的画面表现狩猎或公牛跳跃之类的活动和佩带弓箭的人物（图3-36），较晚一些的岩画则有表现骑在马背上的人手持刀剑和盾牌等器物，还有罕见的“X光透视图像”的图面，画出了母牛腹中未出世的小牛或羚羊体内的各种器官等。这些岩画所用的颜料全是天然矿物颜料，颜色变化范围从暗红、紫红到赤褐土色、粉红色、橙黄色、蓝色、绿色和红色勾边的熟赭石。这些岩画是由单色的色块和色线画成的，很少见色调和明暗配合的尝试。根据罗伯特·布鲁克斯（Robert Brooks）的说法，有些颜料是直接用手指涂抹的，而另一些颜料明显是用揉搓过的矮棕榈叶梗或其他粗糙的刷子似的东西刷上的。以轮廓线画出的图画似乎是这些古代作品中距今最近的，年代大致可定为公元4世纪。

除了岩画，南印度达罗毗荼人（Dravidian）社会遗存的主要实物是年代较晚的巨石古墓，即用石头覆盖和包围的原始箱形石墓或坟墩。墓中藏有简单的铁器，诸如工具、武器、礼仪用斧与三叉戟和马饰之类，以及典型的铁器时代的红底黑花陶器。

印度教美术的鼎盛发展集中体现在神庙上。印度教神庙通体缀满雕刻，被认为是诸神的住所，精灵的栖息地，是印度教的微观宇宙。在萨尔那特制作的一尊公元5世纪楚纳尔砂石的佛陀说法的坐像（图3-37），代表了笈多艺术的精华，达到在优雅的单纯与印度人对装饰的热爱之间的一种微妙的平衡。这种雕像影响了后来印度内外的所有佛教艺术流派，而且对婆罗门教艺术也具有重大而深远的影响。

建筑和雕刻密不可分，甚至建筑本身就像件雕刻作品，经雕凿堆塑而成，围起空间的功能不明显。在印度半岛形成了南式、德干式（中间式）、北式三种包含建筑雕刻在内的神庙风格。南印度帕拉瓦王朝（500—897年）的印度教神庙代表了南式风格。东南沿海的马摩拉补罗是当时最重要的印度教纪念地，那里保留了许多岩石寺庙及岩壁浮雕。最早的印度教神庙是由一个平顶的神堂和列柱组成的。到帕拉瓦王朝，神堂平顶上筑起了角锥形塔，称为悉卡罗。后来角锥塔发展成台阶金字塔式，每层台阶是由帐篷形和盔帽形小阁排列而成，塔顶冠以八角盔帽形盖石。8世纪时，神堂外增建了围墙，构成一个大院落。围墙中建有门楼，顶上同样有悉卡罗，并且越筑越高。南式风格的悉卡罗强调水平方向的变化，神庙的布局也比较松散。典型的南式神庙有马摩拉补罗的海岸神庙和甘奇补罗的卡拉萨纳特神庙（建于8世纪）。在这些神庙中，雕像分散在龛内和列柱间。帕拉瓦雕刻最具特色的一件作品雕凿在马摩拉补罗的一处崖壁上，是命名为《恒河降生》的岩壁浮雕。这件作品巧妙地利用了岩壁的裂缝，妥善安排众多人物，通过姿态夸张、神态各异的形象叙述了恒河降生的故事，反映了南式雕刻的达罗毗荼文化传统。

图3-38 舞王湿婆

朱罗王朝，11世纪，青铜，高82cm，苏黎世里特堡博物馆。

继帕拉瓦王朝之后的朱罗王朝（985年—13世纪）沿袭了南式风格。神庙的悉卡罗建得很高，仍保持方锥形。神像也由石刻发展到铜铸，刻工更为精致，工艺性强。作于11世纪的《舞王湿婆》（图3-38），头戴扇形羽饰宝冠，右腿独立于一圈火焰光环中央，脚踏侏儒，抬着左脚，伸展四臂，翩翩起舞，表现了湿婆在生生不息的永恒之舞中旋转，像轮回再生一般。这件青铜雕像在艺术处理上的精妙之处在于：永恒的运动和泰然的神情相统一，辐射状动作的张力和光环的约束限制互相抵消。这种运动中的静止，变换中的永恒只有印度才有。

中部德干高原地区6世纪至9世纪最杰出的作品要算埃罗拉石窟的卡拉萨神庙。这件作品既是建筑又是雕刻，因为它是由整块天然花岗石峭壁自上而下雕凿成的神庙，中心塔高约30米，称得上是奇迹。在神庙的表面布满了取材于《罗摩衍那》的高浮雕神像和其他装饰。整座神庙仿佛在颤抖，神、人和动物姿态万千，如在天堂过狂欢节，充满了戏剧性。这的确是一部“岩石的史诗”。神庙的建筑风格融南北式为一体，显示出德干式（中间式）的特征。开凿石窟是印度艺术的传统。在德干高原往西，孟买附近象岛的石窟以其有一座高达5m的湿婆三面像而著名。这件作品让人充分体味到湿婆神所凝聚的两种基本宇宙力量，生殖与毁灭、创造与破坏的对立统一。

如果说南式风格中达罗毗荼文化的色彩浓厚些，那么北式风格可以称作“印度—雅利安”式，显得较为秀雅。这大概和当地宗教派系崇尚女性性力有关。北方的神庙没院子，门厅和神堂结合得非常紧密，成为一个整体。悉卡罗成竹笋状的曲拱形，小塔簇拥着主塔，往高处发展，塔身由水平方向的岩层重叠而成。神庙独立于旷野，远看似层峦叠嶂，气势雄伟。北式神庙主要集中于奥利萨和卡朱拉侯两地。印度雕刻艺术一直集中于北方，到7世纪以后，北式雕刻不仅技艺圆熟，甚至发展到了矫揉造作的地步。加上北方的性力派将湿婆崇拜和生殖母神崇拜结合起来，男女爱侣的艳情雕刻成为北式神庙的主要装饰。这在卡朱拉侯尤甚，那里的爱侣雕像比例修长，肢体柔软，强调光影和流线效果。相对说来，奥利萨则继续了笈多传统。

12世纪末，当南式、德干式、北式三种风格发展到烂熟之时，穆斯林入侵并开始统治印度。印度教美术渐渐湮没了，虽从未消逝，不过占据印度美术主导地位的已是伊斯兰美术了。以莫卧儿王朝为代表的印度伊斯兰美术可以与波斯艺术相媲美。

在亚洲，印度作为一个独立的地理单元，有着独立的文化体系，并对周围地区的文化艺术产生过深远影响。佛教美术中大乘教美术随大乘教经克什米尔、阿富汗、中国一直传播到朝鲜、日本；小乘教美术则随小乘教往南传播到斯里兰卡、印度支那和印尼。印尼的婆罗浮屠是世界上最大的佛塔。密教美术至今盛行在西藏地区。印度教也渗透到东南亚，柬埔寨的吴哥窟是印度教美术的一大杰作。宗教，特别是佛教将亚洲各国联系起来，并将印度艺术传播四海。

三、东南亚的环境艺术设计

东南亚主要包括锡兰、缅甸、柬埔寨、爪哇、尼泊尔等国家，这些国家很早便同印度、中国有往来。佛教虽自5世纪起便在其发源地印度消失，但却成为这些国家与地区的主要宗教。当时建造的极其辉煌的石建佛教建筑至今尚存。公元前后，佛教、印度教先后由印度传到东南亚，特别是公元4世纪前后的印度笈多王朝和公元8世纪建立的帕拉瓦王朝等都先后给东南亚文化以深刻的影响，结合东南亚各国的固有文化，使东南亚得到长期繁荣，并留下了许多艺术价值极高的建筑雕刻作品。

缅甸随着印度教移民、佛教徒的进入，印度文化得以生根并发展起来，公元11世纪至13世纪时期宗教营造活动最为繁荣兴盛，帕岗地区成为佛教中心，仅佛塔就有5000多座遗存。缅甸佛塔有两种形式，一种是由印度的覆钵塔变形而来的钟形塔，底部为多层重叠，顶上呈圆锥形；另一种以方形平面为基坛，连续重叠若干，上面承载圆锥形。缅甸的雕刻品出现很多类似印度笈多朝样式的金银小像、银制舍利容器、青铜小佛像等。

泰国雕刻造型受印度影响颇大，其晚期德瓦拉维蒂雕像的大螺发、扁平的颜面、弯弓形眉、突出的眼睛、宽平的鼻梁和大鼻翼、厚厚的嘴唇等，均是综合了猛族颜面的独有特征。通过海上交通，印度教美术也被传入泰国，出现了维修奴神、克里修那、太阳神斯利亚等雕像。

柬埔寨的克美尔族文化是受到公元1世纪左右传入的印度文化影响而产生的。柬埔寨美术造型活动开展较早并有较高的水平，诃里哈拉像是其雕刻代表作，受印度笈多朝萨尔拉特派的影响，它的人体造型瘦而匀称，不过颈、腕、胸腹部漂亮的写实手法，似乎是因南海贸易直接传来的罗马雕刻的影响所致，这在东南亚的造型艺术中有力地显示了克美尔人的才能。柬埔寨的吴哥寺（图3-39）在吴哥故都南郊，原为国王陵寝兼佛教圣地。基地长方形，周围环有宽90m的壕沟，壕沟内侧东西1025m，南北800m。寺院居中偏东，大门向西，建在一二级台基上，各级都有回廊。底层回廊（东西215m、南北187m）廊壁布满精美雕刻，题材为印度佛经故事；二层回廊四角有塔（图3-40）。主殿金刚宝座式，中央塔高42m（距地面65m）。塔身与塔顶均布满莲花蓓蕾形的雕饰。整座建筑构图完整，造型稳定、突出中心、主次分明。

东南亚早期绘画只能见诸少数古代壁画。在缅甸帕岗王朝时代（11—13世纪）以及17世纪后

图3-39　吴哥寺（Angkor Wat，1113—1152年），柬埔寨

图3-40　吴哥寺主殿四角各有一座截顶宝塔

各地寺院有部分壁画存留至今。这些壁画以佛教故事、本生故事为主，佛、菩萨、各天神像、印度教神像等也不少。佛教故事图大多是以释迦生前八相为题的成套绘画，本生图则以壁面的棋盘状构图依序描绘着连续题材。帕岗壁画是西印度画风的别支，以强烈粗犷为其特色，在本生图中仅以褐、黄为主调。阿巴雅塔纳寺的降魔图，画着魔军败退的混乱场景，激烈的表情及姿态，以有力的线条进行描绘，显示出一种淳朴的装饰趣味。曼谷玉佛寺中以《罗摩衍那》为题的壁画对泰国人自己的理想和民情风俗进行了描绘。

此外，东南亚在多年的殖民统治下，画家们形成了土著和西洋绘画某些技巧相结合的画法，在表现当地的风土人情的描绘中也有很多较好的作品。

⊙思考题

1. 简述唐代建筑的类型与建筑特点。
2. 列举实例，阐述唐代佛教建筑的特点。
3. 简述拜占庭时期教堂建筑的建筑形制和特点。
4. 简述罗马式建筑与哥特式建筑的区别。
5. 阐述唐代园林的特点，并举例加以分析。
6. 浅谈伊斯兰建筑的特点及成因。

第4章　前近代环境艺术设计

资本主义萌芽于14世纪，在意大利开始，15世纪后遍及欧洲各地。新的生产关系带来技术和科学的重大进步，思想文化领域也掀起了一场反封建、反宗教的活动，被称为“文艺复兴”运动。由于文化先驱对古典艺术的推崇，现实主义、古典主义的美和比例重新回到建筑中，严谨的古典柱式作为古典建筑代表，又一次控制了建筑的布局和构图。意大利的文艺复兴运动成就最高，先后在佛罗伦萨、罗马形成为繁荣的文化中心。

意大利的文艺复兴运动到17世纪式微，变化成为突破古典常规的夸张不羁的“巴洛克”式，“巴洛克”原指畸形的珍珠，巴洛克主张富丽堂皇、璀璨华美，有机的曲线代替了单纯的几何形，大量运用动态和表现冲突的雕塑感线条。

法国的哥特建筑在15世纪末16世纪初受到意大利文艺复兴的深刻影响，原因是古典主义传统非常符合法国绝对君权的需要，法国皇帝得到了摆脱宗教控制的绝对王权，宫廷文化成为法国的主导文化，并热衷于引进文艺复兴的成就。法国很快成为欧洲最先进的国家，建筑上也将意大利文艺复兴与法国文化结合，著名的法国古典主义建筑。这些建筑表现出理性的精神，把建筑的比例视为决定性的因素，把柱式奉为高贵的经典，追求永恒真实的美。

第1节　欧洲文艺复兴时期的环境艺术设计

纵观西方，尤其是欧洲的环境艺术发展史，处于一个不断自我否定的发展过程中，从理性、典雅的古希腊罗马建筑，到高耸、神秘的哥特式建筑，再到秩序、和谐的文艺复兴建筑及园林艺术，然后是夸张变形的巴洛克建筑和园林风格，严谨端庄的古典主义，华丽舒适的洛可可风格，简洁务实的现代主义，个性张扬的后现代风格，一直到新奇变异的解构主义……正是在“复古”和“复兴”的一轮轮的演进中，环境艺术设计实现了“否定之否定”的质的飞跃和提升。

文艺复兴运动15世纪起源于意大利，16世纪达到顶峰，其影响波及整个欧洲。实质上它是新兴资本主义思想打着复兴的旗号进行的一场意识形态领域的革命。文艺复兴最典型的特点是从神权崇拜转向对人自身的关注，从寄托于来世转向现世享受，这一点与古希腊、古罗马的精神相一致，文艺复兴的建筑形式是继哥特式建筑之后出现的一种建筑风格，其特征也由哥特式的高耸、繁琐转向恢宏、简洁。文艺复兴时期的园林艺术成就很高，以意大利的园林最具代表性。

一、意大利的城市规划与代表性建筑

文艺复兴时期的建筑类型，除了传统的教会建筑，世俗建筑逐渐占据重要地位，包括育婴院、大医院等慈善机构，市政厅、图书馆等公共设施，还有政客、商人的府邸别墅和苑囿等也大量兴建。意大利的佛罗伦萨、罗马和威尼斯这三个城市是文艺复兴时期城市建设与规划的范例，意大利文艺复兴时期的公共建筑，首先是从佛罗伦萨开始的。

1.佛罗伦萨

从1229年起，佛罗伦萨人就开始规划城市布局，拓宽和拉直街道。文艺复兴时期最有影响的建筑是佛罗伦萨大教堂（Florence Cathedral），又称纯洁圣玛利亚天主教堂（图4-1），始建于1296年，建成于1462年，是14世纪末行会从贵族手中夺取政权后，作为共和政体的纪念碑而建造的。佛罗伦萨大教堂与圣彼得大教堂、伦敦圣保罗大教堂并列为世界三大圆顶教堂，是当时最大的穹顶建筑物。佛罗伦萨大教堂其实是一组建筑群，由大教堂、钟塔和洗礼堂组成，建成于佛罗伦萨的繁盛时期。先后由阿尔诺尔福·迪·卡姆比奥、弗朗西斯科·塔伦迪和布鲁涅列斯基三位设计师主持施工。教堂平面呈拉丁十字形状，主体宽阔，长82.3m，由4个18.3m见方的间跨组成，形制特殊。教堂的南、北、东三面各有一个半八角形巨室，巨室的外围有5个呈放射状布置的小礼拜堂。整个建筑群中最引人注目的是巨大的中央穹顶（图4-2），由意大利著名的建筑师布鲁涅列斯基设计，历时14年，综合考虑穹顶的承重、排水、采光、防风、抗震和检修等因素，最终完成了这项宏大的工程。穹顶高度为106m，基部呈八角形，平面直径达42.2m，基座以上是各面都带有圆窗的鼓座。穹顶的结构分内外两层，人们可以通过环廊到达穹顶内部，内部由8根主肋和16根间肋组成，构造合理，受力均匀，内部墙壁上有一幅著名的壁画《最后的审判》。穹顶的外墙以黑、绿、粉红三色条纹大理石砌成各式格板，上面附以精美的雕刻、马赛克和石刻花窗，教堂的大穹顶把文艺复兴时期的屋顶形式和哥特式建筑风格完美地结合起来，成为佛罗伦萨市的标志性建筑。

图4-1 佛罗伦萨大教堂

图4-2 佛罗伦萨大教堂中央穹顶

意大利的府邸别墅充分体现了文艺复兴的现世享受的主张。君主们住着富丽堂皇的宫殿，里面装饰着豪华的挂毯、画作和各种工艺品。政治家和商人的别墅也修建的高大而舒适，最为著名的是鲁切拉府邸。

鲁切拉府邸（Palazzo Rucellai）是一幢三层楼带院落的古典宫苑式建筑。鲁切拉（Giovannl Rucellai）是佛罗伦萨有名的政治家及商人，其府邸是在原有的建筑基础上重新进行了内部的调整和设计。该建筑由阿尔伯蒂在1452年开始设计修建，于1472年建成。建筑立面分三层，外墙均采用结晶细密的砂石砌成，即“粗面石砌法”。各层之间采用不同式样的横向石柱来分隔，每层窗户的形制和柱式是统一的，但三层各不相同。在府邸的顶部，有一个大檐口，它赋予府邸以整体的轮廓。

2.罗马

1494年随着美第奇家族逃离佛罗伦萨，大批艺术家来到罗马，意大利的文化中心也从佛罗伦萨转到了罗马。15世纪末和16世纪上半叶，这一时期，古罗马的纪念碑和雕像得到恢复，“凯旋式”建筑广泛设立。公共建筑是城市建筑的主体，尤其是广场，受罗马教廷的保护和鼓励发展到全盛时期。在罗马，文艺复兴时期最著名的广场是卡比托利亚广场（图4-3）。米开朗琪罗在设计这个广场及周边的公共建筑物时，除了着重建筑形式与户外空间上的研究之外，更看重的是这个广场所代表的罗马精神。卡比托利亚广场坐落在罗马卡比多山上，广场的平面呈梯形，按中央轴线对称配置，广场深79m，前面宽40m，后面宽60m。

图4-3　卡比托利亚广场　米开朗琪罗设计

罗马圣彼得大教堂（图4-4，图4-5）建于1506至1626年，是意大利文艺复兴建筑的最重要代表，世界上最大的天主教堂。大教堂是在古罗马皇帝康士坦丁时代的一座巴西利卡建筑的遗址上建造的。此处是圣彼得殉道之地，因此被称为圣彼得教堂。建造这座建筑历时120年，多位著名建筑师与艺术家参与了设计，教堂最高点达137.7m，也是罗马城的制高点，教堂圆顶直径达42m，全部用石料建造。伯拉孟特运用古罗马的建筑经验创造出巨大的角柱和拱券。使整个平面呈正方形，其中做希腊十字形状，沿四个十字的边建礼堂，在礼堂之上各建一个塔。1514年伯拉孟特去世后，先后由布拉曼特、米开朗琪罗继续进行设计。1564年米开朗琪罗在工程进行到穹顶鼓座时逝世，这个穹顶由G·戴拉波特和D·封塔纳于1590年最终完成。大教堂的外观宏伟壮丽，正面宽115m，高45m，以中线为轴两边对称，8根圆柱对称立在中间，4根方柱排在两侧，柱间有5扇大门，二层楼上有3个阳台，教堂平顶上的正中间是耶稣的立式雕像，两边是他的12个门徒的雕像一字排开。大教堂前面是一个长长的走廊，走廊里带浅色花纹的白色大理石柱子上雕有精美的花纹，走廊的拱顶上有很多人物雕像，整个黄褐色的顶面布满立体花纹和图案。走廊的尽头是一道门，进入教堂宏伟的大殿堂，殿堂长186m，总面积15000m^2，能容纳6万人。高大的石柱和墙壁、拱形的殿顶，到处是色彩绚丽的图案、栩栩如生的塑像、精美细致的浮雕，地面由彩色大理石铺成。整个殿堂的内部呈十字架的形状，在十字架交叉点处是教堂的中心，中心点的地下是圣彼得的陵墓，地上是教皇的祭坛，祭坛上方是金碧辉煌的华盖，华盖的上方是教堂顶部的圆穹顶，离地面120m，圆顶的周围及整个殿堂的顶部布满美丽的图案和浮雕。阳光从圆顶洒进殿堂，给肃穆、幽暗的教堂增添了一种神秘的色彩。大殿的左右两边是一个接一个的小殿堂，每个小殿内都装饰着壁画、浮雕和雕像。

1655至1667年，贝尔尼尼又设计建造了教堂的入口广场和圆形回廊。这样，圣彼得大教堂就成为一个完整的建筑群。

3.威尼斯

威尼斯的中心广场是圣马可广场（Plazza and Piazzetta San Marco）（图4-6）。圣马可被奉为威尼

图4-4　圣彼得大教堂

图4-5　圣彼得大教堂内景

斯的护城神。这个以圣马可命名的梯形广场，坐落在威尼斯的运河边。梯底宽90m，梯顶宽56m，长175m，占地约1.28hm^2，地面由石块和大理石铺就。它的东端是1042至1071年建造的罗马式和拜占庭式混合风格的圣马可主教堂。北侧是由彼德·龙巴都设计的三层的旧市政大厦。广场东南角的总督府（图4-7），具有哥特式与伊斯兰相糅合的风格，底层是由尖拱组成的敞廊，上面又有一层尖拱长廊，墙面是由红白相间的大理石组成的图案。1584年，斯卡莫齐设计了广场南侧的新市政大厦，下面两层照圣马可图书馆的样子，加了第三层，同旧市政大厦相对称。广场西端，一个两层的类似圣马可图书馆样式的建筑物，把新旧两个市政大厦连接起来。广场周边环绕着总长约400m的券廊，把广场周围的建筑连接起来。

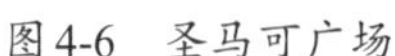

图4-6　圣马可广场

图4-7　威尼斯总督府

二、意大利文艺复兴式园林

意大利的造园艺术成就很高，是文艺复兴时期园林的楷模，在世界园林史上占有重要地位，其园林风格影响波及法国、英国、德国等欧洲国家。

意大利半岛三面临海而多山地，气候温和，阳光明媚。积累了大量财富的贵族、大主教、商业资本家们在郊外建造别墅作为休闲的场所，别墅园林遂成为意大利文艺复兴园林中的最具代表性的一种类型。别墅园林多半建在山坡上，就坡势而做成数层台地，形成意大利独特的园林风格——台地园。庄园别墅主体建筑常在台地的上层或中层，沿中轴线开辟的层层台地分别配置灌木植坛、平台、花坛、水池、喷泉、雕像，各层台地之间以蹬道相联系。园林的规划布局强调中轴对称，但很注意规则式的园林与大自然风景的过渡，中轴线两旁栽植高耸的树丛作为园林与周围自然环境的过渡。站在台地上顺着中轴线的纵深方向眺望，可以收摄到无限深远的园外景观。这是规整式与风景式相结合并以前者为主的一种园林形式。

意大利文艺复兴式园林中出现了一种新的造园手法——绣毯式的植坛（Parterre），即在一块大面积的平地上利用灌木花草的栽植镶嵌组合成各种纹样图案，好像铺在地上的地毯。植物以常绿树为主，有丝杉、黄杨、石松、珊瑚树等。在配植方式上采用整形式树坛、黄杨绿篱，以保证俯视图案的美感，色彩以绿色为基调，很少用色彩鲜艳的花卉，给人以舒适宁静的感觉。意大利多山泉，便于引水造景，因而常把动态水景作为园内的主景之一，理水方式有水池、瀑布、喷泉、壁泉，手法比较丰富。

意大利文艺复兴园林最具代表性的朱利娅别墅（图4-8），始建于1551年，是为罗马教皇尤利乌斯三世设计的避暑和娱乐之地，米开朗琪罗和乔治·瓦萨里、巴尔托洛梅奥·阿曼那蒂、吉科莫·巴罗兹·维尼奥拉都参与了设计。别墅坐落于罗马西边的山谷，由两个庭院和一个花园组成，地势由低到高，按中轴线一字排列，长达120m。主入口立面采用了三拱凯旋门，进入前庭是一个美丽的半圆形柱廊，柱廊墙上的壁画模仿古罗马绘画，而天花板上的壁画描绘着逼真的花卉和葡萄藤架。柱廊环抱着一个马蹄形的庭园，轴线中部是一座长长的罗马式建筑，中央为大型敞厅，穿过敞厅，沿左右半圆形台阶下降到一个更低的庭院中，庭院中央有一个半圆形喷泉水池。沿庭院向前有一个规模较小的敞厅，前方是一个方形的大花园，宽广的花园中间有凉亭遮风避雨，花园天井中央矗立着一个喷泉水池。

图4-8　朱利娅别墅

三、英国文艺复兴建筑与园林

16世纪上半叶，英国大型的宗教建筑活动停止了，代之而起的是公共建筑和世俗建筑，新贵族和资产阶级开始在农村建造舒适的庄园府邸。此时的建筑风格从中世纪向文艺复兴时期过渡，混合着传统的哥特式和文艺复兴风格的建筑应运而生，当时正是英国的都铎王朝，因此得名为“都铎风格”（Tudor Style）。16世纪后半叶，英国建筑受到意大利建筑的影响，又发生了显著的变化。

英国庄园府邸是16世纪的代表性建筑。这时候的府邸搬到了平原地区，布局趋于整齐、定型，房间也增多了，室内装饰受到大陆文艺复兴的影响趋于精细、安逸。墙面多用木板装饰，上有浮雕，图案精致，墙上悬挂烛架、武器和鹿角等作装饰。到16世纪后半叶，庄园府邸建筑达到高潮，到伊丽莎白时代，建筑风格越来越接近大陆风格。最开朗、最有生活气息的府邸是哈德威克府邸（1590—1597）和兰利特府邸（1567）。这时期府邸建筑集合了整个16世纪的成就，甚至大大超过大陆上同时期的府邸建筑，虽然也汲取了大陆文艺复兴建筑的经验，大型府邸都是四合院式的，一面是大门和次要房间，正屋是大厅和办公用房，起居室和卧室在两面。后来，大门这一面只留下一道围墙或栏杆。再后来，两厢也渐渐退化，成为集中式大厦两端的凸出体，最著名的有沃莱顿府邸（1580—1588年）。

17世纪英国建筑被划分成两个阶段，第一阶段以伊尼戈·琼斯（Inigo Jones）为代表，其著名建筑作品是格林威治女王宫；第二阶段以克里斯托弗·雷恩（christopher Wren，1632—1723年）为代表，其代表作是圣保罗大教堂（图4-9）。

格林威治女王宫（Queens House．Greenwich）位于泰晤士河南岸，始建于1616年，建成于1635年，虽然是宫廷建筑物，但从格局上说属于小型庄园府邸，是意大利式的别墅。女王宫最初有两个侧翼，入口侧翼轻微突出，有一个宏伟的立方大厅。整个建筑的外形呈六面体，在粗石面的基础上采用巨大的柱式。立面没有多余的装饰，窗户与墙壁的比例和谐，外观雅致而安逸。

圣保罗大教堂（St. Paul's Cathedral）位于伦敦泰晤士河北岸纽盖特街与纽钱吉街交角处。圣保罗大教堂最早在604年建立，经历了多次毁坏与重建。17世纪由英国著名设计大师和建筑家

图4-9　圣保罗大教堂

克里斯托弗·雷恩设计建造，1675年动工，1710年建成，是世界第二大圆顶教堂。教堂平面为拉丁十字形，由精确的几何图形组成，布局对称，中央穹顶高耸。纵轴156.9m，横轴69.3m。十字交叉的上方矗立着由两层圆形柱廊构成的高鼓座，其上是巨大的穹顶，直径34m，离地面111m。大圆顶的上端，安放着一个镀金的大十字架。穹顶有内外两层，这样可以减轻结构的重量。四周的墙用双壁柱均匀划分，每个开间和其中的窗子都处理成同一式样，使建筑物显得完整、严谨。圣保罗大教堂采用了拜占庭时代教堂、寺院的结构，重新组合了门厅、后殿及堂内的祭坛、凯旋拱门，从而以一种新的秩序创造出一种新的模式。教堂正门上部的人字墙上，雕刻着圣保罗到大马士革传教的景象，正面建筑两端建有一对对称的钟楼，西北角的钟楼为教堂用钟，西南角的钟楼里吊有一口17t重的大铜钟。圣保罗大教堂内，是用方形石柱支撑起来的拱形大厅，厅内有牧师的讲坛和长条木椅。窗户以彩色玻璃镶嵌，四周墙壁悬挂着耶稣、圣母和信徒的巨幅油画，天花板上有各种精美的绘画和雕刻，唱诗班席是教堂中最华丽庄严之处。唱诗班席位的镂刻木工、圣殿大门和教长住处螺旋形楼梯上的精湛铁工，都反映了当年高度的艺术水平和装饰技术水平。整座大教堂结构严谨，造型庄重，气势宏大，是英国古典主义建筑的代表。

英国都铎花园是从中世纪到英国文艺复兴之间的过渡时期的一个象征。文艺复兴时期，英国园林深受意大利和法国的影响，不久就被英国本土古拙纯朴的风格所冲淡。

四、西班牙文艺复兴建筑

15世纪下半叶，意大利文艺复兴传入西班牙，与当地的哥特式和阿拉伯建筑语言结合在一起，形成了一种新的像银器般精雕细刻的建筑装饰风格——“银匠式”。这种装饰主要集中在入口和窗户的周围，包括各种石塑和泥塑饰件，还有铸铁制作的栏杆、窗棂、灯盏和花盆托架，非常精美。西班牙文艺复兴建筑的典范是位于格拉纳达的查理五世宫，由彼得·马丘卡（Pedro Machuca）设计。该建筑平面为正方形，内部有一个直径约30m的圆形庭院，上下两层柱廊的柱型分别是多立克式和爱奥尼亚式，具有强烈的古罗马建筑风味。

第2节 新古典主义的环境艺术设计

继文艺复兴之后，17世纪新古典主义建筑成了欧洲建筑发展的主流。古典主义建筑是指综合运用古希腊罗马建筑形式和古典柱式，结合意大利文艺复兴建筑样式的一种建筑风格，最具代表性的是法国古典主义建筑，以及西班牙、俄罗斯等国的古典主义建筑。17世纪古典主义园林以法国为代表。

一、法国古典主义建筑与园林

古典主义是法国绝对君权时期的宫廷建筑潮流。路易十四（Louis XⅣ. 1643—1715年）的72年统治标志着法国的黄金时代。路易十四1661年自封为首相，他在政治上树立起绝对的权威，同时他又是艺术和辉煌崇拜者的热心保护人，这一切都影响着建筑和园林艺术的变化。

法国的古典主义建筑，主要体现在宫殿建筑上，从功能上看，宫殿建筑比教堂建筑复杂得多。与教堂相比，宫殿要满足更多可变的因素，其功能适应性是最为重要的。在路易十四时期，宫廷的礼仪功能达到了鼎盛，于是枫丹白露宫（Chateau de Fontainbleau）这样的宫殿已不能满足需要，路易十四需要建造规模更大的宫殿。

1. 卢浮宫

卢浮宫（Palais du Louvre）（图4-10）位于巴黎市中心，塞纳河的右岸，始建于1190至1204年间，原为国王的一个旧皇宫，同时存放王室档案和珍宝。1546年法兰西斯一世命建筑家兰斯科（Plerre Lescot，1510—1570年）将卢浮宫改建为文艺复兴府邸建筑的形式，平面是一个带角楼的封闭式四合院，面积53.4m见方。1606年建成“大画廊”，将卢浮宫与西侧的丢勒里宫相连接，南北长267m，东西宽165m，横分为三个院落。中央院落长113m，宽89m。左右两个稍窄一点，各在中央有一个椭圆形的大会议厅，纵横两条轴线都比较明确。17世纪中叶，最后由科尔贝组成了一个委员会，让L. 勒沃与C. 勒布兰（Charles le Brun）、C. 佩罗（Claude Perrault）合作改建著名的卢浮宫东柱廊，东柱廊是法国古典主义建筑的代表，东柱廊总长183m，高29m，立体面采用横三段与纵三段的手法，底层是厚实的基座，中段是两层高的巨柱，顶部是水平厚檐。纵向实际上分五段，以柱廊为主，但两端及中央采用了凯旋门式的结构，中央部分为山花，因而主轴线很明确，造型轮廓整齐、庄重雄伟，被称为是理性美的代表。1982年，建筑师贝聿铭又设计建造了玻璃金字塔形的现代建筑作为入口处，使它更加光彩夺目。

图4-10　卢浮宫

图4-11　凡尔赛宫

2. 凡尔赛宫

凡尔赛宫（图4-11~图4-13）在巴黎西南23公里处。原来是国王路易十三的猎庄，三合院，向东敞开。1682年，建筑的总设计师是热·阿杜安·曼萨尔（1646—1708年），园林的总设计师是勒·诺特（1613—1700年），凡尔赛宫于1689年全部竣工。建筑面积为111万m^2，园林面积为100万m^2。宫殿气势磅礴，布局严密、协调。凡尔赛宫主体长707m，中间是正宫，两翼为南宫、北宫，共有700多间大、小厅室。正宫为东西走向，两端与南宫和北宫相衔接，形成对称的几何图案。宫顶建筑摒弃了法国传统的尖顶建筑风格，采用了平顶形式，显得端正而雄浑。

图4-12　凡尔赛宫镜厅

凡尔赛宫的外观宏伟、壮观，内部陈设和装潢更富于艺术魅力，装修竭尽奢侈豪华之能事。500多间大殿小厅处处金碧辉煌，豪华非凡，配备着17、18世纪造型新颖、工艺精湛的家具。宫内还陈列着来自世界各地的珍贵艺术品。彩色大理石装饰着地面和墙壁，华丽的枝形吊灯发射出奇异的光芒，内壁装饰以雕刻、巨幅油画及挂毯为主，

图4-13　凡尔赛宫全景

到处都可以看到壁画、浮雕、圆雕和图案装饰。路易十四要求主体建筑做到兼具处理政务与生活起居双重功能，同时又能举行大型宴会和庆典。王宫大厦有整个宫廷最豪华的镜厅，是曼萨尔的杰作，大厅长73m，宽9.7m，高13.1m，西面是十七个拱顶长窗，而东面则对应有十七面大小形状完全相同的镜子，造成扑朔迷离的幻觉效果，是凡尔赛宫最主要的大厅，用来举行重大的仪式。凡尔赛宫前的三条大道呈辐射状，象征太阳的光芒，使宫殿成为巴黎城的集中点，并对后世的城市规划产生了深远影响。

凡尔赛园林在宫殿建筑的西面，由著名的造园家勒·诺特设计规划。园内道路、树木、水池、亭台、花圃、喷泉等均呈几何形，轴线明确，有统一的主轴、次轴、对景等，是法国古典主义园林的杰出代表。勒·诺特在设计中保持着严密的逻辑，用大比例的几何构图以及轴线来设计空间，用相交的轴线来限定空间，凡尔赛的中央轴线和几条横轴线构成了强有力的框架。林荫大道的设计分为东西两段：西段以静态水景为主，为扩大园林空间，增加园景变化，取得倒影艺术效果，包括十字形的大水渠和阿波罗水池，饰以大理石雕像、喷泉和植物等。十字形水渠的北段为别墅园“大特里阿农”（Grand Trianon），南端为动物饲养园。东端的开阔平地上则是左右对称布置的几组大型的绣毯式植坛，也被称为摩纹花坛，这是法国园林最具独创性的特点。花坛广泛应用修剪整形的常绿植物，大量采用黄杨和紫杉制作出装饰性的图案，也包括字母的组合，较之文艺复兴园林更注重色彩的变化与协调。树林里还开辟出许多笔直交叉的小林荫路，它们的尽端都有对景，因而形成一系列的视景线，故此种园林又称为视景园（Vista Garden）。法国古典主义园林较之意大利文艺复兴园林更明显地反映了有组织有秩序的原则，显示出恢宏的气概和雍容华贵的景观。勒·诺特成功地以一种大地上的方式表明宇宙空间的无限伸展，它成为整个欧洲，后来成为全世界的园林和城市设计的源泉。

二、西班牙古典主义建筑

西班牙古典主义建筑的代表是埃斯库里阿尔宫（Escorial）（图4-14），于1559年至1584年建于距离首都马德里西北48公里的旷野中，由鲍蒂斯达（Juan Bautista de Toledo）和埃瑞拉（Juan de Herrera）设计，是一座巨大的石宫。

图4-14 埃斯库里阿尔宫

这个规模宏大的建筑包括皇宫、教堂、陵墓、神学院、官邸等，平面为矩形，内有17个大小庭院，沿中轴线两侧作对称布置，呈网格状。埃斯库里阿尔宫南北长2040.3m，东西宽161.6m，划分为六个主要部分，希腊十字式教堂是整个建筑的中心，内外都采用庄重的多立克柱式，中央的大圆顶，是仿造所罗门神庙里典型的“圣中之圣”安排的，四角有塔楼，塔尖高高升起，非常威严；地下是皇族的陵墓，意大利建筑师维尼奥拉曾参加设计；大院南面是修道院；大院北面是神学院与大学；教堂南面是绿化庭院；教堂之北是政府办公处。整个建筑既有文艺复兴风格的简洁整齐，还保留了西班牙哥特式的传统，体现了菲利普二世的审美理想“形式的单纯，整体的严谨，高贵而不自大，威严而不卖弄”。[1]

[1] 陈平．外国建筑史．南京：东南大学出版社，2006：367.

三、俄罗斯古典主义建筑

18世纪下半叶，俄国的城市建设活跃，俄罗斯自彼得大帝当权后逐渐走向绝对君权制，其建筑亦倾向古典主义风格。

图4-15　克里姆林宫

克里姆林宫（图4-15）是由许多单体建筑组成的建筑群。15世纪末，在克里姆林宫建造了圣母升天教堂，教堂平面采用希腊十字式，5个穹顶都有高高的鼓座，这个教堂是王公加冕的礼仪厅。同时也建造了由意大利建筑师设计的多棱宫，多棱宫是举行仪典和宴会的场所。16世纪，克里姆林宫中著名的建筑是伊凡雷帝钟楼（1508—1600年），高度超过80m，是较早的大型石造多层建筑。18世纪，克里姆林宫进行了改建，建筑师巴仁诺夫（1767—1775）建议在克里姆林沿莫斯科河一面，建造一个长达600m的四层宫殿，建成后的新宫殿展现在河岸上，几乎在全城都能见到它。宫殿的主要入口在东面，前面有一个椭圆形的广场，有三条主要的城市干道在这里相交。

冬宫建于1754至1762年，坐落在彼得堡涅瓦河岸，是圣彼得堡最著名的古典建筑之一，是俄罗斯著名皇宫，现为国立埃尔米塔日博物馆。由意大利著名建筑师拉斯特列里（B.B.Rastrelli.1746—1771年）设计。冬宫的建筑平面呈长方形，长约280m，宽约140m，高22m，建筑总面积4.6万m^2，占地9万m^2，有近千间房屋。冬宫面向宫殿广场，中央稍微突出，有三道拱形铁门，入口处有阿特拉斯神巨像。冬宫收藏有世界各国的艺术品和法国巴黎的卢浮宫、美国纽约的大都会博物馆齐名，是世界上最大的博物馆之一。

第3节　巴洛克风格的环境艺术设计

巴洛克的原意是“不圆的珍珠”，后来引申为奇形怪状、离经叛道。巴洛克风格16世纪下半叶发端于意大利，涉及绘画、建筑、园林等各个艺术领域。巴洛克建筑是在意大利文艺复兴建筑基础上发展起来的一种建筑和装饰风格，17、18世纪在欧洲盛行。建筑师们在从文艺复兴时期的前辈那里获取灵感的同时，其建筑特点是外形自由，追求动感，增加光影对比和空间层次感，喜好使用富丽的装饰、雕刻和绚丽的色彩，常用穿插的曲面和椭圆形空间来表现自由的思想和营造神秘的气氛。对城市广场、园林艺术以至文学艺术等部门都产生过影响，但也有些巴洛克建筑过分追求华贵，甚至到了繁琐堆砌的地步。

一、巴洛克式建筑

1.意大利巴洛克式建筑

始建于1568年的罗马耶稣会教堂是由手法主义向巴洛克风格过渡的代表作，是第一座巴洛克建筑。

罗马耶稣会教堂（图4-16）由维尼奥拉和波尔塔设计，布局为巴西利卡式，平面为长方形，顶端突出一个圣龛，由哥特式教堂惯用的拉丁十字形演变而来，中厅宽阔，拱顶满布雕像和装饰，两侧用两排小祈祷室代替原来的侧廊。教堂的圣坛装饰华丽，上面的山花突破了古典法式，用作圣像装饰和光芒。教堂立面和垂直划分的柱子成对安排，在底层入口与上层窗户的两侧用圆柱，其左右两侧则采用扁平的壁柱，这样就强化了中央部分的立体感。在教堂的两侧采用巨大的卷涡图样来连接上下层，也掩盖了后面的扶垛，这些处理手法别开生面，后来被广为模仿。

图4-16 罗马耶稣会教堂

从17世纪30年代起，各个教区先后建造自己的巴洛克风格的教堂。由于规模小，不宜采用拉丁十字形平面，因此多改为圆形、椭圆形、梅花形、圆瓣十字形等单一空间的殿堂，在造型上大量使用曲面。

波罗米尼（F.Borromini，1599—1667年）1634年设计了罗马的圣卡罗教堂（San Carlo）。教堂平面是由两个等边三角形组成的菱形，再以弧线相连接成为椭圆形。教堂立面分为高度相同的上下两层，上楣皆向前突出，强化了立体感，两层都采用了成对的圆柱来支撑和装饰，立面山花断开，檐部水平弯曲，墙面凹凸很大，形成凹凸感很强的波浪墙，然后在檐板上采用半圆形拱，使墙脊呈椭圆形，强调曲线装饰，有强烈的光影效果。17世纪中叶以后，巴洛克式教堂在意大利风靡一时，其中不乏新颖独创的作品，但也有手法拙劣、堆砌过分的建筑。

2.德国巴洛克式建筑

巴洛克建筑风格也在中欧一些国家流行，尤其是德国和奥地利。17世纪下半叶，德国不少建筑师留学意大利归来后，把意大利巴洛克建筑风格同德国的民族建筑风格结合起来。到18世纪上半叶，德国巴洛克风格教堂建筑外观简洁雅致，同自然环境相协调。教堂内部装饰则十分华丽，造成内外的强烈对比。著名实例是班贝格郊区的十四圣徒朝圣教堂、罗赫尔的修道院教堂。十四圣徒朝圣教堂平面布置非常新奇，正厅和圣龛做成三个连续的椭圆形，教堂内部上下布满用灰泥塑成的各种植物形状装饰图案，金碧辉煌。布满用白大理石雕刻的飞翔天使，圣龛正中是由圣母和两个天使组成的群雕，圣龛下面是一组表情各异的圣徒雕像。

3.奥地利巴洛克式建筑

奥地利的巴洛克建筑风格主要是从德国传入的。18世纪上半叶，奥地利许多著名建筑都是德国建筑师设计的。如维也纳的舒伯鲁恩宫，外表是严肃的古典主义建筑形式，内部大厅则具有意大利巴洛克风格，大厅所有的柱子都雕刻成人像，柱顶和拱顶满布浮雕装饰，是巴洛克风格和古典主义风格相结合的产物。

二、巴洛克式广场

17世纪意大利教皇等执政者为了向朝圣者炫耀教皇国的富有，在罗马修筑了大量宽阔的大道和宏伟的广场。

巴洛克风格最大的广场是罗马的圣彼得广场。圣彼得广场是建筑大师贝尔尼尼（G.Bernini，1598—1680年）一生中最伟大的建筑艺术品，它采用圆顶围合的形状，贝尔尼尼在布拉曼特等人的基础上进行新的设计，他在圣彼得教堂的圆顶下面设计了一个华丽的天篷覆盖在圣彼得的墓上；圣彼得广场能容纳30万人，广场长340m、宽240m，被两个半圆形的长廊环绕，每个长廊由284根高大的圆石柱支撑着长廊的顶，巨大的柱子在左右两边盘亘弯曲，形成了一个巨大的椭圆形，在贝尔尼尼的设计中，他是要构筑一个想象中的人体双臂，圆顶是它的头部。石柱顶上有142个在教会史上有名的圣男女的雕像。广场中间耸立着一座41m高的埃及方尖碑，是1856年竖起的，它是由一整块石头雕刻而成的。方尖碑两旁各有一座美丽的喷泉，整个广场布局豪放，场面宏大，光影效果强烈。

17世纪罗马建筑师丰塔纳设计建造的罗马波罗广场，是三条放射形干道的汇合点，中央有一座方尖碑，周围有雕像，并布置绿化带。在放射形干道之间建有两座对称的样式相同的教堂。这个广场设计使欧洲许多国家争相仿效。

三、巴洛克式园林

16、17世纪，巴洛克式园林仍然重视中轴线，轴线一头通向建筑物，另一头连接自然。这一时期盛行开辟林荫路，道路两侧等距地种植树木，道路的交叉处设置雕像或者喷泉，作为林荫路的分界对景。巴洛克式园林的特点是空间延展、透视强烈、造型夸张，景物丰富细腻，另外，在园林空间处理上，力求将庄园与其环境融为一体，甚至将外部环境也作为内部空间的补充，以形成完整而美观的构图。戏剧性的透视效果被有效地应用在意大利巴洛克式园林中，而且这时的许多园林都有绿色剧场，剧场有一个草坪舞台和用于隔离工作区的树篱。（图4-17）巴洛克式园林流行盛期，出现了许多著名的作品，其中最具代表性的是意大利的阿尔多布兰迪尼别墅。

图4-17　意大利马利亚别墅
带黏土人物的绿色剧院

图4-18　罗马阿尔多布兰迪尼别墅

阿尔多布兰迪尼别墅（图4-18）建于1598至1604年，位于罗马东南部，园林设计师是乔凡尼·芳达纳。别墅依山坡而建，进入大门有三条放射形林荫道穿进果园，两侧种着绿篱，沿中轴上的林荫道向前，是一对左右张开的马蹄形坡道，走上坡道便到达主建筑物，主建筑物长达100多m，富丽堂皇，符合别墅主人红衣主教的身份。主建筑物后面隔一段空地是一个同样长度的挡土墙，其中央有一个半圆形的水剧场，穿过水剧场，后面高坡上是个广袤的林园。水的处理别具匠心，水从山坡高处的岩洞里流出来，经过上宽下窄的链式瀑布和小水渠，沿着水台阶分散流进水剧场各处。整个别墅充斥着巴洛克的趣味：从构图和布局上突出主建筑，以建筑的高大华丽来显示身份的高贵，夸张的弧形坡道，放射形的林荫道，上宽下窄的链式瀑布以及奇巧的水景布置，处处显示了对透视手法的运用和重视。

第4节　洛可可风格的环境艺术设计

洛可可风格兴起于18世纪的法国，是与古典主义相对立的艺术样式。提倡情感表达、表现柔媚和轻松，风格纤巧、精美、浮华，因为流行于路易十五时代，又称“路易十五式”。从词源来看，rococo一词由“岩状工艺”和“贝壳工艺”引申而来，指从室内装饰、建筑到绘画、雕塑再到家具、陶瓷、染织、服装等各个方面的一种流行艺术风格。洛可可在形成过程中还受到中国艺术的影响，在庭园设计、室内装饰、丝织品、瓷器、漆器等方面尤为明显，由于法国艺术在欧洲的中心地位，洛可可的影响也波及德国、奥地利和其他欧洲各国。

一、建筑与室内装饰

在环境艺术领域，洛可可风格是在巴洛克建筑的基础上发展起来的。洛可可风格主要体现在室内设计领域；洛可可风格也注重装饰题材的自然性，不像巴洛克风格那样色彩强烈，装饰浓艳，多采用明快轻柔的色彩和纤巧细腻的装饰，尤其爱用贝壳、旋涡、缎带作为装饰题材，津津乐道于富贵华丽的装饰效果和不厌其烦的细节装饰，室内墙多用嫩绿、粉红、玫瑰红等鲜艳的色调；洛可可风格在室内排斥一切建筑母题，过去用壁柱的地方，改用镶板或者镜子，四周用细巧复杂的边框围起来，凹圆线脚和柔软的涡卷代替了檐口和小山花等，线脚大多用金色，天花和墙面有时以弧面相连，转角处布置壁画；室内护壁板有时用木板，有时做成精致的框格，框内四周有一圈花边，中间常衬以浅色的东方织锦。

洛可可式家具的体量比巴洛克时期缩小，轻便易于搬动，种类多样，追求精致甚而偏于繁琐，造型多采用柔和流畅的曲线；装饰手法广泛运用雕刻、镶嵌、模塑、贴木、贴金等技术，在装饰方面，重视对金属饰件的发掘，镀金的铜饰广泛应用，把手、锁及锁页、钥匙、金属脚、压线和包角，它们起着极其重要的结构作用并具有一定的装饰效果。洛可可家具追求优雅的时髦、舒适的享受及个人私密性，具有很强的女性化特色。

洛可可建筑风格主要代表人物是梅索尼和波夫朗。

梅索尼（Meissonnier，1639—1750年）将文艺复兴以来左右均衡的装饰原则打破。他在布列托别墅的室内装饰设计上，利用面的弯曲，把壁面与天花板有机地连接起来，极具绘画美，创造出了流动、轻盈的空间。

1730年，波夫朗（G.Boffrand，1667—1754年）为苏比斯公爵府（图4-19）内部进行设计重装，波夫朗将建筑、雕刻、绘画融为一个整体进行装饰，其中以楼上公爵夫人使用的椭圆形沙龙最有代表性，被人誉为“法国洛可可艺术的杰作”。

图4-19 法国巴黎苏比斯府第客厅

二、洛可可园林

路易十五时期，古典主义造园艺术受到质疑，《百科全书》的编辑柔古批评勒·诺特式园林“趣味荒谬而平庸，笔直的大林荫道淡然寡味，绿篱既僵冷又单调。”他提出“我们喜欢曲曲折折的道路，高高低低的地形，树丛的轮廓要非常精致。”[1]这种趣味成为洛可可园林的追求，洛可可园林大多规模不大，追求亲切而静谧的气氛。例如贡边涅府邸花园、拉穆埃府邸花园和舒阿西府邸花园等，这些花园整体布局虽仍然受勒·诺特古典主义的影响，但规模和尺度缩小很多，因此其风格也由庄重宏伟转向精巧雅致。另外，在笔直的轴线布局之外也出现了曲折的小径，这样使景致看起来更富有变化。洛可可风格给绣花植坛带来了各种纤巧多变的图案，色彩也更加富丽丰富，树木不再成行排列，而是一簇簇的，更具有自然美。园林中的装饰物，例如雕像、花盆、秋千等，柔美精致，具有东方韵味。

[1] 陈志华. 外国造园艺术. 郑州：河南科学技术出版社，2006：122.

第5节　中国前近代的环境艺术设计（元明清时期）

1271年由蒙古侵入并建立元朝，中国进入了封建社会后期。经过元代建筑对建筑结构的简化和整体性的加强，明清形成了新的定性木构架，砖砌墙面的普及使屋檐减小，明代建筑群布局成熟，建筑装修日益定型化，清代民居建筑丰富多彩，风格多样化，园林也对达到了极盛。总的来说，我国封建时期时间相当长，留下了许多珍贵的建筑遗产，我国建筑以木构最为特色，取材方便、性能优越、以人为本、适应性特强、施工快、便于修缮，只是不易保存，也难以满足对超大超高空间的需求。

一、精致厚重的元代环境艺术设计

蒙古贵族统治者先后对金、西夏、吐蕃、大理和南宋领土的攻占使中国两宋以来高度发展的封建经济和文化遭到极大摧残，对社会的发展起了明显的阻碍作用，直至元世祖忽必烈采取鼓励农桑的政策，社会生产力才逐渐恢复。元朝特有的社会机制使其建筑也不同于其他朝代，主要表现如下：

1.汉室传统与蒙古习俗相结合的皇室建筑

元朝早在1256年忽必烈居藩时期，就命汉族士人刘秉忠、贾居贞等在桓州(今内蒙古正蓝旗西北，本是忽必烈的驻营地）东，滦水北岸的龙岗上建造城市宫室，以供“谨朝聘，出政令，来远迩，保生聚，以控朔南之交”。这就是开平府城，也就是后来忽必烈登上大汗位后的都城——上都。元朝的两都制表面上和中国历代两都制是一脉相承的，但实际使用上却很不一样。唐代的东都洛阳，宋代的西京洛阳，基本上都是备用场所。而元代的上都是皇帝每年春夏必到的避暑地，“时巡”制度使元朝的政权机构大体上要有半年时间在这里运转，所以不妨称为“夏都”，而大都只在秋冬两季使用。这是蒙古人游牧生活逐夏驻冬习惯在都城建设上的反映。

在宫室建筑中，大都宫城的门阙角隅之制都沿用了中国传统的办法，但后宫的布置采取了较为自由的布局，这种自由性在上都宫殿中表现得更为突出。此外，在宫内严整规则的汉式建筑群之外，还散布着一些纯蒙古式的帐幕建筑，这些帐幕规模大，装饰豪华，称为“帐殿”“幄殿”“毡殿”（蒙古语称“斡耳朵”），如元世祖忽必烈的帐殿，直到顺帝时（1353年）才因改建殿宇而被撤去(《元史·顺帝纪》)，存留时间将近百年，皇太子还有专供读书用的“经幄”，大都隆福宫西侧御苑中则有后妃所居帐殿。元大都宫殿的另一特色是色彩和室内装饰：白石阶基红墙、涂红门窗、朱地金龙柱、朱栏配以各色琉璃，色调浓重、强烈、犷悍。这种情况在金中都宫殿中已经开始，蒙古贵族则把它推进到了最高峰。

在陵墓方面表现的蒙古特点更为突出。无论帝后王公，死后均不起坟，地面无任何标志。一般是皇帝死后隔一天即以蒙古巫婆为先导，送漠北“起辇谷”陵区瘗埋，下棺填土后将余土运到他处，然后用马群踏平。送葬官员在五里外守护，三年后待草长满，不露痕迹，方予撤回（魏源《元史新编·志礼》)。

2.佛教建筑的兴盛与藏传佛教建筑的传播

蒙古人原来信奉萨满教，在进入中原后开始接受佛教。元世祖忽必烈特崇藏传佛教，对中土原有佛教仍取保护态度，使佛教迅速发展，达到了“天下塔庙，一郡动千百区，其徒率占民籍十三”。当时有人估计：“国家经费，三分为率，僧居二焉。”（张养浩《归田类稿·时政书》）雄厚的经济实力成为寺院发展的物质基础，再加之统治者对宗教的崇信，使元朝的宗教建筑异常兴盛，尤其是藏传佛教（俗称喇嘛教）建筑，至元后藏传佛塔成了我国佛塔的重要类型之一，如北京西四的妙应寺白塔（图4-20）。

3. 地方范围建筑衰微

元朝立国时期不长，其间曾建造了大都宏伟的城市、宫室以及大量佛寺。就现存佛塔而言，除了大圣寿万安寺白塔之外，几乎找不到像唐、宋两代那样使人赞叹不止的砖塔和石塔。在木构建筑方面，作为元代道教建筑重要代表山西芮城永乐宫和著名佛教寺院山西洪洞广胜寺，其规模与气势也难以与唐宋辽金时期相比拟。造成这种状况的原因是多方面的：经济上，统治阶级对各族人民的征敛苛重，且大量财富用于骄奢淫逸的享乐生活。中原和北方地区的长年战乱使人口大量流向了南方致使经济差距更加扩大，各地经济极不平衡。这些地区的佛寺，多属小型建筑，用材简单，加工粗糙，反映当时经济窘迫和技术下降的严峻情况。技术条件上，大规模的工匠搜刮，必然削弱地方建筑技术的力量，阻止了地方建筑的发展。

图4-20 北京妙应寺白塔

4. 地区间建筑技术的交流加强

元朝的统一，使原来西夏、金、南宋、蒙古、高昌回鹘、大理、吐蕃等各自为政的地区处于一个中央政权的统治下，边陲地区和内地的联系加强。内地汉族人民向边远扩散，边远人民则向内地迁徙，形成中国历史上从未有过的民族大交流和相互错杂居住现象。这不仅带来了经济、文化各方面的交流：也使各组建筑相互产生影响。如窝阔台汗兴建和林，由汉族和中亚工匠营作；大都宫内畏吾儿殿，应是新疆维吾尔族族的内移；西藏地区的佛寺，由内地汉族工匠参与修造，带去了木构建筑技术和工艺；坡屋顶、琉璃瓦、道地的内地元式斗栱和梁架，都在藏地寺庙中出现。这种现象滋生了一种藏地平顶建筑和汉地琉璃瓦顶相结合的建筑形式，这种形式对明、清藏地和其他地区的喇嘛教寺院产生深远影响。云南自汉代起就开始了少数民族和汉族人民杂居的历史。元朝在云南设立行省，重新沟通了和内地的联系。同时由于元军中大批蒙古人和西域人入滇，喇嘛教、伊斯兰教因此兴盛起来，喇嘛塔、藏传佛教造像等随之传入（夏光南《元代云南史地丛考》），使这个地区的宗教建筑出现多样化的发展。

5. 域外建筑文化的输入

成吉思汗打通了东亚和欧洲之间的陆上通道，并将俘获的大批中亚工匠东迁至漠北和中土。为了扩大对外贸易，又极力发展海上交通，东至日本、朝鲜，西至波斯湾、非洲、欧洲，都有贸易往来。元朝又鼓励各国商人都来中国经商，也允许各种宗教传入。这些都对东方经济、文化交流起了推动作用。建筑文化的交流也比以往任何时候都活跃，其中以西域伊斯兰教建筑文化的东渐最为突出。当时各地城市多设有回民居住区，建有礼拜寺，不可避免地携带来中亚一带的建筑文化。除伊斯兰教外，基督教、摩尼教（又称明教）及其地方建筑在元朝也得到了广泛的传播。

元大都（图4-21）位于金中都旧城东北。至元四年（1267年）开始动工，历时二十余年，完成宫城、宫殿、皇城、都城、王府等工程的建造，形成新一代帝都。但是，由于元二十二年（1285年）诏令规定，迁入大都新城必须以富有者和任官职者为先，结果大量平民百姓只得依旧留在中都旧城。新、旧城并称为“南北二城”，二城分别设有居民坊七十五处及六十二处。

大都新城的平面呈长方形，周长28.6km，面积约50km^2，相当于唐长安城面积的五分之三，接近宋东京的面积。元大都道路规划整齐、泾渭分明。考古发掘证实，大都中轴线上的大街宽度为28m，其他主要街道宽度为25m，小街宽度为大街的一半，火巷（胡同）宽度大致是小街的一半。城墙用土夯筑而成，外表覆以苇帘。

大都的规划除借鉴前人经验外，更重要的是根据城市本身的需要和地理环境条件提出的符合实际的方案，例如放弃旧城城西水源不足的莲花池供水系统另觅高梁河作为城市水源、方整规则的道路网、充分利用旧城的基础促进新城的建设、巧妙地环绕太液池的宫殿和苑园、合理分配居民区的用地等。

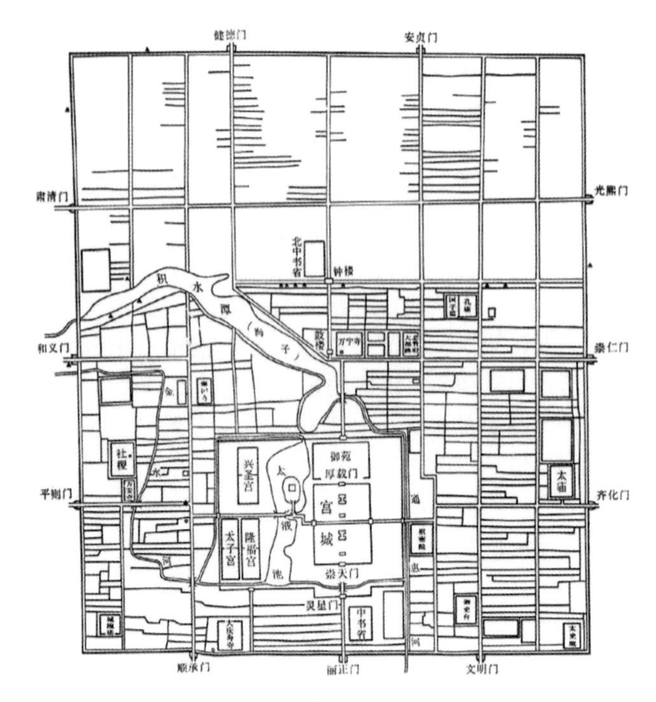

图 4-21　元大都新城平面复原图

从至元初开始宫殿、都城建设，到至元末年开凿通惠河为止，经历了将近三十年时间，大都才基本形成为一代帝都和雄视天下的大都会，其后的元朝各帝致使做一些增补添建。元大都的建设大概经历了骨架工程建设、居民区建设和忽必烈以后诸帝对其的充实和增添三个阶段。其布局与建设有以下一些特点：

（1）依托旧城建设新城（图 4-22）。

大都城区包含新建的都城和原有的旧城两部分。忽必烈定都燕京后的最初二十年仍以利用旧城为主，随着新都建设的开展而逐步转移到新城，但在元朝的百年统治期间，旧城始终未废。

元大都旁依旧城建新城，一方面可以充分发挥旧城作为建设基地的作用，另一方面又使新城的布局不受旧城原有设施的限制而能追求一种理想的效果，这是元大都规划与建设获得成功的一个重要的元素。

（2）以水面为中心的城市格局。

元大都规划最具特色之处就是以太液池水面为中心来确定城市布置的格局，这是一个大胆的创新，也使元大都在中国历代都城建设史上独具一格。中国历代都城选址都取爽垲而又有河流相通的地方，爽垲则利于排水、通风良好、宜于居住；有河流相通或有河流穿越城市则利于引水和通航漕运。但像元大都这样以广大水面为依据，环水建立宫阙和城市中心区的例子则未出现过。所以根本原因在于忽必烈等人对这片水面有与众不同的看法，认定它的重要性高于其他选择。这里虽不能肯定说这就是蒙古人“逐水而居”深层意识的反映，但至少可以看出和汉族传统观念有明显差别。如再参照宫殿不用传统的前朝后寝而采用环水布置大内正朝、东宫太子府（在大内之西而不是传统的在东）、太后宫及皇妃宫等特有的格局来看，就更显示出蒙古人传统观念的差异。

由于宫城位置的确定和太液池水面有着密切联系，新都的南面城墙又受旧城北城墙的限制，因此城市的大部分面积向北推移而使南面显得局促，从布局的结果来看似乎出现了“面朝背市”的格局，但从城市规划指导思想上看则完全是另一回事。如果审视一下当时中都旧城大量人口的存在，可以看出这种城市布局是根据实际情况综合权衡利弊而得出的明智决策，绝非出于对某种古老概念的抄袭。

大都的另一创举就是在城市中心设置钟鼓楼作为全城报时的机构。鼓楼上设立计时用的壶漏和报时用的鼓角，钟楼在鼓楼之北，二者相向而立。《元典章・刑部十九・禁夜》载：“一更三点，钟声绝，禁行人；五更三点，钟声动，听人形。”说明钟楼是实行夜禁、控制城内居民活动的重要设施。

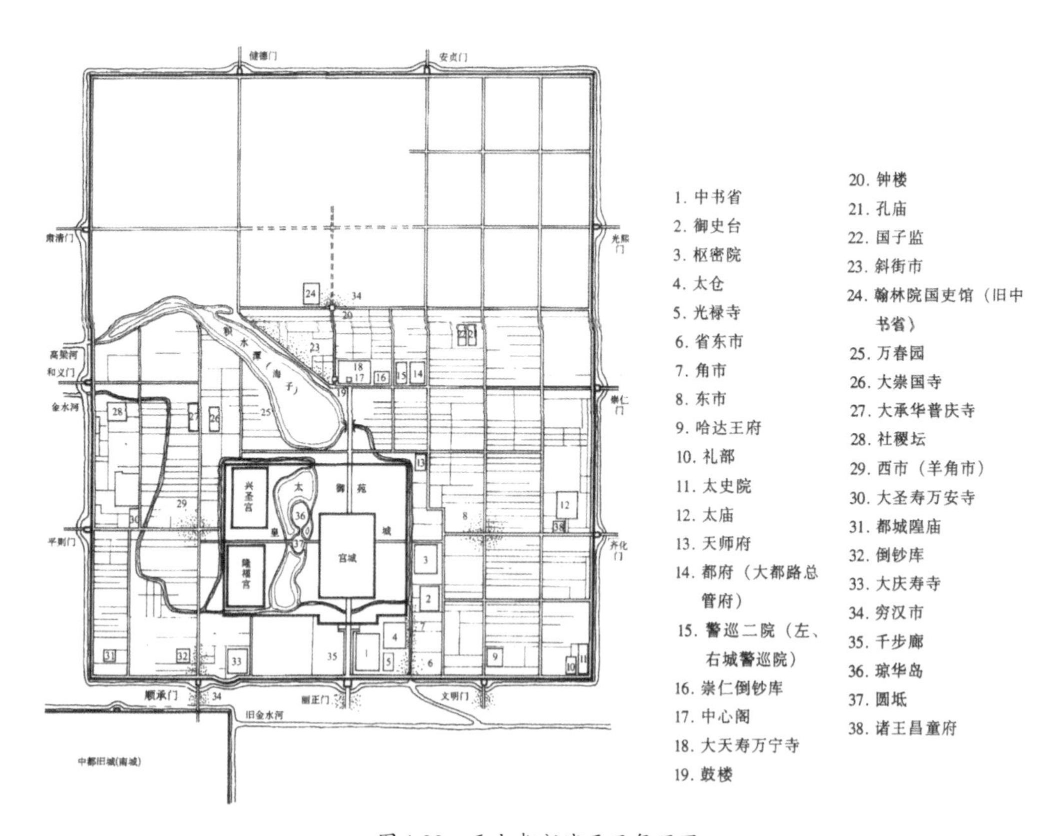

图4-22 元大都新城平面复原图

（3）适宜的规模和严整的格局。

大都城平面呈南北略长的长方形，城门十一座，东、南、西三面各三门，北面二门。由于大都城的轮廓和街道系统整齐、规则，使整个城市呈现庄严、宏伟的外貌，大都的街巷格局被明清两代的北京城所沿用，至今仍能找到当年城市布局的旧迹。

（4）居民区和商业街市的分布。

根据元末《析津志》及《元一统志》等文献记载，大都的居民分布有四个地区。东城区是各种衙署和贵族住宅的集中区；北城区是元末年由郭守敬负责开通了联结大都城内和通州的运粮漕渠通惠河，促使沿海子一带成为繁荣的商业区；西城区是较为密集的居民区；南城区则是金中都旧城城区和新城前三门关厢区。

（5）城市引水、排水工程。

水资源短缺一直是燕京城市生活面临的一个难题，金中都时期如此，元大都时期也如此。

大都城中用水有四种：一是居民饮用水，主要依靠井水；二是宫苑用水，由玉泉设专渠引至太液池；三是城濠水，也由西山引泉水供应；四是漕渠水，因燕京至通州地形高差较大，水易流失，纵然设闸节制，也需有大量水源方能保持漕渠畅通。在四者之中，以漕渠水最难解决，而漕运又是京城经济命脉所依，所以从金朝建都于燕后，就开始设法寻找出路。

第一次努力始于金大定十年（1170年）。朝议引卢沟河水以通京师漕运，终以水质浑浊，河堤易崩，河床淤浅，无法行舟而不得不废弃。第二次努力是元世祖至元二十九年（1292年）由郭守敬主持开挖通惠河，后也因上游及各支流被寺观和权势私决堤堰，不得不另找水源。第三次努力是至正二年（1342年），又有人建议在金代开口设闸的金口处引卢沟河水，另开一条金河，引水直达通州，以供漕运，结果因泥沙壅塞而不能通航。纵观金元两朝百余年的治漕史实，从通州到京城的漕渠用水始终没有找到满意的解决办法。

大都城内的排水沟设在南北主干道的两侧，是用条石砌筑的明沟，深约1.65m，宽约1m，局部沟段用条石覆盖。

总之，元大都规划与建设的最突出之点是融汉、蒙两族文化于一炉，创造了一个具有崭新风貌的伟大都城。

元大都的苑囿集中在皇城的西部与北部，由三部分构成，即宫城以北的御苑，宫城以西的太液池，以及隆福宫西侧的西前苑。

元代苑囿的主要部分是在继承金代的基础上建设发展的。

太液池——它是大都苑囿的主要水体，中有琼华岛、圆坻及犀山台（图4-23），琼华岛上以玲珑石叠山，巉岩森耸。岛的东与南两面都有石桥与池岸连接。山顶金代建有广寒殿，蒙古军入驻后改为道观，其后又被道士拆毁，元世祖至元元年，才在旧基上重建，“重阿藻井，文石甃地。四面琐窗，板密其里，遍缀金红云而蟠龙矫蹇于丹楹之上”。其华丽程度超过金代。殿南并列有延和、介福、仁智三殿，东西有方壶、金露、瀛洲、玉虹四亭，似有明确对称的中轴线，布局显得过于严谨，岛四周皆水，极宜于月景。所以元朝统治者经常乘龙舟泛月池上，臣僚有时也可得此宠幸。从殿外露台凭栏四望，前瞻三宫台殿，金碧流辉，后顾西山云气，与城阙翠华高下，而碧波迤回，天宇低沉，真可称为是清虚之府。

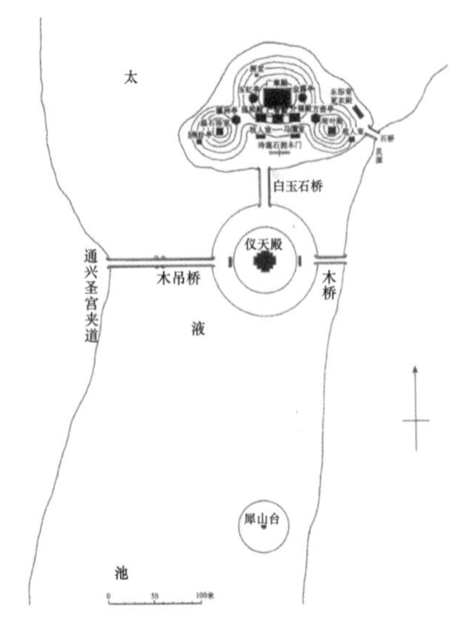

图4-23　元大都太液池图

岛上除广植花木外，还利用凿井，汲水至山顶，经石龙首注入方池，这也是艮岳用水的发展。所造温石浴室，“为室凡九，皆极明透，交为窟穴，至迷所出路。中穴有盘龙，左底昂首而吐吞一丸于上，注以温泉，九室交涌，香雾从龙口中出。奇巧莫辨”。可见元代匠人技术精巧之一斑。

琼华岛南面池中有圆坻（圆形小岛），上建圆形的仪天殿，东有木桥长200尺，可通大内夹垣，也可达池东灵囿（即豢养动物处），西有木吊桥，长470尺，可通太液池西岸兴圣宫前的夹垣。犀山台位于圆坻之南，其上遍植木芍药。

西前苑——太液池西岸，有两组宫殿，南为隆福宫，北为兴圣宫。

苑内的主景是一座高约五十尺的小山，用怪石叠成，间植花木。山上建有香殿，“复为层台，回阑邃阁，高出空中，隐隐遥接广寒殿”。殿前有流杯池，池东西有流水圆亭，再前有圆殿、歇山殿。东西各有亭，大致也是对称式布局。苑内以花木为主，间以金殿、翠殿、花亭、毡阁等，并设有水碾，可引太液池水灌溉花木。另有熟地八顷，小殿五所，元统治者以此为籍田，曾亲自执耒耜耕种。显然，这御苑的宴游功能不强，比较质朴，颇类似于种花植蔬的园圃。

二、继承发展的明清环境艺术设计

明朝的建立，洪武、永乐两朝，国势之强，幅员之广，不减汉唐，中期转弱。后期，社会内部已孕育着资本主义萌芽。

为了巩固其统治，明初朱元璋政治上极力强化君主集权制，取消了沿用了千余年的宰相制度；农耕上奖励垦荒，推行屯田制，兴修水利以促进农业生产的恢复和发展；五次北征挫败蒙古瓦剌部和鞑靼部以巩固北方边防并对其实施了卓有成效的管理。到了明晚期，在封建社会内部已孕育着资本主义萌芽，许多城市成为手工业生产的中心，许多城镇商品经济发展兴旺，于是地方建筑也变得空前繁荣，各地住宅、祠堂等建筑得到了普遍发展，尤以江南发达地区为盛，造园之风也被推入高潮。

建筑方面，明朝初期处于一种生产、经济复苏的阶段，整个社会风气较为俭约、拘谨，建筑技艺多继承宋、元遗规。到了明中期，逐渐形成了明朝特有的建筑风貌。建筑材料、结构、施工等各方面均有发展。在建筑选址、造园艺术、室内陈设和家居设计等方面还出现了理论总结性的著作。中国古代建筑的主要方面都已在明代达到成熟的高峰。

1.建筑群设计水平得到提高

明代创造了一批无与伦比的优秀建筑群，如北京紫禁城宫殿、昌平明陵、北京天坛、曲阜孔庙等。

北京宫殿（图4-24）是在总结了洪武时的吴王新宫、凤阳中都新宫和应天南京宫殿三次建宫

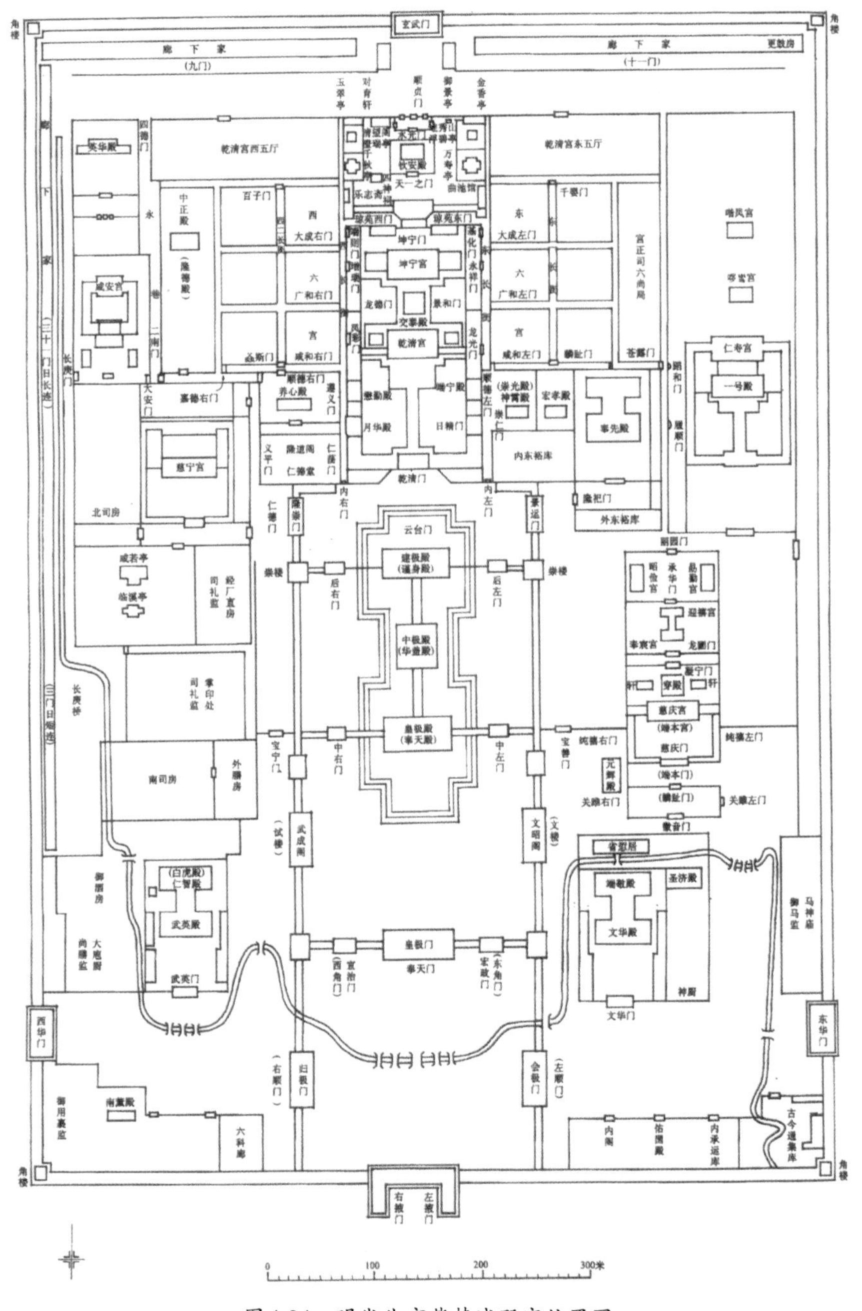

图4-24　明代北京紫禁城殿宇位置图

的经验而建成的。在使用功能、空间艺术、防火、排水、取暖、安全等方面，都取得了很好的效果。

明紫禁城规模宏大，形制完备，机构繁多，分区明确。功能上分外朝、内廷两部分，外朝供典礼、朝政、经筵等各种政事活动；内廷为帝室居住生活区。轴线分明、布局基本对称，由近千座单体建筑纵横组织在一起，通过南北主轴和东西两路的连接使全局协调统一起来，成为中国历史上无与伦比的宏大建筑群。其次，它承袭南京城且继续发展。明北京宫殿格局的主体框架是永乐年间被称为“规制悉如南京，壮丽过之”(《明史・舆服志》)。永乐十八年建成后的两百余年中，又不断扩建和改造，增添许多新内容和新特色，明初朱元璋、朱棣等帝王政治目的较强，生活节俭，之后的帝王居安趋奢，园林的离宫大为增建，另因帝王佞佛从道，供佛场所等与日俱增，再皇室成员日益繁多，紫禁城内建筑繁密，使其成为一座硕大无比的建筑群组合体。再者，紫禁城中轴线将其东西一分为二，整体构架明确，宫城居中，烘托出强有力的崇高氛围；门为媒介体现等级秩序，廊庑为辅衬托主体，不同屋顶形式表达尊卑秩序以形成富有节奏的建筑群体。

明朝宫殿，是传统礼制文化再兴的代表作品，积极来看，在强化某一主题的艺术表现上和对“至高无上”的境界的追求上，消极来看，由于过分强调宫殿在都城中的位置，带来了城中东西交通和生活的不便等弊端。

昌平明陵地处北京市昌平县天寿山麓，是明成祖（朱棣）至明思宗（朱由检）除景泰皇帝外的十三位皇帝的陵墓，后人通称为十三陵。(图4-25）占地约80km^2，每座陵各自占据一片山坡，规模大小不一，以明成祖长陵的规模最为宏大，布局规则最为完备。十三陵中长陵的位置最为显著，其主体建筑为祾恩殿，面阔九间，进深五间，重檐庑殿顶，建筑面积约为2000余m^2，为中国现存的最大的木构殿宇之一。献陵为明仁宗之陵，规模仅逊于长陵，祾恩殿面阔五间，进深三间。宝城形状呈椭圆形，前部建有哑巴院，是明十三陵中之建有哑巴院的首例。献陵的规制对以后诸陵有很大影响。墓室为石砌拱券结构，有前、中、后殿与左右配殿。总面积约为1195m^2。

图4-25　明十三陵陵区

北京天坛（图4-26）位于北京内城外正阳门东南侧，主要入口面西。总面积273hm^2，其地面建筑虽然大部分属清代所建，但布局仍为明嘉靖改制所遗，如祈年门、斋宫等都是明代原物。天坛是圜丘和泰享殿的总称，由内外两重坛墙环绕，有内坛外坛之分，围墙平面南方北圆，寓意天方地圆。圜丘是露天的圆形祭台，坛三层，坛面及栏板柱子皆为青色琉璃，每层面经、台高、壝墙高尺寸均用五、九作为基数或尾数寓意帝王九五之尊。泰享殿在天坛北部，三重檐攒尖圆顶，上檐、中檐、下檐分别为青色、黄色、绿色琉璃瓦，象征天、地、万物。大殿两侧有东西配殿，外绕方形壝墙一重，成一组建筑群。天坛采用了阴阳定律、天圆地方、坛而不屋和柴燎祭天四种建筑语言，使其成为我国历史上“思想性最强和艺术性最高的建筑群之一”。

曲阜孔庙（图4-27）是当年孔子住宅发展而来的，它是中国现存建筑群中历史最悠久的一处，是孔子死后次年利用其旧宅建立的寺庙祭祀，至今已有两千五百年的历史。

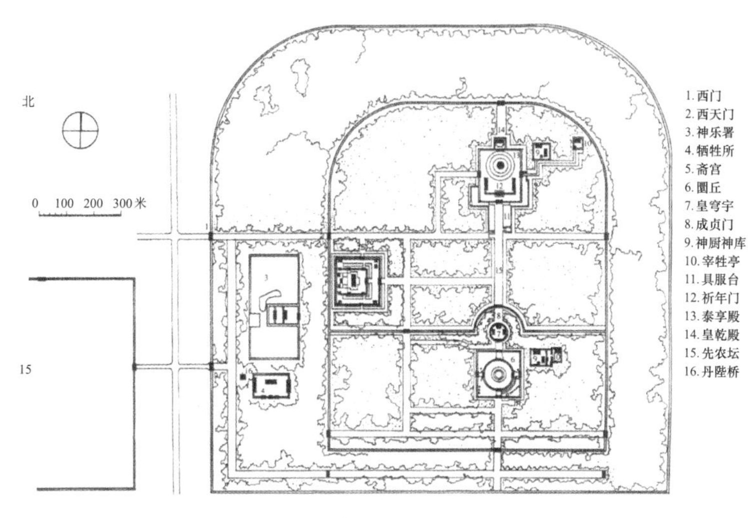

图4-26 北京天坛总平面图

2. 各类建筑技术得到长足发展

制砖技术发展较为显著，砖窑容量增加加之用煤烧砖的普及化使砖的产量猛增，使砖墙技术得到了充足的发展。琉璃构件的制作愈来愈向着丰富多样、图案精美、质地细密的特点发展。官式建筑的大木作也趋向构架整体性加强、斗拱装饰化和施工简化。砖拱突破陵墓和宗教建筑的鬼神使用范畴进入生活领域。

3. 特有的建筑风格的形成

明代是在兼有唐代建筑的恢宏壮美和宋代建筑的华丽精美的基础上，形成了自己的时代特色。建筑布局上，院落和空间手法运用成熟，各类建筑性格得到充分的表现，森严的宫殿、崇高的坛壝、静穆的陵墓等都处理得十分成功。单体建筑为定型化，取消了角柱升起，屋檐屋脊变曲线为直线，减在小屋檐，缩短屋角起翘，使建筑较之唐宋的舒展显得更为拘谨，凝练和稳重。单体形象的定型化和总体组合的灵活性相结合这一中国建筑的传统特点在明代已经达到成熟。

4. 造园艺术普及并深入生活

造园艺术在明中叶以后出现新的高潮，主要有以下几个特点。其一是园林的功能生活化，明中以后造园艺术普及，园中活动内容增加，建筑物比重比以往得到提高，说明园林和日常生活的关系更为密切，“居”成为园林的主要功能，这种园林实质上是住宅的扩大与延伸。其二是造园艺术的密集化，园内活动增加，建筑物比重提高，景物配置也相应地增加，这是明末以后我国私家园林的共同趋向。其三是手法的精致化，为了在小型园林中创造出丰富的意境，景物布置的“宜花”、“宜月”、“宜雪”、“宜雨”以供各种时令和气候游览，空间处理小中见大、曲折幽深、假山奇峭、洞壑幽深使园林建筑已从住宅建筑样式中分化出来，自成一格，具有活泼、玲珑、淡雅的特点。

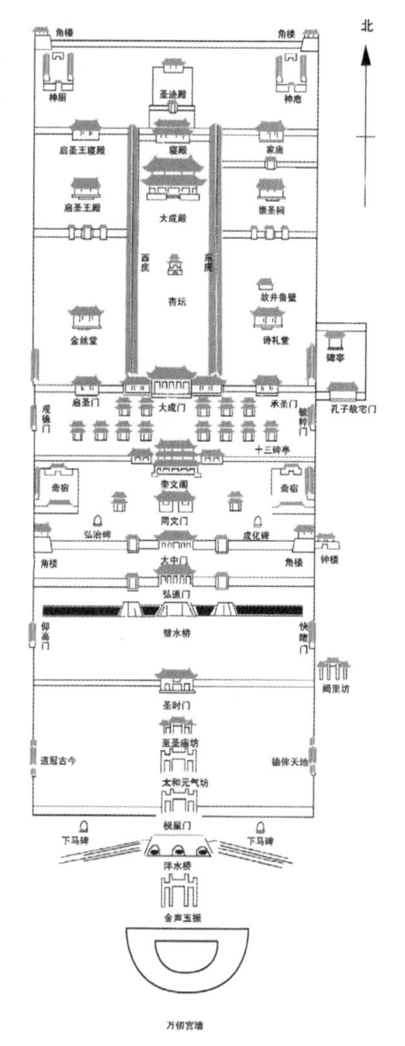

图4-27 孔庙示意图

明时期造园理论也有了重要的发展，出现了明末吴江人计成所著的《园冶》一书，这一著作是明代江南一带造园艺术的总结。该书比较系统地论述了园林中的空间处理、叠山理水、园林建筑设计、树木花草的配置等许多具体的艺术手法。书中所提“因地制宜”“虽由人作，宛自天开”等主张和造园手法，为我国的造园艺术提供了理论基础。

清代社会历史特点对清代的建筑的发展产生了巨大的影响，直接影响到其规模、数量、技术、艺术风格诸方面（图4-28）。是了解中国古代演变为近代历史的重要环节，而且遗存的建筑实物众多，内容丰富，可视性强，也是研究建筑物质文化发展史必不可少的资料。

根据清代建筑的恢复、极盛、衰退的发展过程，建筑的概况也可分为三个时期。

（1）恢复时期。

顺治初年至雍正王朝，当时国内初定，国力不盛，清初三代帝王在兴造方面皆极为节俭，以使用为主。

此时期园林建造也有所恢复，顺治时期在北海建永安寺及白塔，开辟了南苑，康熙年间改建了西苑的南台，建造了勤政殿、涵元殿、丰泽园等建筑，正式形成北海、中海、南海三海联并的新西苑格局。康熙二十三年在西郊建畅春园，四十二年在热河建造避暑山庄，成为清廷最大的行宫，奠定了清代宫廷苑囿发展的基础。清初的园林有两个特点：一是建筑装修简朴，追求自然风趣，二是多数苑囿修建皆有一定政治目的。

宗教方面，藏传佛教仍占据宗教界统治地位。康熙五十二年在承德建溥仁寺、溥善寺，雍正时在多伦又建善因寺，在库伦建庆宁寺，在噶达建惠远庙，在北京建嵩祝寺。顺治、康熙两帝皆曾朝礼山西五台山，将其中十座寺院改为藏传佛教寺院，称为黄寺。初步奠定了北京、承德、五台山处藏传佛教的中心地位。

陵寝建造方面也遵循明陵制度，规模庞大。清初关外建三陵；顺治进关后选定河北遵化马兰峪建青陵兆域；雍正八年选定河北易县永宁山为万年吉地。这两处的陵域选址皆为山环水绕，风景绝佳之处，反映出风水堪舆理论在建筑环境学方面的成就。

礼制建筑方面基本沿用明代的各坛庙，仅在

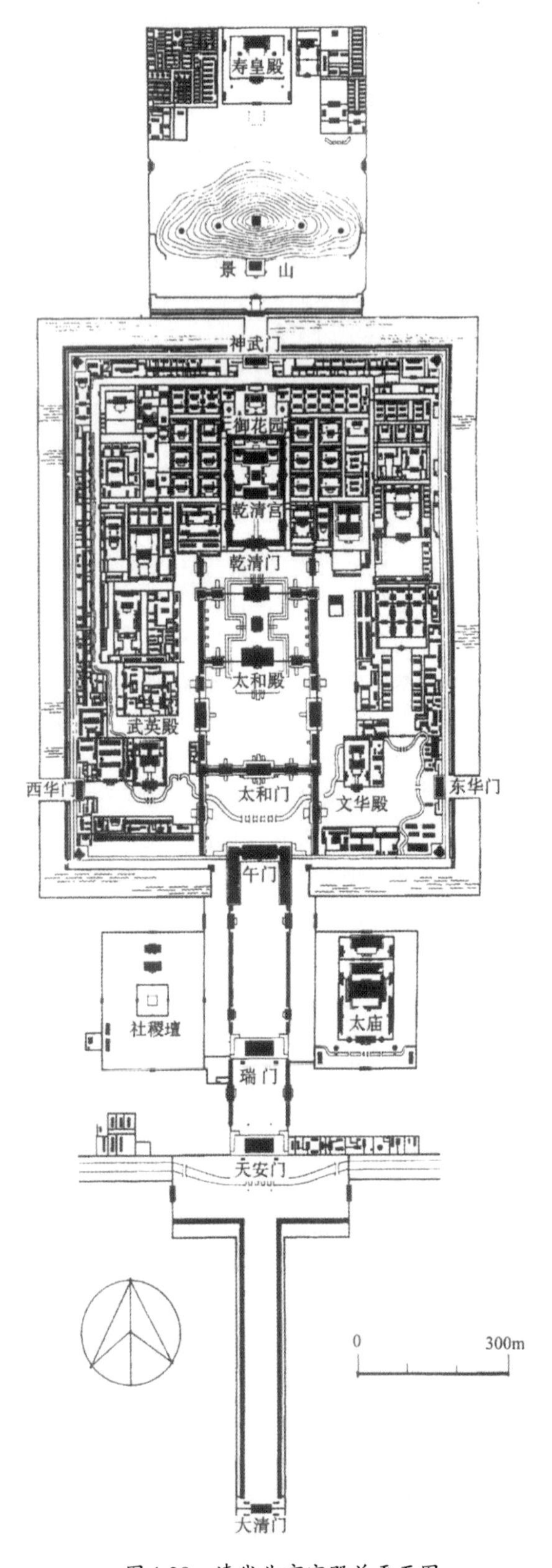

图4-28　清代北京宫殿总平面图

雍正时增设风神、云师、雷师之庙，使自然神祇坛庙系列化，其中最突出的是广建各地文庙及关帝庙，说明清代统治者利用儒家的礼教精神为其思想教化服务的政治目的。

在建筑著作方面最突出的是雍正十二年颁布的清工部《工程做法》，将当时通行的27种建筑类型的基本构建作法、功限、料例逐一开列出来，目的是统一房屋营造标准，加强宫廷内外的工程管理。反映了当时的建筑水平。

（2）极盛时期。

乾隆时期，在极其富强的经济基础上，全国上下、大兴土木，一大批质量上乘，规模宏大的建筑产生了，其建筑活动涉及各个方面。乾隆即位最初十年，营缮多围绕北京宫城内外，如修缮太庙、孔庙、雍和宫；此后建筑工程量大增。

乾隆时期全国各地的土木建筑也有巨大的发展。如私家园林的修建热潮，迅速遍及江南地区，以苏州、杭州、扬州为盛，古城西瘦西湖至平山堂一带，私园相衔，相互渗透，而且皆向水面敞开，湖光映色，楼台含情，从园林环境艺术上讲，可达封建社会之顶峰。

乾隆时期的宗教建筑除上述兴建的大批藏传佛教寺院外，上有西黄寺为班禅六世所建的清净化城塔，它是一座颇具特色的金刚宝座式塔。此时对一些明代始建的大寺扩建工程也很多，布达拉宫自十七世纪中叶扩建至乾隆时期也已基本完成，甘肃夏河拉扑楞寺基本上是乾隆时期完成的。至于其他宗教建筑方面如银川海宝塔，鹿港龙山寺，吐鲁番额敏塔礼拜寺，也都是各具特色。

乾隆时期的工程技术也有较大的进步，框架法的构造代替斗拱为特征的构架方式，建造了大批的高层建筑，如颐和园佛香阁、普宁寺大乘阁等。乾隆时期建筑上的巨大成就很大程度表现在建筑装饰方面。雕刻技艺、工艺美术、装饰织物等都有相当成熟的工艺。这时期的建筑彩画已形成和玺、旋子、苏式三大类。总之，乾隆时将具有高度水平的工艺品技艺与建筑结合起来，将南方北方建筑风格融合在一起，开辟了建筑装饰艺术繁荣的新途径。

（3）衰退时期。

嘉庆、道光时期清朝衰退迹象已见，很少建造较大规模的工程，大部分为修缮整理。由于经济困扰，民生维艰，故追求精神寄托的民间宗教建筑仍在发展。富商地主的纸醉金迷享乐生活加剧，促使私园数量增加。1840年鸦片战争清廷战败后签订中英江宁条约，中国开始了半封建半殖民地社会，标志着中国古代社会终结。但是作为中国古代传统的建筑活动并没有随着社会经济的变革而终止，它的许多方面仍在继续。主要表现在：民居建设方面，除沿海等地吸收西洋土木建筑技术，开始砖木、砖石、钢筋混凝土建筑以外，大部内陆地区仍沿用传统建造方式，以木构架为主。民间的桥梁工程大部分也是传统构造，如江西建昌万年桥为双孔的石拱桥。城市的地区性会馆也向行业性会馆转变，如上海的木商会馆等。在宫廷建筑方面，重修被英法联军烧毁的清漪园，并更名颐和园，建园资金全部为挪用海军建设经费。

不能不将鸦片战争以后的近代建筑史中的若干内容一并叙述，因为建筑的发展是相关相辅，如北京紫禁城的发展变化，西郊皇家园林的兴废，各地寺庙的改建扩建，以及私家园林的易主增添改造等，都有前后相承的关系，至于广大的居民建筑，虽然现存的多为咸丰、同治以后，甚至民国初年，但是其工程技法及建筑艺术皆是以前较长历史时期经民间匠师衣钵传授而形成的。

1）宫殿建筑。以北京紫禁城为例。北京紫禁城是明朝大内的宫城，居北京城之中心，其规制仿明南京皇宫布局。是明成祖朱棣用了四年开始修建，于十八年十一月竣工，次年元旦正式启用。自顺治朝开始，在原来宫殿建筑基址上逐步复建宫殿（图4-29）。大致可分为三个阶段。顺治元年至十四年，为了恢复朝仪，以帝居及嫔妃居处为主要内容，复建了大内前部之午门、天安门、外朝太和门及前三殿，内廷中央的乾清宫、交泰殿、坤宁宫，东路钟翠、承乾、景仁，西路储秀、诩坤、永寿等六宫，以及慈宁宫、奉先殿等，使紫禁城稍具观瞻之雄，外朝内侵皆有其所。至康熙二十二

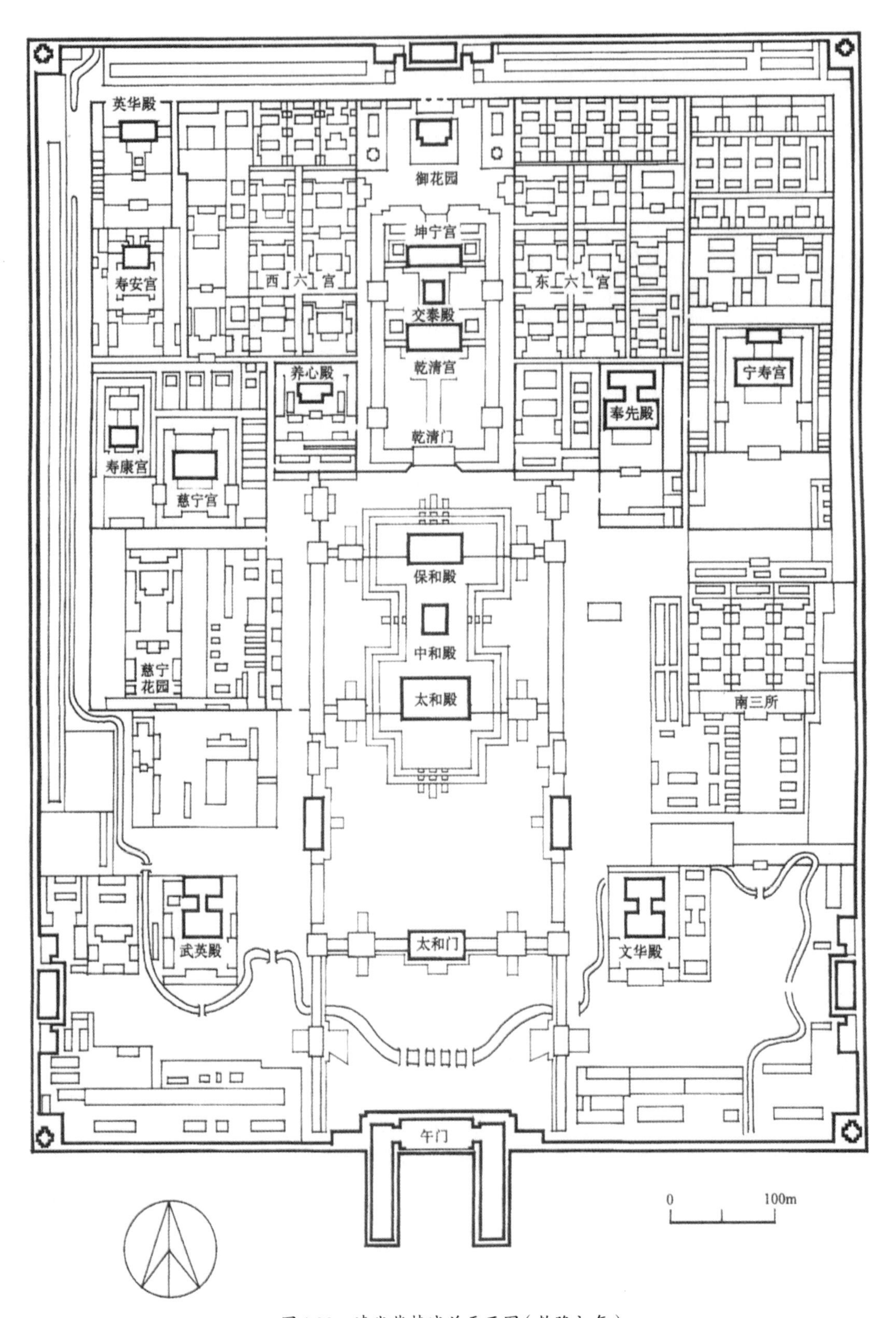

图4-29　清代紫禁城总平面图（乾隆初年）

年至三十四年间，才又开始了大规模复建，此时期营建了经筵用的文华殿、传心殿，太后居住的咸安宫、宁寿宫，后妃住得东路景阳、永和、延祺三宫，西路咸福、长春、启祥三宫，皇子居住的乾东头所、二所等。重建了太和殿及乾清宫、坤宁宫、奉先殿，使宫殿群已基本恢复到前期，甚至更加完备，而且还设置了服务型建筑，至此时紫禁城宫殿群已基本恢复到先明时的规制，《乾隆京城全图》中所绘的宫城平面图，反映出这个时期的状貌。（图4-30）进入乾隆时期，经济状况逐渐好转，

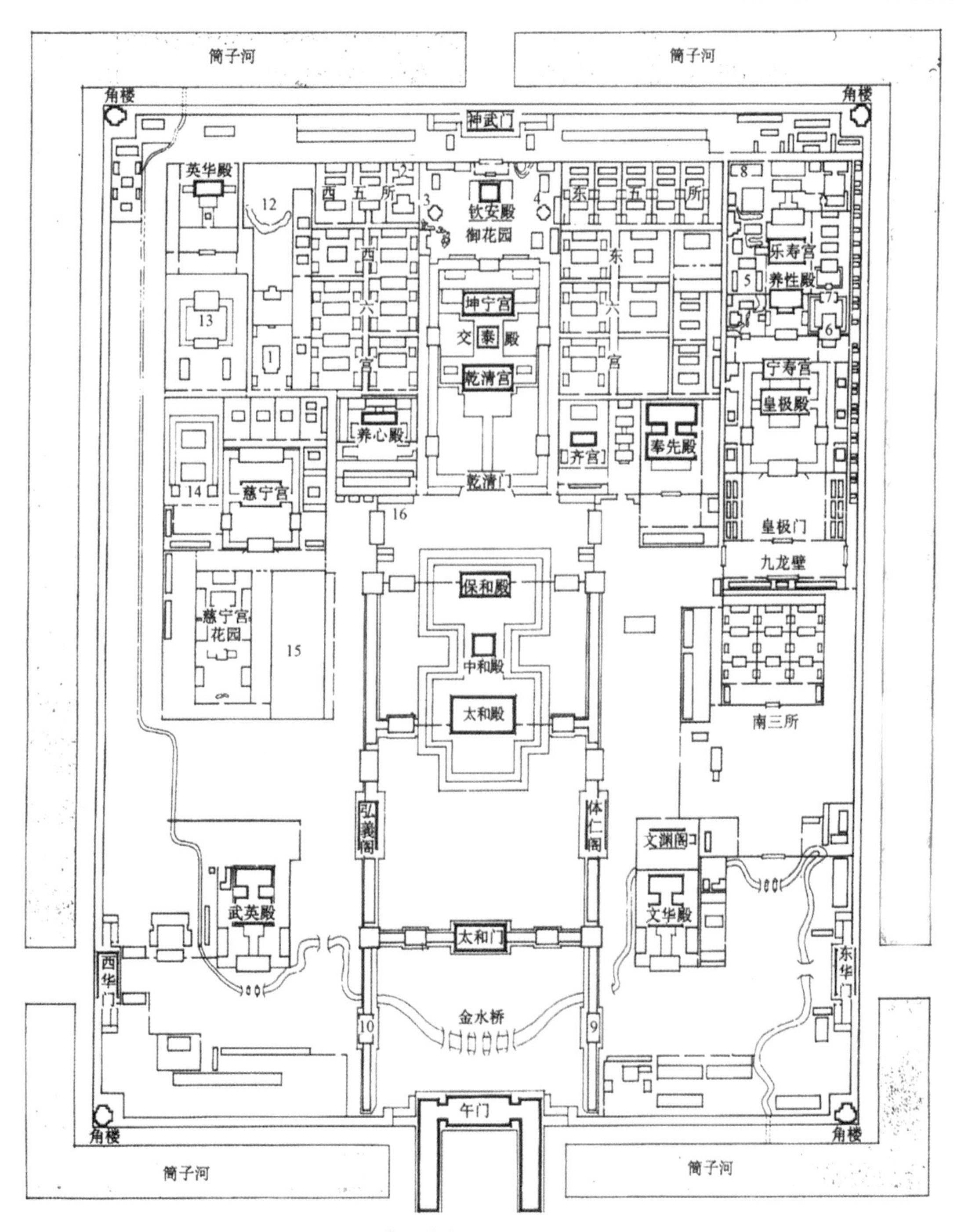

图4-30 清代紫禁城宫殿图（乾隆末年）

禁城的建造不仅局限在恢复旧貌上，而且诸多改造。总之，再进一步加强紫禁城轴线艺术的空间效果的同时，又对明代形成的宫殿格局有所改动，以适应当时宫廷之需要。乾隆时期的宫廷建筑在形式及内容上完全走出明代建筑的窠臼，装修上也追求宏丽，使紫禁城的风格更为丰富，中轴线上外朝宫殿、门庑基本依明朝旧制恢复，但有微小更动。总结以上，清代紫禁城宫殿的主要发展变化有四点，首先是紫禁城雄伟宏大的中轴线艺术建筑群体得到进一步发展；其次，分区布局上突破了明代讲求东西对称的方式，组织设计了养心殿、重华宫、宁寿宫等的行政中心；再者，清代禁城宫殿的生活气息更加浓郁，许多建筑采用小体量精致的外形，最后清代宫殿建筑技术与艺术都有重要的进步。

2）园林建筑。包括北京西苑的改建，三山五园御园私园的建造、承德避暑山庄的建造以及私家园林的兴盛。

北京西苑即清宫紫禁城西部北海、中海、南海的总称，明时即成为“西苑”。清兵入关时未遭破坏，清廷继续用为大内的御园，仍称西苑。三海园林营造起源甚久，元灭金后，忽必烈曾一度驻跸于此。至元元年元世祖自上都开平迁都北京，建设大都城，即以琼华岛离宫为中心规划整座都城。此时将北海、中海改称太液池。明代继承元代的御园，又开辟了南海，形成三海纵列格局（图4-31）。

自清初至乾隆中期，在北京西北郊海淀镇至西山一带建造了大批行宫御苑及私园、赐园，（图4-32）。它们汇集了中国风景式园林的各种类型，包括人工山水园、自然山水园以及自然山地园，代表着中国古典皇家园林艺术的精华。

位于河北省承德市的避暑山庄，为清代最大的离宫苑囿（图4-33），基本形成于康熙至乾隆年间。实际上乾隆时期扩建的许多景点此时也已经初具规模，部分已经题署，此时园林建筑体量较小，大部分为亭榭一类小建筑，外观朴素淡雅，青墙灰瓦，朱赭涂饰，完全体现了康熙的“五刻桷丹楹之费，有林泉抱素之怀”的园林艺术观。乾隆六年继续扩建避暑山庄，至五十五年完工。

3）私家园林。清代贵族、官僚、地主、富商的私家园林多集中在物产丰裕，交通便利的城市及近郊。其数量不仅大大超过了明代，并且大量吸收

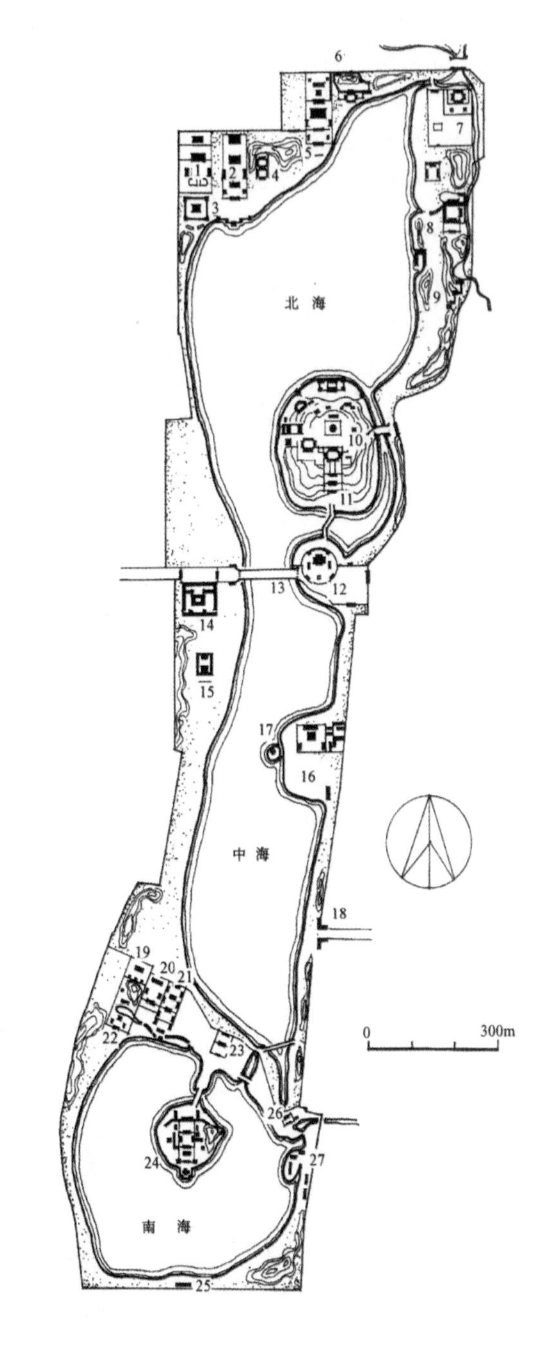

1—万佛楼	8—画舫斋	15—紫光阁	22—大圆镜中
2—阐福寺	9—濠濮涧	16—万善殿	23—勤政殿
3—小西天	10—白塔	17—水云榭	24—瀛台
4—澄观堂	11—永安寺	18—西苑门	25—宝月楼
5—西天梵境	12—团城	19—春藕斋	26—淑春院
6—静清斋	13—金鳌玉桥	20—崇雅殿	27—云绘楼
7—先蚕坛	14—时应宫	21—丰泽园	

图4-31　北京紫禁城西苑（三海）平面图

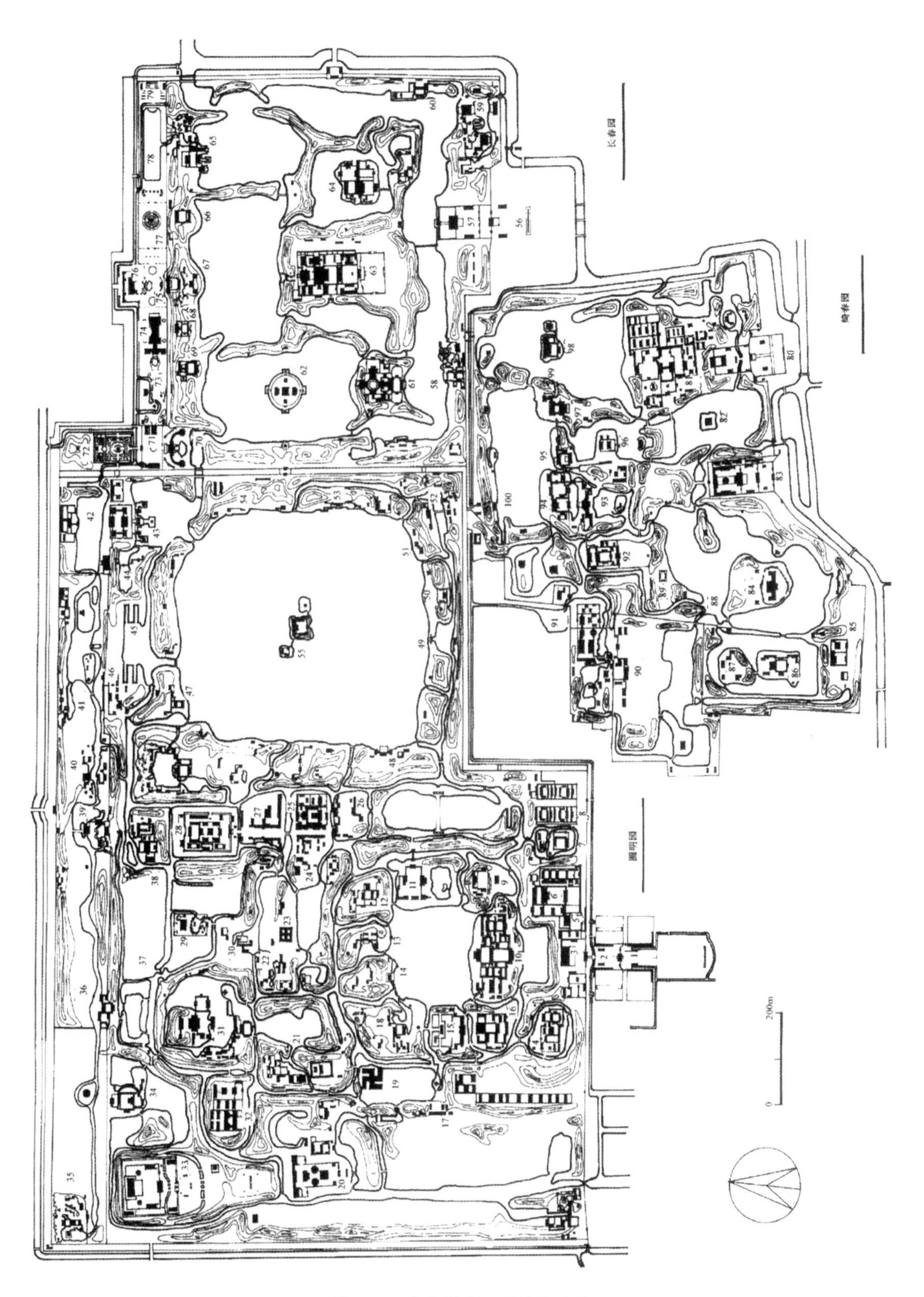

图4-32　北京圆明三园总平面图

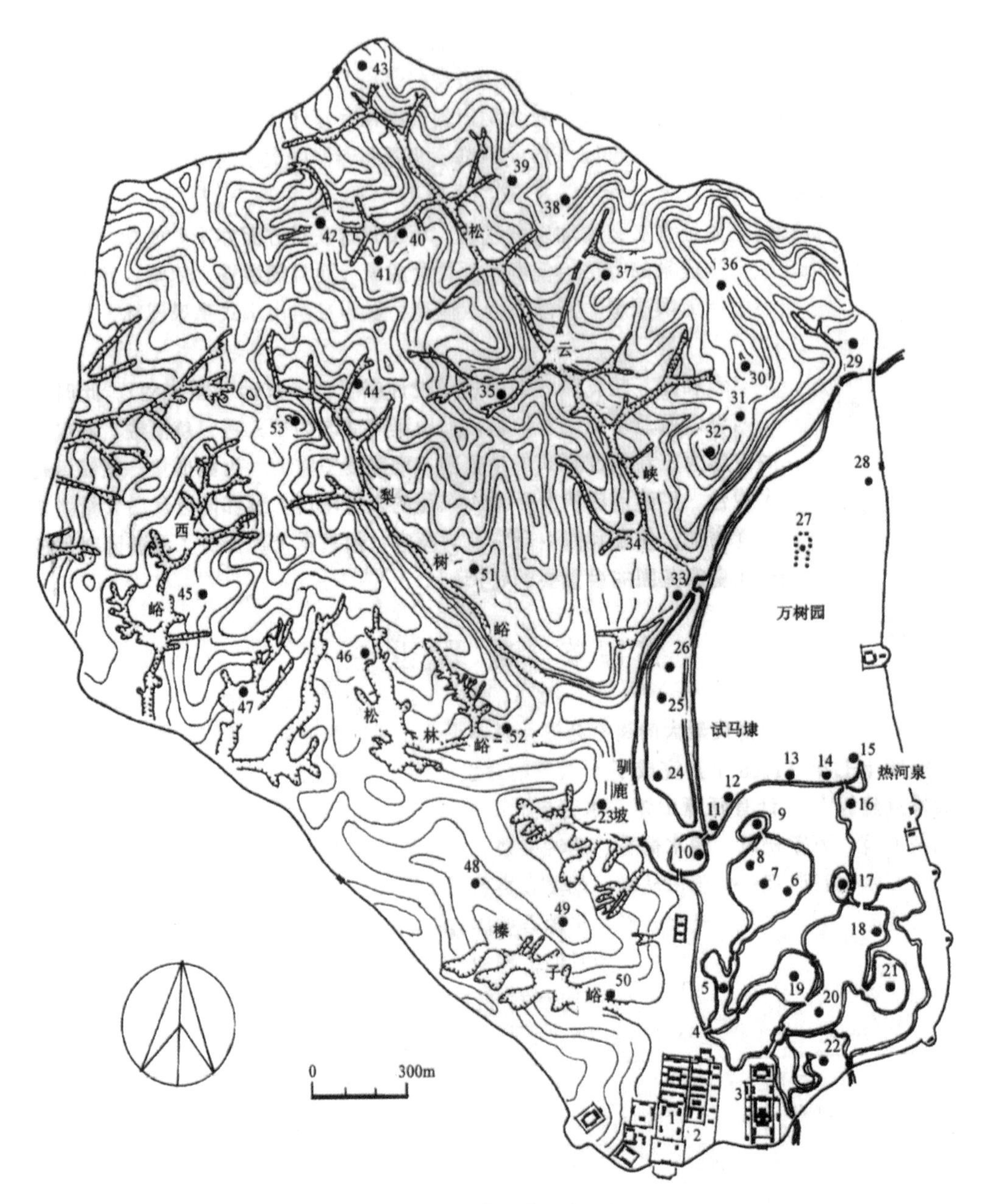

图4-33　河北承德避暑山庄平面图

民间建筑构造及乡土文化，逐渐显露出造园艺术的地方特色，形成北方、江南及岭南三大园林体系。由于宦海沉浮，家道兴衰及战火摧残等原因，一般私园与民居建筑一样，很容易因数度易主，反复改建，或者被拆毁而湮没无存。大多数私园多建于咸丰、同治以后，这些私园更多地表现出市民文化气息及近代建筑的影响，而不尽是最初构园时期的面貌。但清代园林二百余年间的发展并非历史风格巨变时期，因此这些晚期园林实例仍可作为了解清代私园的重要例证，并借鉴这些实例可推测出更早时期的园林状况。

4）寺观祠庙园林。清代一些新的社会环境因素又进一步刺激了寺观祠庙园林的发展。首先是佛教、道教的世俗化。其次是清代私家宅园的高水平成就，也对寺庙园林产生积极影响，廊、亭、桥、池、坊、表给枯燥严肃的寺观布局增添了活力，导致寺观祠庙的选址、规模、内容有很大的差别，影响的因素亦有多不相同。大致可分为庭园、附园、园林化布局、环境园林几种类型，这些寺观祠庙园林有的是清代创建的，其基础布局可能推导至更早时期。

清代园林发展规模巨大，而且官僚商贾聘师延匠为其建园之风甚盛，因此专业的园林名将世家亦产生不少。但限于文献材料，许多事迹没能记载下来，传世的仅十余人，包括张涟父子、李渔、叶洮、戈裕良等。

5）陵墓建筑。清代皇陵共有六处，包括关外四陵，即东京陵、永陵、福陵、昭陵以及关内的河北遵化清东陵、易县清西陵。东京陵位于辽宁辽阳市太子河东35km的积庆山上，距清代所建的东京城仅一公里，是清太祖努尔哈赤迁都辽阳以后，于后金天命九年为其祖父、父、伯父、弟、长子等人所建的陵墓。永陵（图4-34）原称兴京陵，位于辽宁新宾县启运山南麓，前临苏子河，是后金政权的发祥地赫图阿拉所在地，为努尔哈赤远祖盖特穆、曾祖福满的陵墓。该陵建于明万历二十六年，顺治十五年又将努尔哈赤的祖父觉昌安、父亲塔克世的灵柩，自东京陵迁至此，改名永陵，是后金皇族的祖陵。福陵（图4-35）在沈阳东郊35km天柱山上，又称东陵，是清太祖努尔哈赤及皇后叶赫那拉氏的陵墓，建于后金天聪三年，后经康熙、乾隆两朝增修。昭陵（图4-36）坐落在沈阳市区北郊隆业山，又称北陵。清东陵（图4-37）位于河北遵化马兰峪的昌瑞山下，清末显赫一时的慈禧太后即埋在这里，总面积为2500km^2，是中国古代最大的集群式的皇家陵区。清东陵始

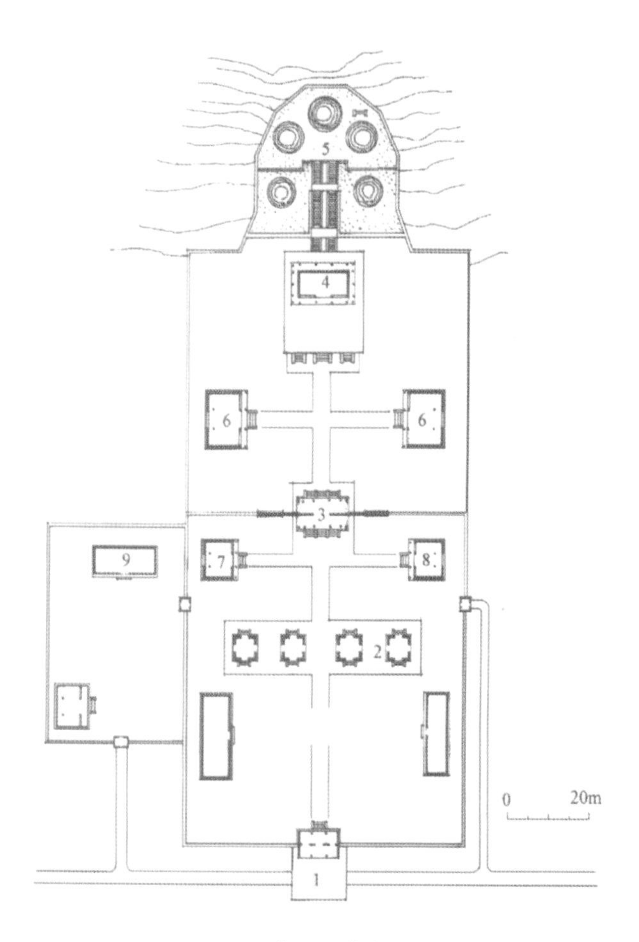

图4-34 辽宁新宾清永陵平面图

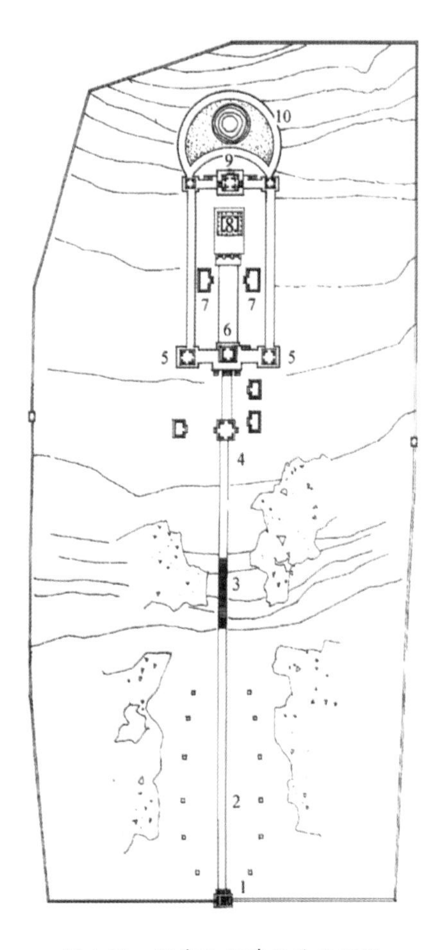

图4-35 辽宁沈阳清福陵平面图

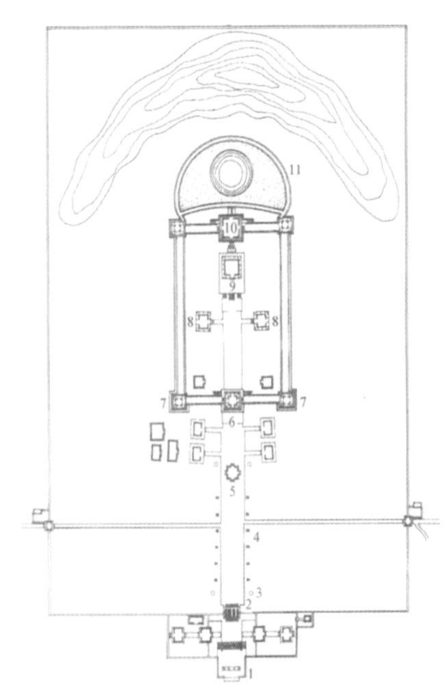

1—石牌坊 2—陵门 3—望柱 4—石像生 5—碑楼
6—隆恩门 7—角楼 8—配殿 9—隆恩殿
10—明楼 11—宝城

图4-36 辽宁沈阳清昭陵平面图

建于顺治时八年，康熙二年建成孝陵，奉安大行皇帝梓宫入地宫。以后康熙死后也葬东陵。但传至雍正帝，其在河北易县另择万年吉地，以后各帝分葬两陵，形成东西并峙的建置。清西陵位于河北易县永宁山下易水河旁，在这里建有雍正泰陵、嘉庆昌陵、道光慕陵、光绪崇陵等四座帝陵及泰东陵、昌西陵、慕东陵等皇后陵三座和王公、公主、妃子园寝七座。

清代陵寝建筑群体按照安排好中轴线，是“居中为尊”传统观念在纪念性建筑中必然表现。轴线位置之选定是要根据风水地形之所宜，乘势随形而定，力求与山川相称。但轴线之经营，尚需讲求序列、对景、框景、过白（图4-38）与夹景，起伏曲折，才能创造出有机和谐，气势雄大，沉静肃穆的艺术环境。建筑形体上，清陵建筑的风格取得高度统一效果，不仅统用红墙黄瓦，而且主要殿堂包括隆恩殿皆为歇山式屋顶，各建筑仅在体量上微有区别。建筑装饰方面，清代后期，建筑装饰、装修技术广泛发展，而在陵寝建筑上更有突出的表现，精雕细刻，不计工本。慈禧太后的定东陵的地面建筑在装修豪华程度是清陵中最高的。不仅隆恩殿四周汉白玉栏杆

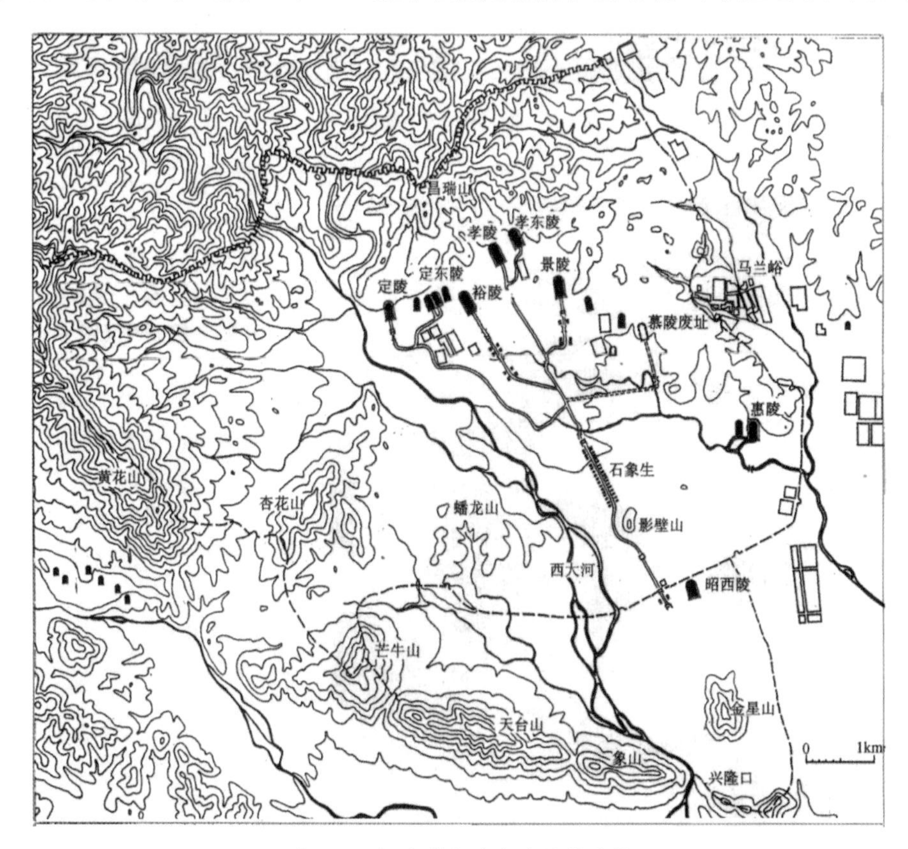

图4-37 河北遵化清东陵总平面图

图4-38　清裕陵龙凤门与碑亭的框景

精致无比，且台基中央的龙凤陛石采用透雕手法，龙凤飞舞，神情飞动。其他如昭陵的须弥座栏杆石雕，慕陵隆恩殿楠木装修及“万隆聚会”井口天花，昌陵大殿地面用黄色带紫色花纹的花斑石墁地等，都是极为贵重的装修（图4-39~图4-42）。总之，清陵建筑规划布局和艺术处理与历代陵寝相比较发生了不少变化。如陵寝主题由注重宏大的地宫封土，转向地面建筑变化丰富的空间布局；天人聚会，组成自然与建筑相融合的群体；神路设计由以长取胜，转向形势兼得，空间紧凑，视觉合宜的展开序列设计；陵寝建筑由追求高大、气势、转向强调组合、辅翼及细部装饰等方面的形式美学创意。应该说这些是时代的进步，是纪念建筑艺术上新的成就。

6）藏传佛教建筑。由于蒙藏民族的崇信，兴建了大批藏传佛教建筑。顺治二年开始建造的西藏拉萨布达拉宫（图4-43、图4-44），既是达赖喇嘛的宫殿，又是一所巨大的佛寺，这所依山而建

图4-39　清昭陵石刻须弥座

图4-40　清慕陵隆恩殿楠木井口天花

图4-41　清慕陵隆恩殿楠木雕刻雀替

图4-42　清慕陵隆恩殿楠木格扇裙板雕刻

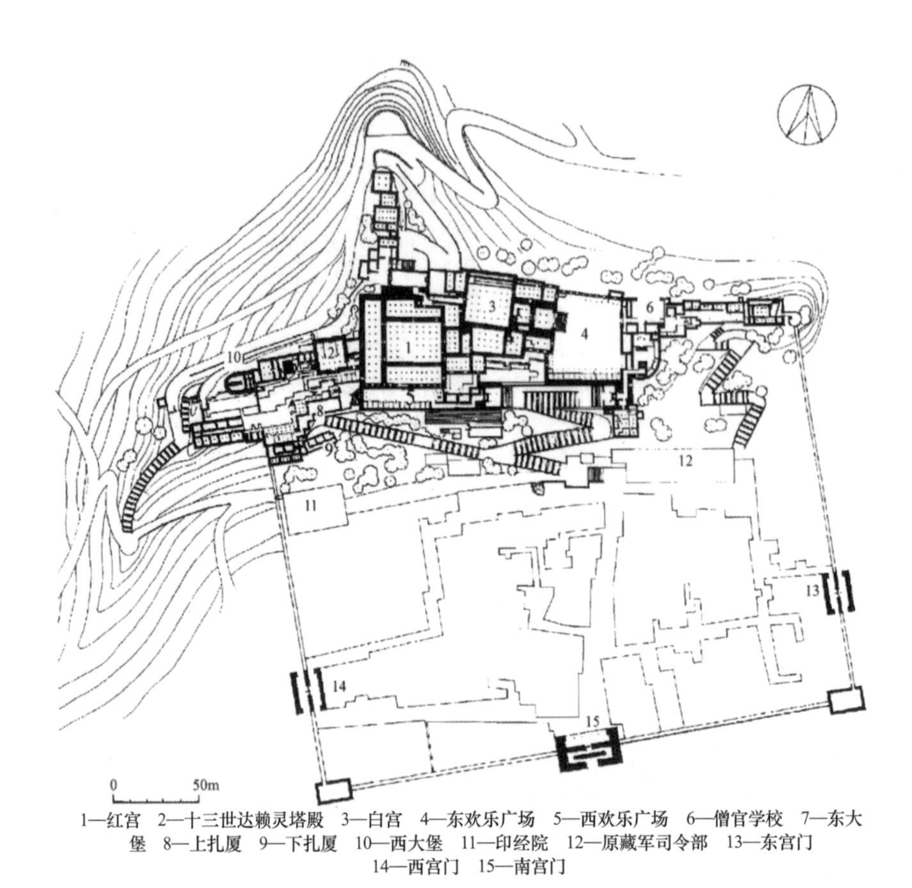

图 4-43 西藏拉萨布达拉宫总平面图

的高层建筑，表现了藏族工匠的非凡建筑才能。各地藏传佛教建筑的做法大体都采取平顶房与破订房相结合的办法，也就是藏族建筑与汉族建筑相结合的形式。康熙、乾隆两朝，还在承德避暑山庄东侧与北面山坡上建造了12座喇嘛庙，作为蒙、藏等少数民族贵族朝觐之用，俗称“外八庙”。这些佛寺造型多样，打破了我国佛寺传统的、单一的程式化处理，创造了丰富多彩的建筑形式。(图4-45)。

住宅建筑百花齐放、丰富多彩。由于清朝的版图大,境内少数民族居多,居住建筑类型特别丰富，遗物也最多。各地区各民族由于生活习惯、文化背景、建筑材料、构造方式、地理气候条件的不同，形成居住建筑的千变万化。在住宅建筑方面的历史经验是一份极为浩瀚的宝贵遗产，还需要进一步加以研究总结。

图4-44 西藏拉萨布达拉宫

简化单体设计，提高群体与装修设计水平。清朝官式建筑在明代定型化的基础上，用官方规范的形式固定下来。 雍正十二年颁布的《工程做法》一书，列举了27种单体建筑的大木做法，并对斗栱、装修、石作、瓦作、铜作、画作、雕銮作等做法和用工、用料都做了规定。有斗栱的大式木作一律以斗口为标准确定其他大木构件的尺寸。这对加快设计与施工进度及掌握工料都有很大帮助，而设计工作可集中精力于提高总体布置和装修大样的质量。在清代建筑群实例中可以看到，群体布置手法十分成熟，这是和设计工作专业化分不开的。清代宫廷建筑的设计和预算是由“样式房”和“算房”承担。由于苑囿、陵寝等皇室工程规模巨大、技术复杂，故设有多重机构进行管理，其中“样式房”与“算房”是负责改设和预算的基层单位。工程开始前，即挑选若干“样子匠”及“算手”分别进入上述两单位供役。在样式房供役时间最长的当推雷氏家族，人称“样式雷”。

建筑技艺仍有所创新。例如采用水湿压弯法，可使木料弯成弧形檩枋，供小型圆顶建筑使用；采用对接和包镶法较小较短的木料制成长大的木柱，供楼阁作通柱之用（其方法是用2根以上的圆木对接，外面再用若干长条木楞镶包起来，并用铁钉、铁箍固结，形成大直径的长柱）。这种的办法在清代普遍与成熟。乾隆年间从国外引进了玻璃，使门窗格子的式样发生了巨大变化，砖石建筑虽然没有突破性的发展，但北京钟楼和西藏布达拉宫等一批高水平的建筑，显示了清代砖石建筑的成就。

明、清是我国园林建筑艺术的集大成时期，此时期规模宏大的皇家园林多与离宫相结合，其总体布局有的是在自然山水的基础上加工改造，有的则是靠人工开凿兴建，其建筑宏伟浑厚、色彩丰富、豪华富丽。

明、清的园林艺术水平比以前有了提高，文学艺术成了园林艺术的组成部分，所建之园处处有画景，处处有画意。

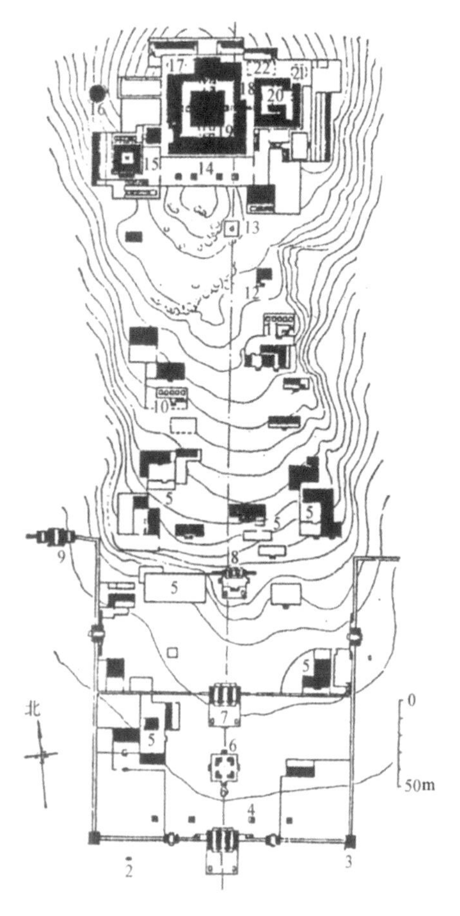

1—山门 2—下马碑 3—角楼 4—幡杆 5—白台
6—碑亭 7—五塔门 8—琉璃牌坊 9—三塔水门
10—四五塔台 11—东五塔台 12—钟楼 13—塔台
14—白台 15—千佛阁 16—圆台 17—慈航普渡
18—红台 19—万法归一 20—戏台
21—权衡三界 22—洛迦胜境

图4-45 河北承德普陀宗乘庙平面

⊙思考题

1. 举例说明文艺复兴时期建筑的主要特点。
2. 简述文艺复兴建筑及园林的地位和深远影响。
3. 比较文艺复兴式园林与17世纪新古典主义园林的异同。
4. 简述巴洛克建筑的代表作品及其风格。
5. 举例说明洛可可风格的室内装饰特点。
6. 元朝特有的社会机制使其建筑也不同于其他朝代，主要表现为哪几方面？
7. 元大都的布局与建设有哪些特点？
8. 中国古代建筑的主要方面都已在明代达到成熟的高峰，主要表现在哪些方面？
9. 清代紫禁城宫殿的主要发展变化有哪几点？

HISTORY OF
CHINESE AND FOREIGN
ENVIRONMENTAL ART DESIGN

second edition

中外环境艺术设计史

（第二版）

下篇

现代世界环境艺术设计

第5章　欧洲早期工业社会的环境艺术设计

第1节　复古思潮的环境艺术设计

18、19世纪以来，伴随着欧洲工业革命的开展，资本主义大工业生产的格局日益确立，巴洛克和洛可可的矫饰繁琐越来越不能满足新兴的生产方式和人们的审美需求。于是，崇高、典雅、单纯和有秩序感的古典精神再次复兴，这是继文艺复兴和17世纪法国新古典主义之后的古典文明的第三次复兴。当一种文化走向极致的时候，就会以复古的面目出现，同时也意味着新的思想革命的开始。人们受资本主义思想启蒙运动的影响，崇尚古代希腊、罗马文化。在建筑方面，古罗马的广场、凯旋门、纪功柱等纪念性建筑成为效法的榜样。古典复兴建筑体形单纯、独立、完整，细部处理朴实，形式合乎逻辑，纯装饰构件较少。采用古典复兴建筑风格的主要是国会、法院、银行、交易所、博物馆、剧院等公共建筑和一些纪念性建筑。在建筑环境领域，复古思潮主要表现为希腊复兴建筑、罗马复兴建筑和哥特复兴建筑。

一、希腊复兴建筑

希腊复兴建筑在英国占有重要的地位，最典型的是大不列颠博物馆，由罗伯特·斯梅克设计，博物馆的南立面布满柱廊，两侧有伸出的双翼，中部柱廊的前面采用的是爱奥尼亚柱式。

德国有众多希腊风格的建筑物，善于运用柱廊和旧柱式。德国希腊复兴的杰出代表是柏林歌剧院，1818年由辛克尔设计，1821年完工。歌剧院仿照古希腊的露天半圆剧场设计建造，观众席为五层包厢式，设有1821个座位，舞台也呈厢形。中央是观众厅和它的前厅，其立面装饰有山花，以此来造成轮廓的变化。柱廊的柱子为爱奥尼亚式，具有公共演出建筑的性质。

图5-1　美国国会大厦

图5-2　美国国会大厦

美国独立以后，力图摆脱建筑上模仿欧洲的“殖民时期风格”，希望借助于希腊、罗马的古典建筑来表现民主、自由、光荣和独立，因而古典复兴建筑在美国盛极一时。美国国会大厦（图5-1和图5-2）就是一个典型例子，它仿照巴黎万神庙，极力表现雄伟，强调纪念性。国会大厦是美国国会的办公大楼，坐落于美国首都华盛顿市中心一处海拔83英尺高的高地上，此地后被称为国会山。1793年，美国首任总统乔治·华盛顿亲自为它奠基，采用的是著名设计师威廉·桑顿的设计，于1800年落成并开始使用。1814年英美第二次战争时，英国军队曾将它付之一炬，1819年又重新修建直到1867年再次落成，之后又经不断修缮和扩建。用白色砂石和大理石建筑的国会大厦，中央穹顶和鼓座仿照万神庙的造型，穹顶采用了钢构架，因而外部轮廓线显得十分丰富，在中心大圆顶的上面，竖有一座19.5英尺高的青铜“自由雕像”，顶尖离地有百余英尺之高，成为华盛顿最引人注目的路标。这座长达751英尺，宽350英尺的大厦，正中是一个宽敞明亮的大厅，可容纳二三千人，大厅四周的墙壁和圆穹形的天花板上是巨幅油画和壁画，这些作品记述了美国独立战争和历史上的重大事件，另外还有林肯、杰斐逊等名人的石雕像，华盛顿总统的雕像居于最正中。根据美国宪法规定，首都华盛顿的建筑物都不得超过国会建筑的高度，所以国会大厦成为华盛顿的最高点。

二、罗马复兴建筑

18世纪中叶，庞贝古城的发掘和对古罗马文明的研究将罗马复兴建筑推向高潮。

英国罗马复兴建筑最典型的代表是英格兰银行（图5-3），由约翰·索恩设计。英格兰银行是伦敦城区最重要的机构和建筑物之一，它不仅是一个金融机构，而且是标志着权力从旧式贵族转移到新兴资产阶级手中的象征。该建筑的创新之处在于使用了铸铁和大量的玻璃，从而创造出多种新式的天窗和采光厅。

图5-3 英格兰银行

法国在18世纪末、19世纪初是古典复兴建筑活动的中心。法国巴黎的万神庙（图5-4）是将“希腊风”渗透到罗马式建筑中去的典范，由苏夫洛（J.G Soufflot）设计建造，建于1757年，建成于1789年。最早是祭祀巴黎守护者圣什内维埃芙的教堂，1791年成为重要国家人物的公墓，改名为万神庙。万神庙位于圣什内维埃芙山上，平面呈希腊十字形，长110m，宽84m。中央大穹顶下面由众多细柱支撑，穹顶内外共分三层，皆用石砌，内层直径20m，中央有圆洞，可以看到中间层上的粉彩画。中央穹顶的鼓座外围有一圈纤细的柱廊。除了中央穹顶，万神庙的四周也覆盖着扁平的穹顶，它们都以帆拱为支撑，穹顶四侧是筒形拱。万神庙外面是封闭的大片实体墙，檐部有连续的装饰浮雕，西面柱廊有六根高19m的科林斯式柱子，柱廊顶部为三角形山花，柱子下面是台阶。万神庙的结构设计非常大胆，支撑穹顶的四个墩子曾出现裂缝，后来采取了加大柱墩等补救措施。尽管存在缺点，但万神庙摆脱了神秘的宗教气氛，以世俗的姿态体现出资产阶级启蒙运动对理性主义的追求，是启蒙运动的纪念碑。

图5-4 法国万神庙

法国的罗马复兴式建筑，主要用来为拿破仑政权歌功颂德，所以也被称为“帝国风格”，代表作是军功庙和雄师凯旋门（图5-5）等。

雄师凯旋门是众多罗马风格的凯旋门中最负盛名的，位于巴黎香榭丽舍大街西端的戴高乐广场上，又名明星广场凯旋门，是为纪念1806年奥斯特利茨战役法军战胜俄奥联军而建。由查尔格林和布洛埃设计，1836年建成。雄师凯旋门是香榭丽舍大街的门户，采用了方形构图，由檐部、墙身、基座三部分组成，造型单纯。凯旋门高48.8m，宽44.5m，厚22.2m，四面各有一门，中心券门高36.6m，宽14.6m，门内设有电梯，可直达50m高的拱门，另外有273级螺旋形石阶。凯旋门顶部是一个博物馆，里面陈列着有关拿破仑生平事迹的图片。凯旋门外墙的北面和正面雕刻着吕德设计制作的《马赛曲》组雕，凯旋门的内壁上刻着拿破仑96个胜利战役的浮雕，气势恢宏，斗志昂扬。凯旋门的正下方是1920年11月建的无名烈士墓，埋葬着在第一次世界大战期间牺牲的无名烈士，庄严雄伟的凯旋门已成为法国不可或缺的标志性建筑。

图5-5　法国雄师凯旋门1836年

三、浪漫主义建筑与园林

1. 浪漫主义建筑

浪漫主义建筑是18世纪下半叶到19世纪下半叶，欧美一些国家在文学艺术中的浪漫主义思潮影响下流行的一种建筑风格。因为浪漫主义建筑倡导哥特式风格，所以又称为“哥特复兴建筑”。浪漫主义建筑强调个性，提倡自然主义，主张用中世纪的艺术风格与学院派的古典主义艺术相抗衡。浪漫主义建筑主要限于教堂、大学、市政厅等中世纪就存在建筑类型，它在各个国家的发展不尽相同。

图5-6　英国议会大厦

英国是浪漫主义建筑的发源地，最著名的建筑作品是英国议会大厦(图5-6)，1836年由查尔斯·巴利设计建造，最终由奥古斯都·普金完成。整个建筑采用亨利五世时期的哥特垂直式，象征着他曾经征服法国的民族自豪感。外形上突出了很多尖塔和塔楼，这种高耸的形式给人一种蓬勃向上的印象，而大面积宽敞的立面又突出了权力稳定而集中的感觉。

19世纪上半叶，法国兴起了对中世纪哥特式建筑的研究与保护。1795年著名学者、古物收藏家勒努瓦创建了法兰西文物博物馆，收藏和整理从大革命时期的建筑废墟中挽救出来的中世纪建筑、雕刻与彩色玻璃画的残片。1837年，法国成立了历史文物委员会，由考古学家、学者和建筑师组成，负责对历史建筑进行分类，并监管修复古建筑。

2. 浪漫主义园林

浪漫主义园林在18世纪得到了很大的发展，浪漫主义反对精雕细琢，追求自然的粗犷率意，加上欧洲传教士带回的中国造园艺术的影响，使得封闭的“城堡园林”和规整严谨的“勒·诺特式园林”逐渐被人们所厌弃，而促使他们去探索另一种近乎自然、返璞归真的新园林风格。浪漫主义园林的代表是英国风景式园林，英伦三岛多起伏的丘陵，如茵的草地、森林、树丛与丘陵地貌相结合，构成了英国天然风致的特殊景观。

与古典主义的园林完全相反，浪漫主义英国风景园崇尚自然，否定了纹样植坛、笔直的林荫道、方正的水池、整形的树木，摒弃了一切几何形状和对称均齐的布局，代之以弯曲的道路、自然式的树丛和草地、蜿蜒的河流，注重与园外的自然环境相融合。为了在景观上把园林与自然连成一片，彻底消除园内、外景观的界限，英国人用干沟代替围墙作园林的边界，或者把园墙修筑在深沟之中——即所谓“沉墙”。这是造园艺术的一个转折点，它颠覆了古典主义园林所倡导的花园是建筑与自然之间的过渡部分这一基本观念。

英国风景园的特点是以发挥和表现自然美为出发点，注重“画意”。园林中有自然的水池，略有起伏的大片草地，在草地之中的孤树、树丛、树群均可成为园林的一景，注意树的外形与建筑形象的配合衬托以及虚实、色彩、明暗的比例关系。英国风景园在植物种植丰富的条件下，运用了对自然地理、植物生态群落的研究成果，创建了各种不同的人类自然环境，后来发展了以某一风景为主题的专类园，如岩石园、高山植物园、水景园、沼泽园以及以某类植物为主题的蔷薇园、百合园等，这种专类园对自然风景有高度的艺术表现力。对人工痕迹和园林界墙，风景园均以自然式隐蔽处理。善于运用风景透视线，采用“对景”和“借景”的手法，使景致不规则，产生掩映、多变的审美效果。为了渲染悲凉的气氛，在浪漫主义园林中故意设置废墟、残碑、断墙、朽桥、枯树，并且建造一些中国式建筑和哥特式小建筑物，营造出敏感和轻愁的情绪。

风景园与天然风致相结合，突出自然景观方面有其独特的成就。但物极必反，却又逐渐走向另一个极端，即完全以自然风景或者风景画作为抄袭的蓝本，以至于经营园林虽然耗费了大量的人力和资金，而所得到的效果与原始的天然景致并没有什么区别，这种情况也引起了人们的反感。因此，英国风景园在19世纪以后减趋衰落。

第2节 折中主义的环境艺术设计

19世纪，交通的便利，考古学的进展，出版事业的发达，加上摄影技术的发明，都有助于人们认识和掌握以往各个时代和各个地区的建筑遗产。随着社会的发展，需要有丰富多样的建筑式样来满足各种不同的要求。折中主义建筑兴起于19世纪上半叶，19世纪末至20世纪初在欧美一些国家盛行。折中主义建筑师任意模仿历史上的各种建筑风格，或自由组合各种建筑形式，他们不讲求固定的法则，只讲求比例均衡，注重纯形式美，这种建筑风格也被称为“集仿主义”。于是出现了希腊、罗马、拜占庭、哥特、文艺复兴、巴洛克、洛可可和东方情调的多种风格的建筑在同一城市中纷然杂陈的局面。

折中主义建筑在19世纪中叶以法国最为典型，其代表作是巴黎歌剧院（图5-7），设计师是查尔斯·戛涅，于1861年开始兴建，由于普法战争和巴黎公社起义，1874年才落成。巴黎歌剧院是法兰西第一帝国的重要建筑物，也是拿破仑第三时代奥斯曼改建巴黎的规划中的据点之一。从外观上看，主建筑上面有一个半圆形的穹顶，顶上是一个王冠似的实体，穹顶四角各有一个塑像。歌剧院内部由三角形山墙、观众厅上的王冠形穹顶和正立面的柱廊组成构图上的三个层次。门厅和休息室具有洛可可风格的富丽堂皇，门廊上有精美的雕刻和饰品，休息室内部用大理石铺就，以金色为主导，房顶和墙面饰以鲜艳的壁画；楼梯厅设有三折楼梯，用白色大理石建造，空间分配合理、构图饱满；舞台开阔，高33m，宽32m，纵深27m，台面略向观众厅倾斜，高出观众厅0.95m，舞台上设有升降台等设备，后台有专门的坡道供送布景的车辆直达院内，还有演员的化妆室和浴室；观众厅奢华而有序，平面为马蹄形多层包厢，

图5-7 法国巴黎歌剧院

这样演出效果和视觉效果都能保证最佳，顶部呈皇冠形，2150个座位分布在池座和周围四层包厢里。这座金碧辉煌的歌剧院显示了贵族和资产阶级的豪华和奢侈。

折中主义建筑风格对欧美各国建筑有很大影响，罗马的伊曼纽尔二世纪念建筑，是为纪念意大利重新统一而建造的，它采用了罗马的科林斯柱廊和希腊古典晚期的祭坛形制。芝加哥的哥伦比亚博览会建筑则是模仿意大利文艺复兴时期威尼斯建筑的风格。

第3节　工艺美术运动时期的环境艺术设计

一、工艺和美学思想的变革

19世纪中叶，随着第一次工业革命在欧洲主要国家相继完成，科学技术的发展和新的美学思想对传统手工艺形成了巨大的冲击。科技进步带动了材料的变革，首先是钢铁作为建筑承重构件的使用，这种新材料与传统的木材和石材相比具有体积小、强度大和经济实惠的优点。从1775年英格兰建造的塞文河铁桥开始，生铁被广泛应用于屋顶、柱子和建筑框架，1785年发明熟铁，它较之生铁具有更强的张力和可塑性，后来又出现了钢，钢具有前者的优点，同时又提高了防腐蚀性能和坚固性。这样就使大量应用钢框架建筑成为可能。19世纪40年代，平板玻璃开始工厂化生产，自50年代以后得到推广应用。传统手工制作的砖改为机制，不断发展出各种图案、形状和花色。电灯、电梯的发明和蒸汽供热、机械通风技术的采用，这一切都为工业时代的建筑革命提供了技术上的条件。

所谓“工艺美术运动”是针对工业革命后艺术设计之粗陋，而力图通过复兴传统手工艺，加强艺术与设计之间的紧密联系，来探索新的社会背景下艺术设计发展道路的一场改良运动。并重视自然材料的美感，以改革传统的艺术形式。虽然该运动主要局限于手工艺设计领域，而且具有反对机械化大生产和提倡中世纪哥特式复兴的不足，带有一定的乌托邦色彩，但它毕竟是现代设计史上第一次大规模的设计改良运动。从这个意义上说，它标志着现代艺术设计的开端。

1.约翰·拉斯金的思想

他主张艺术与技术的结合，认为应将现实观察融入设计当中，并提出设计的实用性目的。他的设计理论具有强烈的民主和社会主义色彩，也有许多自相矛盾之处：既强调为大众，又主张从自然和哥特风格中找寻出路；既包含社会主义色彩，又包含对大工业化的不安。他的实用主义思想与以后的功能主义有很大区别，但他的倡导对当时设计师提供了重要的思想依据，莫里斯等人也深受其思想影响。

2.威廉·莫里斯的思想

主张从更广泛、更深刻的社会与伦理的角度去审视设计问题。他强调设计的服务对象为大众，希望振兴工艺美术的传统。他反复强调设计的两个基本原则：① 产品设计和建筑设计是为千千万万的人服务，而不是为少数人的活动；② 设计工作必须是集体的活动，而不是个体劳动。这两个原则在后来的现代主义设计中发扬光大。他开设了世界上第一家设计事务所，其设计的产品采取哥特式和自然主义风格相结合，强调实用性和美观性结合，具有鲜明的特征。他主张艺术家与手工艺人之间合作，认为艺术的主体部分应该是实用艺术，反对在观赏性的“高等艺术”与实用性的“次等艺术”间强调分高下；其次，他重视传统手工艺的挖掘整理和发扬光大，力图通过手工艺的复兴来消除工业生产所造成的设计与制作相分离的弊端，最后，他反对机器生产的滥用和工业化对人性的扼杀，希望通过设计的改革，美的教化，实现社会主义的宏大理想，而对工业社会的不满，又导致了他对中世纪的迷恋，对哥特式风格的过度崇拜。

作为一名优秀的设计师与装饰艺术家，他的设计开一代新风，作为一名思想深邃、眼光独到、立意高远的思想家、理论家，他关于艺术与手工艺的主张影响了几代人，不仅直接促成了英国工艺美术运动高潮的到来，而且还影响到欧洲大陆以及北美地区的新艺术运动。进入20世纪后，无论是德国的“包豪斯”，还是北欧的“早期现代主义”设计思潮，都或多或少、或直接或间接地受到了莫里斯思想的启发。20世纪六七十年代之后，随着西方社会工业化的转型，莫里斯的学说因其对文化与人性的重视，而再次受到了设计理论界的垂青。

二、英国的环境艺术设计

1. 水晶宫

1851年，由维多利亚女王和她的丈夫阿尔伯特公爵发起，在伦敦举办了世界上第一届工业产品博览会（The Great Exhibition），主展馆规模宏大，要求在一年内建成，博览会结束后还要便于拆除。展览的主办者收到了世界各国的245份设计图样，但是由于审议者意见分歧很大，居然没有一个设计可以满足要求，传统建筑形式遇到了严峻的挑战。一直拖延至博览会开幕前的九个月，此时已经时间紧迫，常规的建筑方案根本无法实现。在这种情况下，由皇家园艺总监约瑟夫·派克斯顿（Joseph Paxston）提出的救急方案应运而生，派克斯顿凭借建造花房温室的经验，并且参照桥梁构架的形式，用钢铁做骨架支撑，用平板玻璃作墙组装起来，形成透明的大厅，公众送给它一个诗意的名字——水晶宫（图5-8和图5-9）。

图5-8 英国水晶宫（一）

图5-9 英国水晶宫（二）

水晶宫代表了工业革命以来材料与技术的新成果，将工业化大生产的方式第一次成功地应用于建筑业，具有成本低、工期短、批量化、可拆装的优点。作为展览建筑，它满足了大量的展品陈列空间、通风和采光的需要。水晶宫外观是一个阶梯形的长方体，中央有一个垂直的拱顶，制高点距地面66英尺，正立面宽456英尺，建筑物长度为1851英尺，象征1851年建造，建筑面积达7.2 万m^2。水晶宫由一系列细长的铁柱连接起来的网状结构作为支撑，墙壁是尺寸和形状规整的玻璃，没有任何多余的装饰。建立在模数（7.2m）的基础上，所有构件都暴露在外，室内外都运用了装饰性的木结构，室内色彩由鲜艳的红黄蓝三原色组成，中间间以白色。

虽然水晶宫在实际应用时存在像花房一样的温室效应，给人们带来诸多不便，但是它打破了人们对建筑的传统认识：在材料方面，全新的钢铁和玻璃取代了传统的砖石、土木；在施工方面，铆合、螺钉紧固等工业方法取代了传统的木架梁和砖石叠砌。新材料的大胆应用、造价和时间的节省、新奇简洁的造型——水晶宫的这些特点后来都变成了现代建筑的核心。从某种意义上说，水晶宫开启了建筑的新思路，成为与传统建筑模式决裂的里程碑，它把建筑引领至机器工业的方向，使大批量建造短时高效的建筑成为可能。

2. 红屋

威廉·莫里斯在牛津大学建筑系毕业后，与他的同学菲列普·韦柏合作成立了“莫里斯——韦柏事务所”。1859年，他们共同设计建造了莫里斯位于肯特郡贝克利村的住宅，并将其命名为“红屋”（图5-10）。莫里斯用中世纪的乡村浪漫主义来抗衡机器生产带来的压迫感和维多利亚的矫饰。红屋采用不对称布局，平面根据需要布置成L型，外墙采用本地产的红砖建造，不加粉饰体现材料本身的质感和美感，砖瓦的红色和爬到墙上的藤蔓、房前种植的花草、篱笆的各种色彩相映成趣，“红屋”的名称由此而来。红屋的设计采用了大量哥特式的手法：比如塔楼、屋顶和窗户保留了哥特式尖耸的风格，室内从墙纸到地毯，从餐具到灯具、家具都显现出浓重的哥特风格。风格上趋向于简朴、宁静，具有浓郁的田园气息。室内空间布局合理，通风采光良好，结构构件大胆外露，家具、灯具、壁纸、地毯、窗帘和各种摆设都是莫里斯自己设计并且组织生产的，室内设计舒适而美观，这充分体现了莫里斯的格言：“不要在你家里放任何一件虽然有用，但并不美的东西”。红屋的成功之处在于它将建筑设计、室内设计和环境设计三者有机结合，使房屋和环境成为和谐统一的整体，一派生机盎然。

图5-10　英国红屋

三、美国的工艺美术运动

19世纪末工艺美术运动开始波及美国。美国的工艺美术运动主要代表有弗兰克·赖特、斯提格利、格林兄弟等，他们的设计宗旨和英国工艺美术运动相似，但较少强调中世纪或者哥特风格特征，更加讲究设计装饰上的典雅，明显受到东方风格的影响。美国的东方影响主要存在于结构上。格林兄弟的设计带有明显日本与中国明清家具的特点，斯提格利和格林兄弟的设计相似，但主张功能与装饰的结合，更为精致。赖特这一时期的作品也带有明显的中日传统的影响，更重视纵横线条造成的装饰效果，而不拘泥于东方设计细节的发展。

四、工艺美术运动对斯堪的纳维亚国家的影响

斯堪的纳维亚五个国家，拥有悠久的手工艺传统，特别是木家具和室内设计具有杰出的水平。英国工艺美术运动明确反对交揉造作的维多利亚风格，反对繁琐装饰，都与斯堪的纳维亚的设计传统观念非常接近，何况这个地区有很丰富的歌德传统，因此，在英国的影响下，这几个国家中的瑞典，芬兰，丹麦和挪威都出现了类似的设计活动。

第4节　新艺术运动时期的环境艺术设计

新艺术运动开始于19世纪80年代，在1892年至1902年达到顶峰。新艺术起源于法国，名字源于萨穆尔·宾在巴黎开设的一间名为“现代之家”的商店，但在欧洲其他国家却有着不同的称谓，如德国的新艺术运动被称为“青年风格”，在奥地利以“维也纳分离派”著称，在意大利新艺术运

动则被称为“自由风格”。新艺术运动以手工对抗机器，以艺术对抗工业，崇尚手工制作的独特个性和精致细腻，崇尚自然清新的风格，反对大批量工业产品的粗陋和低格调，成为20世纪现代主义艺术与设计的前奏。

新艺术运动的主要风格特征是：源于自然的造型是艺术家们的主题，而自然中蜿蜒的曲线成为新艺术运动的主要标志。他们赋予自然形式一种有机的象征情调，以运动感的线条作为形式美的基础，充满有活力的形和流动的线条。新艺术运动主张运用高度程式化的自然元素，例如：海藻、草蔓、昆虫、火焰和贝壳，并将其加以提炼和抽象化，在风格上强调装饰性、象征性，在平面设计的完美性方面达到了一个新的高度。新艺术运动在建筑和装饰中大量使用锻铁和玻璃压花等新材料，使建筑具有精雕细琢般的品质并且具有高度的表现力。新艺术运动发展的最高峰是1900年在巴黎举行的世界博览会，但因其对抗工业和机器生产，在工业革命的大环境下注定难以长期生存，因此仅持续了30年的时间。

一、比利时的环境艺术设计

比利时是新艺术运动的发源地，其最具代表性的建筑师是维克多·霍尔塔（Victor Horata）。霍尔塔于1876至1881年在布鲁塞尔美术学院学习，是古典建筑师巴拉的学生，同时对浪漫主义建筑师维奥列丢（Viollet Leduc）的结构理论深感兴趣，善于把中世纪建筑、巴洛克和洛可可建筑中强调线条在空间中流动的观点运用于建筑设计之中。霍尔塔的设计以曲线为主，很好地平衡了功能与装饰的关系，他也是最早把钢铁与玻璃引入住宅装饰的设计师之一。他在建筑和室内装饰设计中喜欢用藤蔓般相互缠绕和螺旋扭曲的线条，被称作“比利时线条”或“鞭线”（图5-11塔塞尔饭店一层楼梯间）。霍尔塔的代表作是1893年设计的布鲁塞尔人民宫（比利时社会党总部）（图5-12），该建筑正面采取弧面结构，墙面全部是在钢铁构架上组成的玻璃幕墙，这一设计在当时是大胆的创造。当地的乡土砖石风格被精彩地应用，霍尔塔运用铁的张力感和石的重量感之间的对话，将砖石、铁和玻璃调节并成型，使它们能互相容纳、相得益彰。在外部，这种构造是由一个复杂的立面表现以及适应于在斜坡场地上凹形平面形式所构成的；在内部，在所有主要空间的办公室、会议室和食堂中，利用裸露的钢框架体现了一种戏剧性的有高度流动感的表现力。这种内外一致但又新奇的石、铁、玻璃的组合是霍尔塔影响最为深远的成就。

图5-11　比利时塔塞尔饭店一层楼梯间霍尔塔设计

图5-12　布鲁塞尔人民宫

凡·德·维尔德也是比利时新艺术风格杰出的设计家，他的设计理论和实践都使他成为现代设计史的重要奠基人。他在比利时时期主要从事新艺术风格的家具、室内设计。提出设计中功能第一的原则，主张艺术与技术结合，反对漠视功能的纯装饰主义和纯艺术主义。维尔德在德国时期，创立了魏玛工艺美术学校，还参与现代设计运动，是工业同盟的创始人之一。此间他提出达到工业与艺术结合的最高目标的三点原则：设计结构合理；材料运用准确；工作程序明晰，这些思想对德国设计影响深远。

二、法国的环境艺术设计

作为“新艺术”发源地的法国，形成了两个中心：一是首都巴黎，另一个是南斯市（Nancy）。其中巴黎的设计范围包括家具、建筑、室内、公共设施装饰、海报及其他平面设计，而南斯的新艺术运动则集中在家具设计上。法国“新艺术”运动的经典建筑作品是埃菲尔铁塔（图5-13），是法国政府为了显示法国革命以来的成就而建造的。

图5-13　法国埃菲尔铁塔

埃菲尔铁塔的设计者是斯塔夫·埃菲尔（Guistave Eiffel），他的设计在700多个建筑方案中脱颖而出。铁塔坐落于塞纳河畔的战神广场上，铁塔于1887年至1889年历时17个月建成，耗资100多万美元。铁塔的材料全部用钢材，共用巨型梁架1500多根、铆钉250万个，总重量达8000吨，由4根与地面成75度角的巨大支撑足支持着高耸的塔体，呈抛物线形直插云端。塔高320m，是巴黎最高的建筑物。全塔分三层，每层都有供远眺的高栏平台，第一层高57m，由四座墩柱支撑，下面有面向四方的四座大拱门，第二层离地面115m，第三层离地面276m，上面是天线。铁塔的内部有供攀爬的1710级阶梯，还设有四部水力升降机，可以到达塔顶，俯瞰巴黎全景。埃菲尔铁塔牢牢地固定在它的四根拱式的腿上，它坚固、宏大、强劲有力，成为1889年巴黎世界博览会的标志，它对未来的结构和装饰艺术产生了巨大的影响，预示着钢铁时代和新设计时代的来临。这座铁塔成为巴黎新的象征，也成为世界上最令人向往的纪念碑。

法国“新艺术”运动时期，出现了三个有影响的设计组织——新艺术之家、现代之家和六人集团，而且涌现了一批著名的设计家。

爱米勒·加雷是南斯派的创始人，他在设计艺术方面的成就主要表现在玻璃制品和家具设计上。加雷大胆探索新材料及与之相应的各种装饰，形成了一系列流畅和不对称的造型，以及精致的色彩绚烂的表面装饰。他在玻璃设计中显示了对圆形的偏爱，对线条运用的娴熟技能和对花卉图案处理的高超技能。他在家具方面最有名的设计是1904年设计的“睡蝶床”，蝴蝶的身体和翅膀使用了玻璃和珍珠母，表现肌肤的纤薄和透明，黑白交错的木纹则巧妙地再现了翅翼的斑纹。

路易·马若雷尔是南斯派的另一位代表人物，他的家具设计享有盛名。路易·马若雷尔的作品融合了异国和传统的成分，包括新洛可可图案、日本风格和有机体形状，以及受自然启发的形状和装饰。其作品的构造和装饰表现了流畅的节奏，圆形轮廓和倾斜线条赋予作品雕塑感。在他的设计中，功能从属装饰的特点十分明显，多采用昂贵的木材与金属装饰相结合。由于马若雷尔在家具设计方面成就卓著，所以有“马若雷尔式”家具的美称。

埃克多·基马的作品，则体现了法国新艺术建筑的成就。他最重要的设计是受巴黎市政府委托为巴黎地铁设计的100多个入口（图5-14），这些建筑基本上是采用青铜和其他金属铸造成的。他充分发挥了自然主义的特点，模仿动植物的结构来设计，这些入口的顶棚和栏杆都模仿植物的形状，特别是扭曲的树木枝干，缠绕的藤蔓，顶棚采用贝壳的形状来处理，雕花大门、精美的柱形栏杆、铃兰状灯具构成了一幅和谐的有机体和抽象形状混合的景观。

图5-14 法国巴黎地铁入口，埃克多·基马设计

三、西班牙的环境艺术设计

西班牙的新艺术运动呈现出强烈的表现主义色彩，其代表人物是安东尼·高迪（Andonni Gaudi），他是一位充满幻想的浪漫主义大师。高迪在他的故乡巴塞罗那设计并主持修建了圣家族教堂和米拉公寓。

1.圣家族教堂

圣家族教堂（图5-15）始建于1883年，是世界上造型最怪异的教堂之一，教堂原址是个小教堂，经高迪设计扩建成长90米、宽60米的大教堂。高迪首先研究了教堂与城市总体规划的关系。为了突出教堂在城市中的标志性地位，根据景观需要，高迪建议在教堂四周保留相应的空地，形成四星状的广场，以获得最好的视觉艺术效果，又尽量少占城市用地。从1883年至1893年高迪主要在原有平面上修改，不做太大变动。从1891年至20世纪初，由于米拉公寓、古埃尔公园建成的成功，高迪开始大胆修改教堂设计。高迪将教堂的三个立面分别以隐喻的手法象征耶稣一生的三个阶段：诞生、受难与复活，并将教堂原有的方塔改为圆塔，数量增加到18个，分别代表耶稣的12个信徒、4个传教士和圣母玛利亚，而中央最高的一个塔尖象征着耶稣本人。高迪通过隐喻和装饰把教堂的纪念性推到顶峰。

图5-15 西班牙圣家族教堂，高迪设计

在造型上，高迪的构思如同富有变化的乐曲，彻底地突破了传统的线、面、体构造方式，大量采用曲线、曲体，从形体和雕塑性上赋予建筑新生命；突破了传统的对称、和谐、稳定性的设计原则，在更大的规模上追求非对称、冲突性和动势感，使建筑因之获得了灵性与生机，又使设计者获得表现个性的充分的自由；怪异的美学表现，使传统的建筑形式充满了戏剧性，也更加使其内在化和心灵化。

高迪建筑中最独到的部分，就是大量采用对自然界动、植物、海洋、洞穴等自然形态的模仿。高迪确实已经找到了一种将宗教和科学、神圣和世俗相融合的方法。虽然高迪的灵感来自生物和自然界的形态，但是他所有的作品都暗含了严格的公式、计算，将艺术与技术完美结合。在那个没有计算机的时代，高迪用绳子和铁链来创造他所需要的拱门的形状与承重，那些模型和示意图告诉我们，这不仅仅是想象，也不仅仅是灵光乍现，更重要的是精密的计算。地面上的镜子，可以映射出悬挂着的铁链的倒影。那些交错的铁链、悬挂的坠物看起来交错复杂，但在镜中成像后，它就是一个恢宏的教堂屋顶模型。高迪为教堂圣殿设计了三个宏伟的正门，每个门的上方安置四座尖塔，共计十二座塔，代表耶稣的十二个门徒。四座塔又共同簇拥着一个中心尖塔，象征四位福音传教士和基督本身。但是1926年高迪不幸死于车祸，教堂的建造被迫中断，只建了一个门即圣诞门和八个尖塔连在一起。

1939年西班牙内战结束以后，西班牙建筑学界和天主教会就教堂是否续建展开了一场大争论。一种观点认为，应该让圣家族教堂完整地保留当时高迪的建筑面貌，而不再续建；另一种观点认为高迪设计的整个教堂的建筑模型尚在，后人应该完成大师的遗作。最后投票表决圣家族教堂得以续建。至今这座大教堂尚未竣工，因为高迪的风格太独特、工艺要求太高，从而建筑难度也太大，因此，圣家族教堂就成为正在建造中的世界文化遗产。

2.米拉公寓

米拉公寓（图5-16）是高迪最著名的建筑之一，也是新艺术运动有机形态、曲线风格发展到极端的代表。米拉公寓建于1905至1910年间，是高迪专门为实业家佩德罗米拉设计的一座高级住宅楼。米拉公寓位于西班牙巴塞罗那帕塞奥德格拉希亚大街的街道拐角，地面以上共六层，整个建筑墙面凹凸不平，屋檐和屋脊高低错落，外形宛如水平向的波浪曲线，富有动感。公寓的阳台栏杆由扭曲缠绕的铁条和铁板构成，这种阳台是由高迪的工作室自己铸造的，如同一簇簇自然生长的形态各异的植物，其质感与墙体形成强烈的对比。公寓屋顶上有六个大的尖顶和若干小的突出物，其造型各异，令人浮想联翩，实质上这是通风管道和烟囱。整个建筑内部是钢结构，外部附以重型石材，巨大的石块被费力地加工，造成了一种被时间腐蚀的岩面的感觉。米拉公寓里的墙面和楼梯、空间过渡均以圆形处理，所以普通的家具难以安置其中，高迪专门为米拉公寓设计了同类风格的家具，橱柜、沙发、桌椅、茶几等都采用了不规则的曲线造型。米拉公寓与周围的环境相映成趣，既像一座现代雕塑，又像一个浪漫的童话世界。在这里，高迪为观众虚构了一场充满了原始野性的压力与受力交互冲突的戏剧。这就是为什么高迪的建筑虽然不能说一定很美，却总有一种激动人心的力量的原因。

高迪是一个在建筑设计中另辟蹊径的人，他以浪漫主义的幻想极力使塑性艺术渗透到三度空间的建筑中去，他克服了施工的种种困难，使不可能成为可能。高迪的设计与功能主义倡导的简洁、大批量生产背道而驰，直到第二次世界大战后，随着表现主义思潮的兴起，建筑界才出现了反功能主义的“有机建筑”，高迪以其前瞻性被勒柯布西耶评价为“后现代主义的先驱”。

图5-16　西班牙米拉公寓

四、英国的环境艺术设计

英国的新艺术风格的代表是以苏格兰格拉斯哥市的青年设计家、建筑师查尔斯·马金托什（Charles Rennie Mackintosh，1868—1928年）为首的“格拉斯哥四人组”，这个设计组的探索，取得了国际性的公认。

马金托什的设计具有鲜明的特点，他擅长采用简单的几何图形，特别是纵横的直线为基本结构，利用简单的黑白色彩为中心，走出一条独特的设计之路。马金托什建筑设计的代表作是格拉斯哥艺术学院的校舍（图5-17），该建筑建于1897年到1909年，外形为简洁的长方体，立面开大玻璃窗，采用横楣和直棂，强调水平

图5-17　格拉斯哥艺术学院的校舍

线和垂直线，窗外的铁钩、阳台和院墙上的铁栅栏既有使用功能，又起到装饰的作用。入口偏离建筑的中心，在规整的秩序中增添了不对称美。墙体为黄褐色，银色的铁钩、白色的门牌和黑色的栅栏是画龙点睛之笔，整个建筑色彩稳重大方。马金托什的设计既体现了新艺术运动的风格，也包含了现代主义的特点，同时更具有他个人的特征，是二十世纪的经典之作。他最著名的作品是一套系列家具，特别是具有高靠背的椅子，椭圆形靠背具有夸张的高度，整体的直线形出人意料的与椭圆形融合在一起，设计者的主观意识已经超越设计本身成为主题，这件作品是新艺术运动反传统的经典作品之一。他的室内设计，特别是晚期设计的杨柳茶屋（the Room de Luxe，Willow tea Room），以它典雅的家具、灯具、彩色镶嵌玻璃窗户闻名于世。马金托什的风格不是突然产生的，他是英国设计运动和欧洲大陆设计运动的发展成果之一。他上承英国工艺美术运动，另外还受到欧洲新艺术运动，特别是被视为现代主义前奏的一些人物，如维也纳的分离派运动、美国的弗兰克·赖特、格林兄弟等等的影响。马金托什正视机械化的形式，采用接近现代风格的简单几何形态和黑白色，为设计的进一步发展开拓了一种积极的可能性。他是工艺美术时期与现代主义时期的一个重要的衔接式的人物，在设计史上具有承上启下的作用和意义。

五、其他国家的新艺术运动

1.德国的青年风格运动

德国的新艺术运动是以“青年风格”来称谓的，艺术家、建筑家以《青年》杂志为中心，希望通过手工艺的传统恢复来挽救颓败的当代设计，思想上也受拉斯金等人的影响。初始带有明显的自然主义色彩，但于1897年后逐渐摆脱以曲线装饰为中心的法国等新艺术运动主流，开始从简单的几何造型和直线的运用上找寻新的形式发展方向。

德国“青年风格”运动最重要的设计家是彼得·贝伦斯（Peter Behrens，1565—1940年）。贝伦斯是德国现代设计的奠基人，被视为德国现代设计之父。他早期的设计受到“新艺术”风格影响，有类似于奥地利“分离派”的探索性设计阶段。

1901年，贝伦斯设计了自己的住宅，其中包含了不少类似维也纳分离派设计特点的地方，他在1900年的国际博览会中展出了这个设计，称为贝伦斯住宅（the HauS Behrens）。他的功能主义倾向和明显地倾向采用简单几何形状方式，都表明他开始有意识地摆脱当时流行的“新艺术”风格，朝现代主义的功能主义方向发展。他在这个时期设计的众多建筑之中，最具有这个发展特点是他在1909年为德国电器集团（AEG）设计的厂房建筑（图5-18）。这座建筑基本完全摈弃传统的大型建筑结构，采用钢铁和混凝土为基本建筑材料，结构上也开始朝幕墙方式发展，是日后现代主义的幕墙式建筑的最早模式。

2.维也纳分离派

维也纳分离派（Wiener Sezession）成立于1897年，其成员包括建筑家、手工艺设计家和画家，他们提出与正宗的学院派分离，所以自称分离派，分离派的口号是“为时代的艺术，为艺术的自由”。他们在形式方面的探索和德国青年风格近似，成为一股新的设计运动力量。分离派的设计特征是：功能主义与有机形态的结合，几何形与有机形态的结合。维也纳分离派的设计风格颇为大胆独特，虽然有许多取材于绘画或自然题材的装饰，但往往采用一种抽象的表现形式，体量简洁，线条和几何造型

图5-18 德国电器集团（AEG）厂房

连续而有力，与新艺术风格所追求的自然主义有机形态相去甚远。其代表人物主要有：建筑家瓦格纳、霍夫曼（Josef Hoffman）、奥布里奇（Joseph Oblrich）、莫塞（Koloman Moser）和画家克里姆特（Gustav Klimt）。瓦格纳是现代建筑的先驱之一。他提出了建筑设计应为人的现代生活服务，以促进交流，提供方便的功能为目的，而不是模拟过往的方式和风格。瓦格纳认为现代建筑设计的核心部分是交通或者交流系统设计。他的这个理论的立足点，是认为建筑是人类居住、工作和沟通的场所，而不仅仅是一个空洞的环绕空间。建筑应该具有为这种交流、沟通、交通为中心的设计考虑，以促进交流、提供方便的功能为目的，装饰也应该为此服务。瓦格纳设计的建筑迈奥里卡住宅就体现了这种“功能第一，装饰第二”的设计原则，并且开始摈弃正宗“新艺术”风格的自然主义曲线，采用了简单的几何形态，以少数曲线点缀达到装饰效果。这个设计令当时的设计界耳目一新。瓦格纳在这个时期设计了不少类似的建筑，影响广泛，通过不断的设计实践，他逐步发展自己的设计思想，设计渐臻于成熟。瓦格纳1897年设计的维也纳分离派总部是分离派风格集大成的作品，充分采用方形为主的简单的几何形体，表面附以简洁的植物纹样装饰，他的设计具有功能和装饰高度结合的特点。

图5-19　维也纳分离派之家

奥布里奇和霍夫曼都是瓦格纳的学生，他们在设计的抽象性表现上更加深入，在设计形式上比瓦格纳更加重视简单几何形式的现代感。奥布里奇设计的“维也纳分离派之家”（图5-19）最能体现这种风格，建筑外形采用简单的几何造型，细部利用新艺术运动风格的装饰，在立体几何形建筑物的顶部设计了一个以花草缠绕而组成的金属花造型，处理得非常协调。夫曼的代表作是他在1905年设计的位于比利时的斯托克列宫。这座宫殿设计的方式基本是长方体，细节部分有少数精致的浮雕和立体雕塑装饰，采用混凝土结构和金色构件，室内设计和家具设计也具有同样的统一风格，是向现代设计发展的里程碑式建筑。

同时代的维也纳建筑家卢斯（A.Loos），对分离派设计作品的细部采用新艺术运动风格的处理手法提出强烈批评。卢斯反对建筑装饰，主张建筑应该以实用为主，认为建筑“不是依靠装饰，而是以形体自身之美为美”，甚至认为“装饰即罪恶”。他追求极度简约的建筑风格，深受路易斯·沙利文建筑思想的影响，与新艺术运动、德国工业联盟等进行过激烈的论战。他主张不能随意扩大建筑空间，把合理有限的空间妄加扩展是浪费，是无形的装饰。卢斯站在社会伦理的高度，反对刻意的装饰，提倡简洁和自由的、为人口不断增加的城市提供服务的设计风格。卢斯在建筑设计上形成了高度抽象的形式语言，他在1910年设计的维也纳史泰诺尔住宅（Steiner Haus）是其设计思想的集中体现，排除了一切与功能无关的装饰，只留下素壁窗口，可谓开创了现代主义建筑设计之先河。

第5节　德意志制造联盟

虽然有众多设计团体和个人探索工业设计，但现代设计真正在理论上和实践上的突破，则来自德意志制造联盟。1907年10月6日，德意志制造联盟在慕尼黑成立，穆特修斯坚持使用“制造”一词，表明他对机械化大生产充分肯定的态度。这是一个积极推进工业设计的集团，由一群热心设计教育与宣传的艺术家、建筑师、设计师、企业家和政治家组成。制造联盟的成立宣言表明了这个组织的目标："通过艺术、工业与手工艺的合作，用教育、宣传及对有关问题采取联合行动的方式来提高工业劳动的地位。"联盟表明了对工业化生产的肯定和支持态度。

对于制造联盟的理想做出最大贡献的人物是穆特休斯（Herman Muthesius，1861—1927年），作为制造联盟的中坚人物，他由于广泛的阅历和政府官员的地位等优势，对于联盟产生了重大影响。对他来说，实用艺术（即设计）同时具有艺术、文化和经济的意义。新的形式本身并不是一种终结，而是"一种时代内在动力的视觉表现"。它们的目的不仅仅是改变德国的家庭和德国的住宅，而且直接地影响这一代的特征。穆特休斯和制造同盟的另外一位创始人威尔德在反对以手工抵制机械，以形式破坏功能的陈旧观念上态度一致，他们主张产品的形式应当由它的功能来决定，应当去掉那些与功能无关的装饰。1914年，德意志制造联盟在科隆举办了工业设计和建筑展览会，涉及人们的衣、食、住、行等生活领域的各种工业品，取得了很好的社会反应。联盟在第一次世界大战期间停止了活动，直到战后才逐渐恢复，1927年，在斯图加特又举行了一次工业设计和建筑展览会，会上展出了里默斯密德设计的德累斯顿花园式住宅小区的实例，受到人们的欢迎，它依靠设计、材料、施工方法的标准化，使大批量的生产和建造住宅变得轻而易举，充分展现了标准化的威力。

德意志制造联盟于1934年解散，后又于1947年重新建立。

德意志制造联盟后来的发展，特别是与工业有关的发展，与贝伦斯是分不开的。贝伦斯是德国现代建筑和工业设计的先驱。

1909年，贝伦斯设计了德国通用电气公司AEG的汽轮机厂，建筑外观为长方体，摒弃了附加装饰，造型简洁，恢宏大气，是贝伦斯建筑新观念的体现。贝伦斯把自己的新思想灌注到设计实践当中去，大胆地抛弃流行的传统式样，采用新材料与新形式，使厂房建筑面貌一新。钢结构的骨架清晰可见，宽阔的玻璃嵌板代替了两侧的墙身，各部分的匀称比例减弱了其庞大体积产生的视觉效果。汽轮机厂沿街立面的轻钢框架在其终端由若干后倾的转角收头，再将框架表面进行粉饰处理。这种用重体量的转角来夹持轻型的柱梁结构的反构筑公式，几乎成为贝伦斯为AEG设计的工厂的普遍特征。汽轮机厂简洁明快的外形具有现代建筑新结构的特点，强有力地表达了德意志设计联盟的理念，被称为第一座真正的现代建筑。

贝伦斯还是一位杰出的设计教育家，他的学生格罗皮乌斯、米斯和柯布西埃后来成了20世纪最伟大的现代建筑师和设计师。

1911年，在位于阿尔费尔德的法古斯鞋楦工厂中（图5-20），格罗皮乌斯与迈耶把设计拓宽为一种更为开放性的建筑美学。整个建筑呈现从各个方位均可以观察的立方体的外形，打破对称的格局，保留了包容整个内部组织的转角。采用轻巧的钢架结构，外墙与支柱脱开，作成大片连续的轻质玻璃幕墙，取得轻巧、明亮、简洁、朴素的效果。法古斯鞋楦厂的幕墙由大面积玻璃窗和下面的金属板裙墙组成，室内光线充足，缩小了同室外的差别；房屋的四角没有角柱，充分发挥了钢筋混凝土楼板的悬挑性能。生产过程不再是隐蔽在阴沉沉的墙后面进行，而是生产区向公众敞开。法古斯鞋楦工厂是这样的一幢建筑，不仅钢框架结构决定了这种没有装饰的建筑物的整体性，而且玻璃和钢构成的墙

图5-20　法古斯鞋楦工厂

壁仅仅是作为外壳，它的不承重功能主要在各个角落上被强调出来，那里不是用传统的实心墙，而是让两块玻璃镶拼起来。由此，建筑虽然是坚固的立方体，却获得了一种采光良好的轻巧性。在后倾的砖贴面之外竖立的玻璃壁板，加上透光的转角，给人以一种从屋顶上奇迹般地悬吊的感觉。这种采用转角以及线脚作为构图手段的手法，成为包豪斯设计问世以前格罗皮乌斯与迈耶设计的所有公共建筑的共同特征。

第6节　美国芝加哥学派的新探索

一、功能至上的美学追求

19世纪末出现的芝加哥学派（Chicago School），是美国最早的建筑流派，也是美国现代建筑的奠基者。芝加哥学派突出功能在建筑设计中的主要地位，明确提出形式服从功能的观点，力求摆脱折中主义的羁绊，探讨新技术在高层建筑中的应用，强调建筑艺术应反映新技术的特点，主张简洁的立面以符合时代工业化的精神。芝加哥学派的鼎盛时期是1883年至1893年之间，它在建筑造型方面的重要贡献是创造了“芝加哥窗”，即整开间的横向大玻璃长窗，立面简洁的独特风格。在工程技术上的重要贡献是创造了高层金属框架结构和箱形基础。工程师詹尼（William Le Baron Jenney）是芝加哥学派的创始人，路易·沙利文（Louis Sullivan）是芝加哥学派的中流砥柱，他提倡的“形式服从功能”为功能主义建筑开辟了道路。

沙利文是芝加哥学派最重要的人物之一，他既是设计师，又是理论家。他早年曾在巴黎学习绘画，1875年回到美国，在芝加哥一家建筑事务所当绘图员。1881年与艾德勒合作成立事务所，从事高层建筑设计的研究。十九世纪80~90年代，沙利文宣扬“形式追随功能”的口号，认为“功能不变，形式就不变”，“形式永远服从功能的需要，这是不变的法则”。沙利文根据功能特征把他设计的高层办公楼建筑外形分成三部分：底层和二层因为功能相似作为基座部分，顶部阁楼为设备层，中间的各层办公室为标准层，标准层在立面占很大比重，突出垂直特点，这成了当时高层办公楼的典型。沙利文认为建筑设计应该由内而外，必须反映建筑形式与使用功能的一致性。这同当时学院派主张按传统式样而不考虑功能特点的设计思想完全不同。沙利文不遗余力地宣传芝加哥学派的功能第一的主张和关于新建筑结构的理论。沙利文功能至上的观点由他的学生弗兰克·莱特加以进一步的发挥，并发展成为20世纪一个重要的建筑流派——功能主义。

二、摩天大楼的兴起

1871年，芝加哥城被大火破坏，市区大批木结构简易房舍付之一炬。芝加哥作为美国中西部的重镇亟待重建，“这把火却给建造这个新型大都会创造了条件，为利用一百多年来欧洲发展起来的新建筑材料和新技术，提供了一显身手的场地”。[1]

为了节省土地，市政府严格控制征用土地，这样迫使建筑师在设计中通过增高楼层来拓展空间，摩天大楼应运而生。

芝加哥的第一座高层建筑是詹尼设计的10层高的芝加哥家庭保险公司大楼（图5-21），1883年动工，1885年完成。它虽然只有10层，但已经采取了典型的摩天大楼的建造方法，即以钢铁骨架作为内部支撑结构，钢筋水泥灌浇楼板，外面的壳体不承重，以及简洁的几何化外形。这种建造方

[1] 陈志华.外国造园艺术.郑州：河南科学技术出版社，2001：122.

法具有坚固和省时等显著优势，这些施工技术和电梯的成功应用无疑给提高楼层提供了良好的前景。

随后，艾德勒和沙利文设计的会堂大厦（1889年）、伯纳姆和鲁特设计的摩拉德诺克大厦（1891年）、沙利文设计的百货公司大厦（1904年）等，相继耸立起来。芝加哥百货公司大厦位于芝加哥三十街和马德森大街的拐角处，是12层钢框架结构，建筑立面简洁、新颖、强调几何形。上面10层的立面是典型的芝加哥横向长窗，其矮宽的比例是由框架结构所决定的，与传统的高窄形窗相比较更具有采光通风的良好功能，这种横向扁窗成为风靡一时的新形式，被人们誉为“芝加哥窗”。大厦的下面两层为橱窗，窗框用废铁件加工，由于该建筑位于街道的交角，立面上大胆采用圆弧形墙面将两个方向的单体有机联系起来，大厦入口就设在拐角处，入口上丰富的细部装饰与简洁的建筑形成对比。

图5-21　芝加哥家庭保险公司大楼

纽约作为一个新兴的商业城市，受到芝加哥的影响，也兴起了摩天大楼的热潮，其中著名的有沙利文1904年设计建造的信托银行大厦，卡斯・吉尔伯特1913年设计建造的52层的伍尔沃思大厦，高度为241.4m。

新艺术运动中典型的曲线纹样装饰，在芝加哥学派建筑师们的作品中仍屡见不鲜，例如沙利文设计的斯各脱百货公司大厦，它的铸铁大门和窗户的装饰由铸铁件组成，巧妙的植物花纹被组织成卷曲穿插的涡状、波状线条，充满流畅自如的韵味。芝加哥建筑界还存在着相当强大的古典主义阵容，在大火以后的市政建设中也曾经十分活跃。其主要代表是建筑家麦金（Mekin）1893年设计的芝加哥博览会广场，它从整体到局部都力图模仿梵蒂冈圣彼得广场，所以被称为“准罗马样式”。

⊙思考题

1. 举例说明希腊复兴建筑与文艺复兴建筑的区别。
2. 分析英国浪漫主义园林的特点。
3. 分析折中主义建筑的主要作品。
4. 试述工艺美术运动产生的历史背景以及地位和影响。
5. 分析新艺术运动的设计思路和特点。
6. 试述德意志制造联盟的艺术主张及代表人物。
7. 举例说明“功能至上”在沙利文的设计中的表现。
8. 简述摩天大楼兴起的原因及历史意义。

第6章　工业化时期的环境艺术设计

第1节　现代艺术对环境艺术设计的影响

一、风格主义设计

荷兰风格派运动，以1917年西奥·凡·杜斯伯格主编的《风格》杂志的出版为标志。它是一个由画家、雕刻家、诗人与建筑家所组成的艺术集团。画家彼特·蒙德里安、西奥·凡·杜斯堡和设计师盖立特·里特维尔德是风格派运动的三个领军人物。风格派的格言是："自然的对象是人，人的对象是风格。"

里特维尔德1917年设计了现代主义经典作品——红蓝椅，这是一件以传统折叠式床椅为基础的单件家具，简洁的几何造型，黑色的框架，鲜艳的红、蓝色和灰色、白色的搭配，各种色彩所占的面积都经过精确的计算，这种来源于画家蒙德里安的绘画作品《红黄蓝构图》的三原色与三非色（黑白灰）的经典搭配，成为风格派的标志性色彩。虽然这把红蓝椅坐起来并不使人感到舒适，但它以一种实用产品的形式生动地解释了风格派抽象的艺术理论。

风格派在建筑造型上打破传统的封闭空间，代之以灵活的穿插空间，最突出的例证是1924年里特维尔德（Gerrit Rietbeld）设计的乌德勒支城的施罗德住宅（图6-1），包括住宅的室内设计及家具设计，此建筑是风格派的立体化呈现。这幢住宅位于一个平台终端，体现了"要素性、经济性、功能性、非纪念性、动态性、形式上的反立方体性和色彩上的反装饰性"。该住宅从里到外都运用了抽象网格语言，抛开了承重墙、悬吊平面等功能的限制，将高度、宽度、深度与时间这一设想的四维整体整合在开放的空间里，具有一种或多或少的飘浮感。

风格派有影响的建筑设计还包括1924年伍德设计的胡克住宅群，1925至1930年伍德设计建造的鹿特丹南部的基夫霍克住宅群以及1928年威尔斯设计的阿姆斯特丹体育场等。1933年后风格派因停止活动而宣告结束。

二、构成主义设计

第一次世界大战前后，俄国有些青年艺术家把抽象几何形体组成的空间当作绘画和雕刻的内容。他们的作品，特别是雕刻，很像是工程结构物，因此这一派被称为构成派。代表人物有马列维奇、塔特林、加博等。构成主义重视技术和材料特性，而另一方面，他们又无视建筑的功能因素，并把所有的问题都归结为美学问题。构成派的另一个美学特征及其主要贡献，在于将运动和时间因素引入了建筑与雕塑。塔特林1919年至1920年设计的第三国际纪念碑，另外，构成主义重视新技术，他们企图

图6-1　荷兰　施罗德住宅里特维尔德设计

充分表现新材料的特征，建立更为“科学”的美学体系，创造更为新颖的建筑形式。

三、表现主义设计

表现主义艺术最初出现在德国。在表现主义艺术观的影响下，第一次世界大战后出现了表现主义建筑。这一派建筑师常常采用奇特、夸张的建筑形体来表现某些思想情绪，象征某种时代精神。德国建筑师孟德尔松（Erich Mendelshon）在20世纪20年代设计过一些表现主义建筑。其中最有代表性的是1919年在德国波茨坦市建成的爱因斯坦天文台（EInsteln Tower）（图6-2），布鲁诺·赛维语（Bruno Zevi）评价其“波纹起伏，整个建筑像座正在爆发的火山一样从地下钻出来”。表现派建筑师主张革新，反对复古，但他们是用一种新的表面的处理手法去替代旧的建筑样式，同建筑技术与功能的发展没有直接的关系。

图6-2 德国爱因斯坦天文台

四、未来主义设计

第一次世界大战前夕，意大利出现了未来主义，代表人物马里内蒂1909年在《费加罗报》上发表了《未来主义宣言》，宣告：“意大利作为古董铺的时间已经太长了；现在到了该烧掉他的图书馆，淹没她的博物馆画廊，拆毁她的神圣城市的时候了。”与马里内蒂的破坏性相对比的是安东·桑蒂利亚（Antonlo Sant’Elia）的对于未来憧憬的建设性，从1912年到1914年，他画了许多未来城市建筑的设想图，并发表关于未来主义建筑的宣言。1914年5月他参与未来主义艺术家组织的“新方向小组”，展出了他的“新城市”设想图，他的图样中都是高大的阶梯形楼房，电梯放在建筑外部，林立的楼房下是川流不息的汽车、火车，分别在不同的高度上行驶。乌比诺·波齐尼奥创作的《城市的苏醒》、吉奥科波·巴拉的《晚上的街灯》等作品也画出了对未来城市景观的想象。

第 *2* 节 装饰艺术运动时期的环境艺术设计

装饰艺术运动是20世纪20～30年代在法国、美国和英国等国家展开的一场设计艺术运动。装饰艺术运动是一批艺术家和设计师的群体性的共同追求，主张采用新的材料（如钢铁、玻璃等），重视机械美，采用大量新的装饰手法使机械形式及现代特征变得更加自然和华贵。影响装饰艺术运动风格的有：①日本、埃及等东方艺术的平面装饰性。②原始非洲和南美洲艺术的自由造型和神秘感。③立体主义与未来主义等现代流派倡导的强烈的几何外形。④舞台艺术绚丽大胆的用色和氛围，包括俄国芭蕾舞团舞台和服装设计、法国服装设计、美国爵士乐等舞台设计元素。

装饰艺术运动，既强调装饰化，又承认工业化，是一场承上启下的运动，是从“工艺美术运动”到“新艺术运动”和“现代主义运动”之间的一次衔接。装饰艺术运动涉及的范围相当广泛，从20年代色彩鲜艳的爵士图案到30年代流线型设计式样，从简单的英国化妆品包装到美国纽约洛克菲勒中心大厦，都属于这个运动，虽然它们之间有共性，但是个性更加强烈。

一、法国的装饰艺术运动

法国是装饰艺术运动的发源地，巴黎是运动的中心。1925年的装饰艺术展览会是法国这场运动的集大成者。法国的装饰艺术风格集中体现在家具设计上，此时期家具和室内设计产生了两种不同的风格：①借鉴和模仿东方的、怪异的形式，明显受到俄国芭蕾舞团的舞台、服装设计影响。②受现代主义影响，注重新材料的运用，另外柯布西耶的探索也给此风格带来明显影响。法国设计贵重的材料、豪华的纹样、夸张的装饰风格体现了为权贵服务的特性，将简练和豪华巧妙地融为一体，这是法国装饰艺术家具设计的最大特点。

图6-3　艾林·格雷室内作品

法国室内设计创造出一种叫“boudoir style”的特殊风格，强调豪华与夸张，往往采用多种装饰动机以形成鲜明的对比效果，强调舒适感。最具影响的有布瓦列特、格雷和艾米尔—贾奎斯·鲁尔曼（Emiie-Jacques Ruhloann，1879—1933年）三位设计师。鲁尔曼在20年代设计了大量杰出的家具和室内项目，影响很大。鲁尔曼大量采用各种昂贵的木材和材料进行镶嵌，尤其擅长采用象牙进行镶嵌，在产品造型上，鲁尔曼则趋向于比较简单的几何外形，简单明快的几何外形与复杂的表面装饰形成强烈的对比，这是鲁尔曼设计的显著特点。奠定法国时装设计国际地位的大师包罗·布瓦列特，他在1911年成立了自己的设计事务所，他的室内设计风格综合采用了东方装饰动机和立体主义风格，非常有特点。另外一位有影响的设计师是艾林·格雷（图6-3），她一方面采用典型的“装饰艺术”风格，注重豪华的装饰效果，同时也注重现代主义的表现手法，特别是现代主义的材料运用和形式特征。比如1932年她在巴黎为苏珊·塔波特所作的室内设计，运用大量豪华的材料，包括斑马、美洲豹的皮革，加上现代主义的钢管结构家具，被公认为“装饰艺术”时期的经典作品。

二、英国的装饰艺术运动

直到20世纪20年代末到30年代初，在工业化和装饰艺术风格影响之下，英国设计才开始变革，呈现出装饰运动的特征。

英国建筑和室内设计上采用简单强烈的色彩和金属色作为装饰的主导，结合了一些富于想象的装饰动机。英国装饰艺术风格最主要的成果表现在大型公共场所的室内设计，代表作有爱奥尼德设计建造的伦敦克拉里奇旅店（图6-4），室内设计构件和饰件都以简洁的几何形为主，色彩单纯而强烈，地毯大胆采用黑色与米白色作为基本色；波特兰广场上的英国广播公司大厦是兼具装饰艺术和现代主义的高层建筑代表，大厦既采用了现代主义的玻璃幕墙结构，又具有明显的装饰艺术特征。英国装饰艺术时期的家具设计风格趋向于简单的几何造型和夸张的色彩。

图6-4　英国伦敦克拉里奇旅店

三、美国的装饰艺术运动

美国的“装饰艺术”运动比较集中在建筑设计和室内设计，这场设计运动开始于纽约和美国的东海岸，逐渐向中西部和西海岸扩展，到达洛杉矶以后，开始出现了美国本土的诠释，出现了适合美国通俗文化的加利福尼亚装饰艺术风格，也出现了为电影院设计特别发展出来的好莱坞风格。

在建筑方面，纽约是“装饰艺术”运动的主要试验场所，强调装饰动机和新材料的混合使用，代表性的建筑物包括克莱斯勒大厦（图6-5）、帝国大厦、洛克菲勒中心大厦等。克莱斯勒大厦建于1926至1931年，由W. 阿伦（William Van Alen）设计建造，坐落在美国纽约市，整个建筑呈现几何状和流线型。大厦采用不锈钢板作为外墙材料，楼顶也用不锈钢来覆盖，在阳光的反射下熠熠生辉，更增添了它的魅力。大厅内部装饰富丽堂皇，墙壁与地面采用大理石与花岗岩滚金边镶砌；克莱斯勒大厦完工时，这栋77层楼、319米高（不包括尖塔）的建筑一时之间成为纽约第一高楼。

图6-5　克莱斯勒大厦

第3节　包豪斯的现代主义环境艺术设计

一、机器美学与现代主义设计

1919年，格罗皮乌斯将魏玛的萨格森大公艺术学院和大公府工艺美术学校合并在一起，成立了一个新的建筑与设计教育机构——包豪斯，强调突破旧传统，创造新建筑，重视功能和空间组织，注意发挥结构构成本身的形式美，造型简洁，反对多余装饰，崇尚合理的构成工艺，尊重材料的性能，讲究材料自身的质地和色彩的配置效果，发展了非传统的以功能布局为依据的不对称的构图手法，强调设计与工业生产的联系。包豪斯教师队伍广泛，包括画家费宁格、康定斯基、保罗·克利、约翰·伊顿、莫霍利·纳吉，建筑家密斯·凡·德·罗、海因茨·迈耶，家具设计师马塞尔·布鲁尔，灯具设计师威廉·瓦根菲尔德等一大批有影响的艺术设计家。

包豪斯的教学制度实行“工厂学徒制”，学制三年半，最初半年是预科，学习基本造型、材料研究和工厂原理与实习。然后根据学生的特长，再选择不同的方向进行学习，合格后颁发“技工毕业证书”，其后再经过实际工作的实习，成绩优异者进入研究生部。包豪斯的毕业生都是集艺术设计与实践技能于一身的新型人才，既有扎实的理论知识，又有熟练的应用技术和技能。

包豪斯前后经历了三个发展阶段：

第一阶段（1919—1925年），魏玛时期。格罗皮乌斯（Walter Gropius）任校长，提出“艺术与技术新统一”的崇高理想，肩负起训练20世纪设计家和建筑师的神圣使命。他广招贤能，聘任艺术家与手工匠师授课，形成艺术教育与手工制作相结合的新型教育制度。

第二阶段（1925—1932年），德绍时期。包豪斯在德国德绍重建，并进行课程改革，实行了设计与制作教学一体化的教学方法，取得了优异成果。1928年格罗皮乌斯辞去包豪斯校长职务，由建筑系主任汉斯·迈耶（Hanns Meyer）继任。这位共产党人出身的建筑师，将包豪斯的艺术激进扩大到政治激进，从而使包豪斯面临着越来越大的政治压力。最后迈耶本人也不得不于1930年辞职离任，由密斯·凡·德·罗（Mies Van De Role，1886—1970年）继任。接任的密斯面对来自纳粹势力的压力，竭尽全力维持着学校的运转。

第三阶段（1932—1933年），柏林时期。密斯·凡·德·罗将学校迁至柏林的一座废弃的办公楼中，试图重整旗鼓，由于包豪斯精神为德国纳粹所不容，于1932年8月宣布包豪斯永久关闭。1933年11月包豪斯被封闭，结束了其14年的发展历程。

包豪斯的设计原则可以归纳为三点：①设计是艺术与技术的统一；②设计的目的是人，而不是产品；③设计必须遵循自然和客观的原则来进行。

包豪斯在建筑方面，师生协作设计了多处讲求功能、采用新技术和形式简洁的建筑。如德绍的包豪斯校舍、格罗皮乌斯住宅和学校教师住宅等。他们还试建了预制板材的装配式住宅，研究了住宅区布局中的日照以及建筑工业化、构件标准化和家具通用化的设计和制造工艺等问题。包豪斯的设计和研究工作对建筑的现代化影响深远。1933年，包豪斯停办，教师大多流往国外，包豪斯的学术观点和教育观点随之传播四方，一度为欧美许多大学所采纳。

二、建筑环境设计

1.包豪斯校舍（图6-6）

包豪斯学院1924年由于政治原因迁入德绍市，格罗皮乌斯设计了新校舍。校舍总建筑面积近万平方米，整个建筑分为三部分，教学楼、生活区、职业学校。

图6-6 包豪斯校舍

格罗皮乌斯在设计中首先提出了建筑要从内向外设计的思想，从建筑物的实用功能出发，按各部分的实用要求及其相互关系定出各自的位置和体型，最后确定整体的外观。格罗皮乌斯创造性地运用现代建筑设计手法，构图上打破了传统的对称法则，采用了灵活均衡的平面布局。包豪斯校舍的各个部分都是立方体造型，根据功能凹凸的体块空间形成外观上的起伏变化，运用多轴线、多方向的手法形成错落有致、纵横交错的效果。在建筑结构上充分运用窗与墙、凹与凸、竖向与横向、光与影的对比手法，使空间形象显得生动多样。包豪斯校舍以其简洁实用和崭新的形式，被认为是现代建筑中具有里程碑意义的典范作品。

2.格罗皮乌斯住宅（图6-7）

图6-7 格罗皮乌斯住宅

格罗皮乌斯在1937年3月以政治难民的身份来到美国的波士顿，他和他在包豪斯的学生布劳耶尔（M.Breuer）合作设计了自己的住宅。和大部分美国小住宅一样，它采用的是木框架结构，除了白色的纵向护板墙和国际式的条形窗外，格罗皮乌斯住宅还运用了砖和毛石等地方材料，通过砖砌烟囱、毛石地基挡土墙，葡萄架等元素使建筑与周围的景色相结合。住宅的入口与主体建筑略呈角度，两根细细的钢柱与一道玻璃砖墙支撑着长长的入口雨篷，西侧二层平台的钢制螺旋楼梯，保证了上下的灵活性。南侧的挑檐经过精心设计恰好可以完全遮去夏日的骄阳，却又可以让上升的热空气从外墙和挑檐的空挡中散发掉，格罗皮乌斯的设计重视简朴性（Simplicity）、功能性（Functionality）和统一性（Uniformity）这三种精神，也就是包豪斯的精神，而且他已开始注意并尝试把现代主义的形式与地方传统结合起来，把住宅与环境融合在一起。

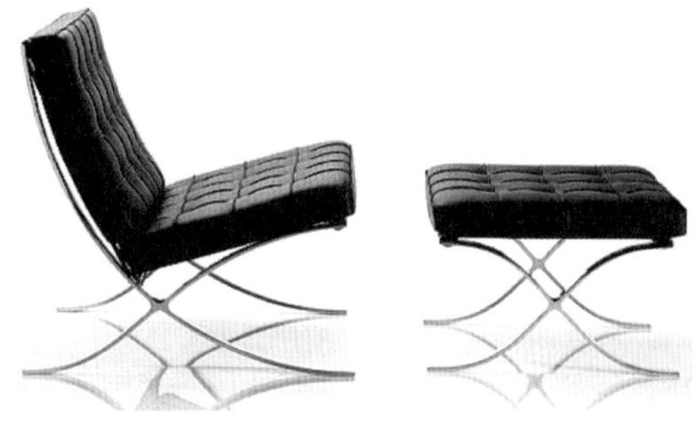

图6-8 巴塞罗那椅

三、家具设计

密斯设计的巴塞罗那椅（图6-8）是现代家具设计的经典之作。1929年密斯为巴塞罗那博览会设计了德国馆及其室内陈设，巴塞罗那椅的名称就源于此。巴塞罗那椅分为宽75厘米的单人椅和150厘米的双人椅两种规格。巴塞罗那椅由镀铬钢条和皮革组成，两块长方形皮垫组成坐面及靠背，格子状的皮革接缕缝制上面装饰有纽扣，展现了高超的缝制技术。不锈钢构架成弧度和缓的X形交叉状，熔接与塑形技艺高超，造型简洁而又舒适，因为其前椅脚后屈的弧度优美，巴塞罗那椅被誉为悬桁（cantilever）构造设计中最美的椅子。密斯为这件椅子配套设计了脚垫，也可以单独作为座椅使用。

布劳耶尔是包豪斯的第一期学生，毕业后任包豪斯家具部门的教师，主持家具车间。在那里，布劳耶尔充分利用材料的特性，创造了一系列简洁、轻巧、功能化并适于批量生产的钢管椅，造型轻巧优雅，结构简单，成为他对20世纪现代设计做出的最大贡献。

第4节 国际现代主义风格时期的环境艺术设计

一、欧洲的环境艺术设计

（一）法国的建筑与园林设计

勒·柯布西耶是法国20世纪现代主义建筑与环境设计的旗手，他重视新技术，主张功能合理，讲究几何构成的形式美，他的建筑风格经历了从早期的理性主义（萨伏伊别墅）到野性主义（马赛公寓）再到浪漫主义和神秘主义（朗香教堂）的演变。

在1926年出版的《建筑五要素》中，柯布西耶曾提出了新建筑的“五要素”：①底层的独立支柱；②屋顶花园；③自由平面；④自由立面；⑤横向长窗。勒·柯布西耶设计的萨伏伊别墅是其“新建筑”的代表作，是“五要素”的完美体现。

萨伏伊别墅（图6-9）建于1928至1930年，位于

图6-9 法国萨伏伊别墅

巴黎郊区的普瓦西。平面为矩形，采用了钢筋混凝土框架结构，平面和空间布局自由，空间相互穿插，内外彼此贯通，它外观轻巧，空间通透，造型简洁。别墅长约22.5m，宽为20m，共三层。从不同的角度看萨伏伊别墅都可以得到完全不同的印象，这使建筑外观显得甚为多变，这种不同是其内部功能空间的外部体现。别墅采用开放式的动态的空间组织形式，特别使用螺旋形的楼梯和坡道来组织和加强动态空间。萨伏伊别墅深刻地体现了现代主义建筑所提倡的建筑美学原则：表现手法和建造手段相统一，建筑形体和内部功能的配合，建筑形象合乎逻辑性，构图上灵活均衡而非对称，处理手法简洁，外形单纯，在建筑艺术中吸取视觉艺术的新成果等，这些建筑设计理念启发和影响着无数建筑师。

图6-10　马赛公寓

1946到1957年柯布西耶设计建造了位于法国的马赛公寓（图6-10），这是一座为解决住房缺乏而设计的可容纳337户居民居住的大型公寓。柯布西耶在拆除混凝土模板之后，对粗糙的墙面不作任何处理，这与当时普遍流行的外墙抹灰使墙面光洁平滑的做法迥然不同，形成一种不修边幅的粗野气氛，显得别开生面，柯布西耶的野性主义建筑风格也因此得名。

图6-11　法国朗香教堂

1950到1953年设计建造的朗香教堂（图6-11）是勒·柯布西耶创作走向表现性和个性化的一个高潮。朗香教堂位于法国东部的孚日山区，内部空间很小，长25m，宽13m，只能容纳200人左右。他摒弃了传统教堂的模式和现代建筑的一般手法，教堂造型奇异，平面不规则；墙壁由石块砌成，四面墙的外形各不相同，墙体或弯曲、或倾斜，粗糙的白色墙面上开着大小不一的方形或矩形的窗洞，有的外大内小，有的外小内大，上面镶嵌着彩色玻璃，使投入室内的光线产生一种特殊的神秘的气氛；朗香教堂的设计采用了表现与象征的手法，据柯布西耶自己的说法，他是把这座教堂当作“形式领域里的一个声学原件”进行设计的。

勒·柯布西耶还为印度的昌迪加尔市做了全面规划，并设计了市中心的几座主要政府机构的大楼。1956年建成的高等法院，是首批完成的建筑。为了抵御印度的炎热气候，柯布西耶设计了一个巨大的混凝土顶棚，它总长超100m，由11个连续的拱壳组成，横断面呈V字形，前后面向上翘起，出檐十分宽大，既可遮阳，又可通风。

（二）斯堪的纳维亚国家的家具设计

斯堪的纳维亚国家是指北欧的丹麦、芬兰、瑞典、挪威和冰岛五个国家，20世纪以来，工业革命和现代主义的设计思想也不断渗透过来，围绕着人的生活而展开的设计充满了人文关怀和温馨情调，形成了斯堪的纳维亚国家独特的“软性的功能主义”。斯堪的纳维亚风格是一种现代风格，它将现代主义设计思想与传统的设计文化相结合，既注意产品的实用功能，又强调设计中的人文因素，避免过于刻板和严酷的几何形式，从而产生了一种富于“人情味”的现代美学。

1.丹麦的家具与灯具设计

20世纪丹麦涌现了一批在世界上有影响的现代家具设计师。主要包括瓦格纳、雅各布森、潘顿三位设计师。

汉斯·瓦格纳（Hans Wegner，1914—2007年）（图6-12）本身就是手艺高超的细木工，在他漫长的设计生涯中，他的设计很少有生硬的棱角，转角处一般都处理成圆滑的曲线，给人以亲近之感。维纳早年潜心研究中国家具，1945年设计的系列中国椅就吸取了中国明代椅的精华，1947年他设计的“孔雀椅”被放置在联合国大厦。瓦格纳最有名的设计是1949年设计的名为“椅”（The Chair）的扶手椅，拥有流畅优美的线条，精致的细部处理和高雅质朴的造型，坐上去非常舒适。它使得维纳的设计走向世界，也成了丹麦家具设计的经典之作，这种椅迄今仍颇受青睐，成为世界上被模仿得最多的设计作品之一。

图6-12　维纳作品

阿恩·雅各布森（Arne Jacobsen，1902—1971年）（图6-13）是丹麦著名的建筑师、设计师，受现代主义的影响，他在实践中以材料性能和工业生产过程为设计主导，摒弃那些不必要的繁琐装饰，并巧妙地将冰冷刻板的功能主义转化成精练而雅致的形式，这也正是丹麦设计的一个特色。雅各布森在50年代设计了三种经典的椅子，1952年为诺沃公司设计的“蚁椅”，1958年为斯堪的纳维亚航空公司旅馆设计的“天鹅椅”和“蛋椅”，这三种椅子的设计灵感都来源于自然生物，均是采用热压胶合板整体成型，简洁大方，具有雕塑般的美感。

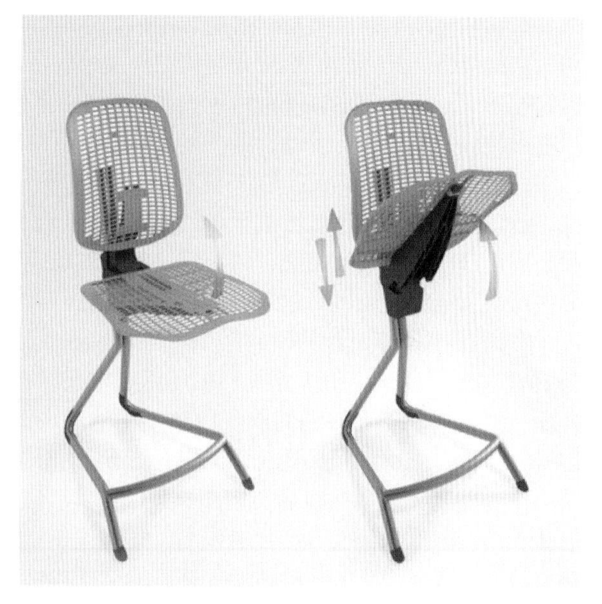

图6-13　雅各布森作品

潘顿（Verner Panton，1926—1998年）是丹麦著名的工业设计师，从20世纪50年代末起，他就开始了对玻璃纤维增强塑料和化纤等新材料的试验研究。60年代，他与美国米勒公司合作研制整体成型玻璃纤维增强塑料椅的工作，于1968年取得成功，这种椅子可以一次模压成型，色彩艳丽，具有强烈的雕塑感，至今仍享有盛誉，被世界许多博物馆收藏。

潘顿利用新材料设计的灯具也很有影响，如1970年设计的潘特拉灯具，1975年用有机玻璃设计的VP球形吊灯。

斯堪的纳维亚的灯具设计同样在国际设计界非常有影响力。最具代表性的是丹麦著名设计师汉宁森的作品，他的成名作是1942年设计的多片灯罩灯具，这种灯具后来发展成了极成功的PH系列灯具，至今畅销不衰。这款灯具优美的造型正好是其科学性能的直接反映，而并非为了装饰而装饰。

2.芬兰的家具设计

芬兰20世纪最有影响的工业设计师是阿尔托（Alvar Alto，1898—1976年）。1947年，他设计的“Y”形腿和三条腿的坐凳，突破了传统家具座椅四条腿的模式，打破了长期以来家具中的横竖法则，使椅子腿不需要任何其他的框架和支撑而直接站立，看起来更加轻巧美观。在玻璃制品上，他同样采用了有机的形态造型，使他的产品设计亲切感人。

3. 瑞典的家具设计

瑞典的现代家具设计以马姆斯登（Bruno mathsson）为代表，他擅长使用藤条、竹木和植物纤维等自然柔软的材质，喜欢用压弯成型的层积木来生产曲线型的家具，这种家具轻巧而富有人情味，舒适而有弹性。

二、美国的环境艺术设计

二战后，包豪斯的几位大师都来到美国，在这个经济发达、思想开放的新语境下，包豪斯的设计得到了新的诠释。再加上美国本土的设计理念，美国的现代主义建筑设计呈现出多元的面貌，其中包括以密斯·凡·德·罗为代表的功能主义建筑和以弗兰克·劳埃德·赖特为代表的有机建筑。

1. 密斯的环境艺术设计

密斯在建筑上的贡献在于通过对钢框架结构和玻璃幕墙在建筑中应用的探索，发展了一种均衡和简洁的风格。其作品特点是几何化的外观，灵活多变的流动空间以及简练而制作精致的细部。他提倡把玻璃、石头、水以及钢材等物质加入建筑行业的观点也经常在他的设计中得以运用。密斯运用直线特征的风格进行设计，但在很大程度上视结构和技术而定。在公共建筑和博物馆等建筑的设计中，他采用对称、正面描绘以及侧面描绘等方法进行设计；而对于居民住宅等，则主要选用不对称、流动性以及连锁等方法进行设计。密斯相当重视细节，注意室内架构的稳固性。密斯建立了一种当代大众化的建筑学标准，作为钢铁和玻璃建筑结构之父，密斯提出了“少就是多”的理念，这集中反映了他的极简主义建筑观点和艺术特色。

密斯在1940年设计的伊利诺斯理工学院新校园规划中，安排了办公楼、图书馆、各系教学楼等10余幢低层建筑，每个建筑都采用钢制框架结构，多数有24×24英尺的平面格网，钢架暴露在外面，格网以玻璃和砖相间隔。1955年，他又设计了伊利诺斯理工学院的建筑系大楼（又名“克朗楼”Crown Hall），风格也力求与其他建筑物相协调，整个建筑长67m，宽36.6m，地面层高6m。

作为玻璃大厦的热衷者，密斯继40年代设计芝加哥湖滨公寓之后，又陆续设计了多处玻璃幕墙式大楼，但作为他的典型代表作品，还是位于纽约曼哈顿区花园大道的西格拉姆大厦（图6-14）。西格拉姆大厦用简化的结构体系，精简的结构构件，讲究的结构逻辑表现，使之产生可供自由划分的大空间，完美演绎了“少即是多”的建筑原理。整个建筑的细部处理都经过慎重的推敲，突出材质和工艺的审美品质。密斯设计了一个正面轴向构图，使建筑面向一个花岗岩铺砌的广场，在楼前与马路之间有一个小花园，花园中央为水池，建筑物倒映水中，更显壮观。

图6-14　西格拉姆大厦

2. 赖特的环境艺术设计

赖特1887至1893年间师承著名建筑师沙里文，但他没有因袭欧洲新建筑运动盛行的摩天大楼，而是另辟蹊径，创造出与自然和谐的有机主义建筑。1893年后的10年中，赖特在美国中西部设计了许多小住宅和别墅，形成了草原式住宅的风格，为了配合平原的自然景观，他使用了水平的大屋檐和花台，同时强调了空间的开阔感。代表作有1902年的威立茨住宅、罗伯茨住宅，1908年的罗比住宅等。1915年设计的日本东京帝国饭店，整体建筑融合了西方和东方的特色，赖特在设计中发明了许多防震措施，比如管线深埋、悬臂结构、铜制屋顶等，得以在1923年的关西大地震中屹立不倒，这使他获得了国际声誉。赖特1937年提出面向中产阶级的“美国风格”住宅建筑，赖特在他的设计中，强调建筑的生长与变化，为有机建筑作出最好的诠释。

图6-15　美国流水别墅

对赖特来说，“有机”一词（他在1908年首次把这个词用于建筑学）的意思是把混凝土悬臂设计成自然、树状的形式。有机建筑主张建筑应与大自然和谐，就像从大自然里生长出来似的，并力图把室内空间向外伸展，把大自然景色引进室内。相反，城市里的建筑，则采取对外屏蔽的手法，以阻隔喧嚣杂乱的外部环境，力图在内部创造生动愉快的环境。对待材料，主张既要从工程角度，又要从艺术角度理解各种材料不同的天性，发挥每种材料的长处，避开它的短处。此外，有机建筑主张装饰。

图6-16　古根海姆美术馆

1936年赖特设计的流水别墅（图6-15）是现代建筑的杰作之一，别墅外形强调块体的穿插组合，钢筋混凝土强化了结构的力度，建筑带有明显的雕塑感。别墅共三层，面积约380m^2，以二层（主入口层）的起居室为中心，其余房间向左右铺展开来，流水别墅两层巨大的平台高低错落，一层平台向左右延伸，二层平台向前方挑出，以悬臂挑出的大阳台与纵向的粗石砌成的厚墙穿插交错。在最下面一层的大阳台上有一个楼梯口，从这里拾级而下，正好接临在小瀑布的上方，溪流带着湿润的清风和潺潺的水声与别墅相邻。流水别墅在空间的处理、体量的组合及与环境的融合上均取得了极大的成功，为有机建筑理论作了确切的注释，在现代建筑历史上占有重要地位。

1936至1939年，赖特设计建造了位于美国威斯康辛州的约翰逊制蜡公司办公楼，众多长而细的蘑菇形柱子逐步向基础方向圆锥形地收缩，它们成为9m高的开放平面式的空调办公空间的主要支撑，柱子支撑的覆盖系统取代了传统的天棚，表达了一种自然的情趣，而这种自然性与有节制的机械主义奇异的和谐共处。

赖特1952年开始设计位于纽约的古根海姆美术馆（图6-16），1959年完工，占地50m×70m，主体为陀螺状的六层建筑，下面小，上面大，整个建筑其实是一条盘旋而上的长廊，作为螺旋形画廊，可以从底层沿斜坡一直走到顶层。采光则用了中央透明屋顶的自然光。赖特后来把这种延伸的空间螺旋体称为“不中断的波浪”。古根海姆美术馆成为赖特后期事业的高峰。

3.美国的现代主义家具设计

沙里宁是美国著名建筑设计师和工业设计师，20世纪40年代沙里宁与诺尔公司合作从事家具设计，椅子的设计注重曲面的塑性造型，采用新型的塑料为原料，注塑成型，代表作有71号玻璃纤维增强塑料模压椅、“胎椅”“耶金香椅”等，这些作品都体现出有机的自由形态，而不是刻板、冰冷的几何形，与人体结构相适应，坐起来非常舒适，造型简洁美观，而且价格低廉，被称为有机现代主义的代表作。沙里宁设计了一批组合式多用家具，以板式结构组成，包括可自由组合的橱柜，方便实用，成了工业设计史上的典范，至今仍广为流传和使用。

沙里宁在建筑上的代表作有杰斐逊纪念碑，耶鲁大学溜冰场、莫斯与斯泰尔学院、美国驻英大使馆、美国驻挪威大使馆、密尔沃基战争纪念馆、哥伦比亚广播公司大楼、环球航空公司候机楼（图6-17）等。

图6-17　美国环球航空公司候机楼

伊姆斯是美国最杰出、最有影响的家具与室内设计大师之一，1940年他与沙里宁一道设计的胶合板椅在美国现代艺术博物馆举办的设计竞赛中获得大奖。伊姆斯的设计具有合乎科学与工业设计原则的结构、功能与外形，这一特征成为他与之合作的米勒公司的设计特征，使米勒公司能在市场上立于不败之地。1946年，他采用多层胶合板热压成型工艺设计的家具，是米勒公司在现代设计上的一次大转折。伊姆斯所作的室内和座椅设计在整个世界都有相当大的影响，不少作品到目前还在继续生产和流行。他设计的飞机场候机厅公用椅，简单而牢固，具有强烈的时代感，迄今仍为大多数美国机场使用，是美国设计在20世纪70年代的杰出代表。

4. 美国的现代园林设计

美国的现代园林设计以加利福尼亚学派为代表，加利福尼亚学派的典型特征为：简洁的形式，室内外直接的联系，可以布置花园家具的、紧邻住宅的硬质表面，小块的不规则的草地、红木平台、木制的长凳、游泳池、烤肉架以及其他消遣设施。有的还借鉴了日本园林的一些特点：如低矮的苔藓植物、蕨类植物、常绿树和自然点缀的石块。它是一个艺术的、功能的和社会的构图，每一部分都综合了气候、景观和生活方式而仔细考虑过，是一个本土的、时代的和人性化的设计，既能满足舒适的户外生活的需要，维护也非常容易。加利福尼亚学派使美国园林的历史从欧洲风格的复兴和抄袭转变为对美国社会、文化和地理的多样性的开拓。

三、日本的环境艺术设计

日本现代建筑的发展在经历了全盘西化、帝冠式与和风样式的传统复兴等多种风格之后，通过对日本民族深层文化的不断探究，从建筑与环境的对话，空间意象的把握和材料性能理解找到了传统和现代的契合点。这一时期最具代表性的建筑是东京代代木体育馆。

图6-18　日本代代木体育馆

代代木体育馆（图6-18）是20世纪60年代日本技术进步的象征，它脱离了传统的结构和造型，被誉为划时代的作品。代代木体育馆由丹下健三设计，1964年建成，建筑面积34204m^2。其主馆和附属馆布置在一片不规则的场地上，是由奥林匹克运动会游泳比赛馆、室内球技馆及其他设施组成的大型综合体育场馆。在主馆设计上丹下健三把材料、结构、比例和功能等建筑要素进行了创造性的发挥，展示出丹下健三杰出的想象力和对日本文化的独到理解，也是日本现代建筑发展的一个顶点。

四、其他国家的环境艺术设计

瑞典斯德哥尔摩学派是景观规划设计师、城市规划师、植物学家、文化地理学家和自然保护者的一个思想综合体。其目的是用景观设计来打破大量冰冷的城市构筑物，形成一个城市结构中的网络系统，为市民提供必要的空气和阳光，为不同年龄的市民提供消遣空间、聚会场所、社会活动，是在现有的自然基础上重新创造的自然与文化的综合体。

墨西哥的现代景观设计以巴拉甘风格为代表，巴拉甘风格将现代主义风格和墨西哥传统相结合，开拓了现代主义环境设计的新途径。经常将建筑、园林连同家具一起设计，形成具有鲜明个人风格的统一和谐的整体。园林以明亮、彩色的墙体与水、植物和天空形成强烈反差，创造宁静而富有诗意的场所。他作品中的一些要素，如彩色的墙、高架的水槽和落水口的瀑布等已经成为墨西哥风格的标志。

⊙思考题

1. 举例分析风格派建筑的设计特点。
2. 分析表现主义建筑的代表作品。
3. 分析影响装饰艺术运动风格的主要因素。
4. 论述包豪斯的意义及其重要影响。
5. 举例分析包豪斯建筑主要特色。
6. 举例说明赖特的有机主义建筑理论。
7. 论述现代主义建筑的产生及其发展演变。

第7章　中国近代环境艺术设计

中国在和中世纪以前科学技术曾经长期在人类文明史上处于领先地位，到了近代却大大地落后于西方。1800年乾隆仍为太上皇帝时的中国制造业产量占世界总产值的33.3%，而当时整个欧洲总合亦不过28%;但是由于西方大工业的迅速发展以及中国的闭关自守，1830年代之后，中国的政治、经济状况陡然而降，到了1900年时，中国的产值仅占世界6%，而欧美却占了86%。大势已去，清末1840年至1911年，列强打开中国的国门大肆掠夺，中国社会已经完全沦为半殖民地、半封建性质。大量外国文化、建筑、技术涌入，被动地揭开了中国历史上第三次对外来文化的吸收时期，同时，也揭开了中国近代建筑环境艺术史沉重的帷幕。

外来势力的入侵不仅动摇了中国传统的价值观，也动摇了中国传统建筑体系的根基。在强大的外来冲击、挑战下，近代中国延续两千多年之久、高度一体化的农业经济格局、宗法社会结构自此解体。

1840年开始来自外部世界的“千古未有”的挑战，使得腐败衰落的清帝国在根本不具备向西方工业化社会转变基础的情况下仓促“迎战”面对弱肉强食的世界市场，中国的设计行业被动地向西方设计靠拢，不仅轻工行业，重工业设计甚至设计教育等全部处于被动学习的开始阶段。中国古代建筑环境艺术在西方现代建筑文化的冲击下步入了艰难的转型期，近代建筑环境艺术的演变开始了从内容到形式的渐进过程。

在广州、福州、上海、天津、青岛等被迫开放的通商口岸，殖民者带来了大量的西方建筑文化和材料技术，西方现代建筑环境设计中流行的各种建筑思潮、建筑艺术形式，理所当然地反映在这些开埠的建筑中来。来自不同国家和地区的建造者和使用者的民族传统、风俗习惯、个人喜好等等各种因素交织在一起，使得中国的近代建筑以一种特有的中西合璧的方式发展起来。

需要注意的是，外国建筑史不分为“近代建筑史”“现代建筑史”，统称History of Modern Architecture，而日本均称为“近代建筑”。但是我国学术界对于“近代”“现代”的断代问题在不同的领域有不同的意见。1840年鸦片战争作为“近代史”的起点，这是毋庸置疑的，但是中国通史对于“近代”的终点界定为1919年五四运动时期，建筑史界一般认为1949年中华人民共和国成立是近代建筑史的终点,近来也有学者认为1949年之前的“近代建筑”体系中,已经存在明确的“现代建筑”特征，而且与1949年之后的中国现代建筑现象一脉相承。所以，也有人将中国现代建筑的起始期提前至1920年代之末，其时间跨度为1920年至1990年代，而1949年（或1950年）则是中国现代建筑史一个重要历史阶段的开始，1990年至今则属于当代建筑设计时期。

中国近、现代的建筑环境艺术史无论从建筑发展的角度还是艺术人文的角度，其发展态势都与上述断代特征基本吻合。由于我们认识问题时很难将各个历史时期截然分开、孤立看待，因此，为了与本书第九章的中国“现、当代”阶段相呼应,本章将20世纪二三十年代的现代转型部分也囊括了,将本章的主要内容着眼于1840至1949年的中国近代与现代初期的环境艺术发展状况，横向分别从四个板块进行讲述：中国近代城市的产生与规划发展，西方建筑装饰在中国的克隆与变异，西方园林景观设计在中国的传播以及中国近代建筑环境设计师对民族形式和设计理论的探索历程。中国近代环境艺术的历史是新旧建筑环境艺术交替的时期，主要作用力来自外部，新的设计体系已经产生，旧的设计体系还在延续和寻找变革、发展之路，所以此阶段的发展特征可以简练地概括为对西方现代环境设计的“被动引进和主动发展”。

纵向来看，由于这段历史内外战争频繁、政治风云多变，根据几个重要的历史界标，19世纪40年代至20世纪40年代的中国近、现代环境艺术史可以划分为三个时期：1840至1900年的初始期，1900至1937年的发展兴盛期，以及1937至1949年的停滞期，见表7-1。

图7-1 八国联军侵华战争

战争及战争引发的社会变革与变化使建筑环境艺术的发展进程产生突变，这种突变也是我们了解、研究历史的分期界标。1840年以后，中国社会因帝国主义的入侵产生了突变性质的被动转变，从传统农业社会转入近代工业社会，与此同时中国建筑也由小农经济的传统建筑转变为具备近代建筑技术、建筑类型、建筑功能、建筑艺术形式的新建筑环境体系。此后，最重要的分期界标有两个：1900年的八国联军侵华战争（图7-1）与1937年爆发的抗日战争。

图7-2 辛亥革命

1900年八国联军侵华战争后，帝国主义势力全面入侵，清朝政局发生巨变，清末实行的新政使得“学习西方”成为中国社会的一种潮流，商埠城市的迅速发展、新兴城市的产生、明末清初官方建筑的全盘西化、西方复古主义折中主义建筑的大量克隆与传播，以及中国第一代建筑设计师的诞生和他们对中国建筑民族形式的探索等，都体现了中国近代建筑环境艺术与1900年以前的缓慢发展完全不同的翻天覆地的巨大变化。

1937年抗日战争爆发，日寇入侵，使正在蓬勃发展的中国近代建筑环境艺术被迫中止，许多城市与建筑遭受战争破坏，整体上建筑环境艺术活动停滞，只在某些地区局部发展。

此外，还有几个相对次要的分期界标：1911年辛亥革命（图7-2）标志着清王朝的灭亡，1912年中华民国成立，1927年南京国民政府成立，结束了北洋军阀混战的时代，民国时期开始。中华民国成立对建筑环境艺术活动的影响主要体现在上海、天津、汉口等商埠城市租界区的迅速发展，西方建筑环境艺术迅速影响各商埠城市。由于成立了统一的政府，1927年后直到1937年社会环境相对安定，这十年是中国近代建筑环境艺术发展最兴盛的十年，中国近代主流城市迅速发展，建筑活动进入鼎盛时期，甚至近代边缘城市也得到了发展。西方的现代建筑运动对中国产生了广泛的影响，中国近代建筑环境艺术出现了向现代主义建筑环境艺术过渡的趋势，第一代中国建筑设计师队伍形成，中国建筑设计师群体努力探索中国建筑艺术的民族形式，在理论上与实践中都取得了许多成果，如成立了“中国营造学社”。

总之，对于中国近代建筑环境艺术的历史，要进行横向、纵向的研究和学习。这阶段历史呈现中与西、古与今、新与旧多种体系并存和碰撞、交融的错综复杂状态，只有明辨政治、经济、军事等历史问题，才能正确地认识中国近代的建筑环境艺术。

表 7-1　　中国近代建筑环境设计史分期及重要事件

<table>
<tr><th rowspan="2">初始期
（1840—1900年）</th><th colspan="3">发展兴盛期（1900—1937年）</th><th rowspan="2">发展停滞期
（1937—1949年）</th></tr>
<tr><th>发展前期
（1900—1912年）</th><th>发展中期
（1912—1927年）</th><th>发展后期
（1927—1937年）</th></tr>
<tr><td>最早开放为通商口岸的广州、上海、天津、汉口等城市陆续开辟租界区并逐渐发展成为独立的城市新区。</td><td>上海、天津、汉口租界区大肆扩展范围并进一步得到发展。</td><td>上海、天津、汉口租界区迅速发展成为城市的主体，租界区内形成新的城市中心，建筑活动频繁。</td><td>1927年国民政府迁都南京，实施《首都计划》，南京城市发展进入兴盛期。南京取代北京发展成为中国近代主流城市。</td><td>战时内地城市成都、重庆有所发展。</td></tr>
<tr><td>西方建筑随殖民者主要在租界区内及传教士在中国各地的建筑活动传入中国，新建筑体系初具雏形。</td><td>哈尔滨、大连、青岛等新兴城市建成并形成近代城市，陆续制定初期城市规划并付诸实施。</td><td>广州城市得到发展。哈尔滨、大连、青岛等新兴城市得到发展，大的格局仍不脱离初期城市规划。</td><td>新建筑体系进一步发展。</td><td>抗战前期上海、天津租界区内仍有少量建筑活动。</td></tr>
<tr><td rowspan="2">西方建筑主要通过三条渠道——教会传教渠道、早期通商渠道与民间传播渠道对中国近代建筑产生影响。后期西方建筑的影响逐渐扩散到中国各地。</td><td>古都北京在清廷实行“新政”期间开始了城市的近代化进程。</td><td>中国近代主流城市的影响迅速扩散，济南、厦门、烟台、成都、重庆、芜湖等中国近代边缘城市都有程度不等的发展。古都北京继续发展。</td><td>现代建筑运动波及中国，中国近代建筑出现向现代主义建筑过渡的趋势。</td><td rowspan="2">1931年以后在东北城市，尤其是长春日本侵略者开展了一些建筑活动。</td></tr>
<tr><td>中国近代建筑的先驱城市广州、上海、天津、汉口等商埠城市：哈尔滨、大连、青岛等新兴城市及古都。</td><td>新建筑体系基本形成，建筑类型齐全，建筑技术发展，建筑形式则以西方复古主义、折中主义建筑为主。</td><td>第一代中国建筑师队伍形成。中国建筑师群体对中国民族形式建筑探索的第一次高潮期。</td></tr>
<tr><td rowspan="4">西方建筑主要通过三条渠道——教会传教渠道、早期通商渠道与民间传播渠道对中国近代建筑产生影响。后期西方建筑的影响逐渐扩散到中国各地。</td><td>北京构成这一时期最具影响力的中国近代主流城市群。</td><td rowspan="4">中国近代主流城市迅速发展，建筑活动进入鼎盛时期。

中国近代边缘城市得到发展，建筑活动相对兴盛。</td><td rowspan="4">中国的建筑教育事业起步。“中国营造学社”成立，对中国古代建筑的研究作出杰出贡献。</td><td rowspan="4">1931年以后在东北城市，尤其是长春日本侵略者开展了一些建筑活动。</td></tr>
<tr><td>清末新式官方建筑全盘西化，这种趋势一直延续到民国初年。</td></tr>
<tr><td>西方建筑师首先在教会大学校舍建筑领域探索中国建筑民族形式。</td></tr>
<tr><td>西方建筑的影响进一步扩散，新建筑体系逐渐形成。</td></tr>
</table>

第1节 近代中国社会的重大历史事件

•1840—1842年，第一次鸦片战争，签订中英《南京条约》，中国开始沦为半殖民地半封建社会。

•1856—1860年，第二次鸦片战争。中国历经西方列强强加的两次鸦片战争，丧失了大片国土，被迫开放通商口岸，向列强提供片面最惠国待遇。1860年英法联军洗劫并焚毁了北京西郊举世闻名的皇家园林圆明园，签订《北京条约》。

•1851—1864年，民族危机不断加剧的险恶形势下，清廷统治者不思变革，终于爆发了长达14年的太平天国农民起义，彻底暴露了中国传统政治、经济、文化结构的弊端及清廷统治者的麻木与愚昧。

•1861年，清政府设立处理外交事务的总理各国事务衙门，开始寻求变革。

•19世纪60～90年代，洋务运动，以奕欣为首。发展中国军事、民用、教育等，中国资产阶级产生并且有所发展。

•1883—1885年，中法战争，签订《中法新约》，标志着中国西南的门户被打开了。

•1894年，甲午中日战争，中国失败。1895年，《马关条约》的签订，大大加深了中国社会的半殖民地化。

•1900年，帝国主义国家为了镇压义和团起义，维护在中国的利益，发动八国联军侵华战争。1901年，《辛丑条约》的签订，标志着中国半殖民地半封建社会的形成。

•1911年孙中山领导的资产阶级民主革命——辛亥革命，是中国历史上第一次反帝反封建的资产阶级民主革命，推翻了清王朝的统治，结束了在中国延续两千多年的君主制度，建立了资产阶级民主共和国。

•1919年5月爆发了“五·四”学生爱国运动，6月初发展成为以工人阶级为主力的全国规模的群众爱国运动。“五·四”运动是中国新民主主义的开端，标志着资产阶级领导的旧民主主义革命的结束和无产阶级领导的新民主主义革命的开始。

•1921年7月23日，毛泽东、董必武、陈潭秋、何叔衡、王烬美、邓恩铭、李达等代表各地共产主义小组在上海举行第一次全国代表大会（中途转入浙江嘉兴南湖的一条游船上继续举行），中国共产党诞生了。

•1927年“四·一二政变”，第一次国共合作破裂。蒋介石在南京召开会议，决定定都南京，4月18日，南京国民政府举行成立典礼。

•1931年日本帝国主义发动“九·一八”事变，中华民族面临严重的民族危机，全国抗日救亡运动不断高涨。

•1935年，日本发动华北事变，中日民族矛盾上升为全国主要矛盾。

•1937年日本帝国主义发动七七事变，中华民族全面抗战从此开始。

•1945年中国人民经过八年浴血奋战，终于第一次取得了近代以来反侵略战争的彻底胜利。中国共产党为争取和平民主做出了很大努力，但是国民党政府在美帝国主义支持下悍然发动内战，解放战争开始。

•1949年，中国共产党领导中国人民经过北伐战争、土地革命战争、抗日战争和全国解放战争四个阶段，终于推翻了以蒋介石为首的国民党政府的统治，取得了新民主主义革命的胜利。1949年，第一届中国人民政协会召开，标志着中国人民民主革命的伟大胜利。

第2节　城市规划的发展与建设

19世纪中叶对中国来说是一个意义重大的转折时期，“五千年未有之变局”的古老中国步入了前所未有的、与传统农业社会迥异的、现代性逐渐增长的历史发展阶段。这条道路在中国充满了深刻的矛盾和冲突，在外强的压迫下中国在通往现代的旅途中蹒跚而行，上下求索，取得过巨大的成就，也一次次错过了历史赐予的难得机遇，被动地接受外来文化的同化。

鸦片战争前，中国的城市多呈传统的方格形系统，这来源于古代的“井田制”规划。“昔日皇帝始经土设井，以塞争端……使八家为井，井开四道，而分八家，凿井于中，一则不泄地气，二则无费，九则有无相贷，十则疾病相救也，……井一为邻，邻三为朋，朋三为里，里三为邑”[宋元，马端临著《文献通考・职役考》(010-018)/348卷]。1840年鸦片战争以后，随着中国社会的剧变，西方建筑大量进入中国，中国各类城市因各自不同的政治、经济、地理、历史条件，经历了不同的近代化发展进程。

近代建筑首先在广州、上海、天津、汉口等辟有租界的商埠城市中产生与发展，这些商埠区的规划和建筑设计都是由殖民者带来的西方设计师设计的，这些直接接受西方建筑影响而实现近代化进程的城市可以被称为“中国近代主流城市”。一直到19世纪末，帝国主义陆续在中国侵占租借地与铁路附属地，由此产生的一批新兴的租借地城市与铁路附属地城市，也属于中国近代主流城市群体。

许多传统城市受主流城市的影响开始了城市近代化的发展进程，这些近代转型较晚、近代化程度较低的城市构成了中国近代边缘城市群体。主流城市与边缘城市一起构筑了一个中国建筑环境设计从传统走向近代的历史。

一、殖民者在华的规划与建筑设计

随着《南京条约》(1842年)、中英《虎门条约》(1843年)等一系列不平等条约的签订，使得广州、福州、厦门、宁波、上海等通商口岸形成了租界的“国中之国”。商埠城市中外国租界的产生是中国近代史上的一件大事，这直接影响了中国城市与建筑近代化的发展进程。

外国租界（图7-3）最早在上海产生。1843年11月上海开埠后，首任英国驻上海领事巴富尔与上海道宫慕久商定，划定黄浦江边北至李家场（今北京东路）、南至洋泾浜（今延安东路）庄地段为英人居留地。开埠初期，随着外滩滩涂的改造、外滩沿江大道的修筑以及最早的一批洋行与住宅的建设，上海英人居留地逐渐呈现仿西方城市的面貌。

1844至1845年，英国领事制定了一系列有关上海英人居留地租地办法的法规，史称《上海土地章程》。订立这份章程的直接目的是落实中英《南京条约》与《虎门条约》中的有关条款，解决英国人租地的许多具体问题。但是章程在中国近代建筑史上的意义远远不止于此，可以说，章程实际上是拟定了一个朦胧的近代上海城市建设规程，使上海英人居留地从一开始就按照西方近代城市的模式建设，从这个意义上讲，章程的制定可以说是上海城市近代化的起点。

图7-3　外国租界

章程中有关市政建设的若干规定开创了中国

近代城市建设的先河。首先，章程规定一个基本的城市道路系统，对道路的位置、起止、走向，道路的宽度、用途，新建道路与现状道路的关系，华人原有使用权的延续，以及资金的来源等都作了具体规定，因而有很强的可操作性。几年之后，城市道路骨架形成，一片泥滩初现近代城市雏形。按章程规定建设的道路系统以沿黄浦江的沿浦大道为基准，由六条垂直于沿浦大道的东西方向“出浦大道”与两条平行沿浦大道的南北方向道路构成棋盘格式的道路系统，规整而又顺应地形，并不是横平竖直的死板方格。这种规整的地块分割与道路系统明显受到工业革命以后西方近代城市结构模式的影响，此后广州沙面的英、法租界区，天津早期英、美、法三国租界区以及汉口英、俄、法、德、日五国租界区也都采用了这种模式。试将同处黄浦江畔的上海县城与英国人居留地作一个比较，可以清楚地看出，与黄浦江航运系统的呼应是英国人居留地城市道路系统建设的基本出发点。当中国的城市从传统农业城市向近代商业城市转型时，城市功能的转变给城市基本构成模式带来巨大变化，上海县城立足于封闭、自成一体的防卫目标，英国人居留地则着眼于开放的，有利于对外交往的便捷交通条件，所以我们对近在咫尺的黄浦江，城墙内的上海县城视而不见，英国人居留地却视为命脉。早期英国人居留地的建设奠定了上海近代城市发展的基调，采用模仿西方近代城市的道路骨架，形成规整的方格网道路系统，街区尺度较大，着眼于容纳较大尺度的近代建筑、城市道路骨架构成，以黄浦江沟通为基本出发点，目的是方便对外交通，保证商业的发展。短短的十几年以后，英国人居留地的城市面貌已经发生了巨大的变化，道路由泥土路、石板路改建为碎砖碎石垫底、细沙压平的新式马路，道路之下建有“水仓”，敷设管道通至外河，道路两旁辟有人行道，并且种植了行道树，已经呈现一派近代城市景象。1914年，上海租界区的总面积达48653亩。上海租界区的面积远远超出其他商埠城市的租界区，其近代城市的发展程度也遥居首位，上海成为中国近代建筑史发展进程中最具影响力的商埠城市。

随着城市的发展，各种类型的西方建筑也被移植到上海，早期上海近代建筑的主要建筑类型是洋行、银行、教堂、外国人自住的独立式住宅以及联排式住宅石库门里弄民居。

图7-4 汇丰银行

1900年以后，上海城市与建筑的发展进入兴盛期，工业建筑增多，住宅建筑包括石库门里弄民居、新式里弄住宅、公寓住宅与高层住宅大量建造，豪华的银行建筑成为重要的建筑类型，高大的公共建筑——海关、办公楼、饭店、教堂等不断建造，尤其引人注目的是大批商业建筑的集中建造，在租界区内形成了新的商业中心，城市中心从旧城区转移到租界区内。上海外滩这一时期已经高楼栉比，成为办公、银行建筑集中建造的地区，西方古典主义建筑形式的汇丰银行（1923年）（图7-4）与江海关大楼（1927年）是外滩这一时期建造的重要建筑。

图7-5 百老汇大厦

1927年至1937年，上海城市进入超常规发展时期，外滩、南京路一带继续建造高大建筑。沙逊大厦（1928年）、华懋饭店（1929年）、百老汇大厦（1934年）（图7-5）、大新公司大楼（1934年）等都是这一时期建造的代表性建筑，在法租界西部与公共租界西部，就是今天的卢湾区西部与徐汇区、

图7-6　沙逊别墅

静安区一带逐渐成为高级住宅区，建造了大批新式里弄住宅，也建造了许多独院式花园洋房住宅，如沙逊别墅（1932年）（图7-6）、吴同文住宅（1937年）等。

后来上海租界模式被天津、汉口等商埠城市借用，在各个商埠城市中形成了规模大小不等的租界区，租界区的形成与发展成为这些城市近代化进程的起点。第二次鸦片战争以后，1858年签订了中英、中法《天津条约》，允许英法公使长驻北京，增开牛庄（后改营口）、登州（后改烟台）、台湾（后定为台南）、淡水、潮州（后改汕头）、琼州、汉口、九江、南京、镇江等为通商口岸，外国人可以在中国内地游历、经商、传教，外国商船可以在长江各口岸往来。1860年又签订了中英、中法《北京条约》，增开天津为通商口岸。从这以后，中国沿海七省与长江沿岸的要害之地都被开辟为通商口岸。在各个通商口岸，帝国主义列强纷纷按照上海租界模式开辟租界。在中国共出现过25个专管租界、两个公共租界。

以后的几十年中，并不是所有的租界区都能得到发展，各通商口岸中的租界区能否得到发展，取决于这个口岸是否具备形成近代商埠城市的人文、地理条件。19世纪末20世纪初的中国城市由于本身地理位置和开放的早晚不同等原因，城市的现代化程度也不同，城市发展的差异导致其建筑特色不同。就西化程度来说，大致分为两类城市。

一类是由于外国资本侵入，变化较大的城市，有的长期受某个帝国主义国家控制的，以割让地香港（英国）、澳门（葡萄牙）等为早，广州（法国）以及甲午之战后的旅顺（日占）以及哈尔滨（帝俄及日本）、青岛等（德国和日本），这些城市的建筑明显具有殖民地色彩，在城市规划和公用设施的差别方面尤为明显。有的城市处在几个帝国主义占据之下，租借地和旧城区界线分明，各自畸形发展，如上海、天津等。[1]

第二类是内地封建程度较深、变化较慢的城市，如北京、西安、太原、兰州等城市，内地虽然也有沿江、沿海城市如南京、济南、重庆等被辟为商埠，但是发展较上海等大城市晚几十年，因此建筑上的西化表现相对少。

甲午战后，民族资本主义有了初步发展。第一次世界大战期间，民族资本进入“黄金时代”，轻工业、商业、金融业都有长远的发展。南通、无锡等城市新的工业区都在这时期兴起。在民主革命和“维新”潮流冲击下，清政府相继在1901年和1906年推行“新政”和“预备立宪”。这些政治变革带动了新式衙署、新式学堂以及咨议局等官办新式建筑的发展。引进西方近代建筑，成为中国工商企业、宪政变革和城市生活的普遍需求，显著推进了各类型建筑的转型速度。在商埠城市的发展进程中华人、华资、民族企业都起了不可忽视的重要作用，因此中国近代城市转型既发轫于西方资本主义的侵入，也受到本国资本主义发展的驱动，既有被动开放的外力刺激，也有社会变革的内力推进，是诸多因素的合力作用。[2]近代中国的城市转型，既有新城的崛起，也有老城的更新，从近代城市化和城市近代化的角度来看，新转型的城市大体上可以归纳为主体开埠城市、局部开埠城市、交通枢纽城市和工矿专业城市四个主要类型。

主题开埠城市指的是以开埠区为主体的城市，这是近代中国城市中开放性最强，近代化程度最

---

[1] 董鉴泓．中国城市建设史．2版．北京：中国建筑工业出版社，1989：190.

[2] 潘谷西．中国建筑史．5版．北京：中国建筑工业出版社，1997：305.

显著的城市类型。它分为两大类：一种是多国租界型，如上海、天津、汉口等；另一种是租借地、附属地型，如青岛、大连、哈尔滨等。

局部开埠城市不像上海、天津、汉口那样由大片的多国租界构成城市主体，也不像青岛、大连、哈尔滨那样形成全城性的整体开放，它只是划出特定地段，开辟面积不是很大的租借居留区、通商场，形成城市局部的开放。

这类城市多呈新旧城区的并峙格局，以济南最具代表性。济南历来为州、府行政机构的所在地，有完整的、略成方形的旧城。1904年，胶济铁路全线通车，清政府主动把位处铁路沿线的济南开辟为“华洋公共通商之埠”（图7-7）。1905年，在旧城西关外划出4000余亩土地作为商埠区，形成旧城区与新开商埠区东西并置的双核格局。商埠区进行过规划，为适应商业需要，采用了近代都市盛行的密集棋盘式街道网，区内逐渐建起领事馆、火车站、洋行、银行、商店、邮局、娱乐场、洋房住宅和里弄住宅，形成具有近代水平的新城区。

图7-7　1904年胶济铁路济南站

中国近代有一类城市是因为铁路建设而成为新兴的铁路枢纽城市或水陆交通枢纽城市。如河南的郑州，河北的石家庄，安徽的蚌埠，江苏的徐州和陕西的宝鸡等。

工矿专业城市明显地分为工业城市和矿业城市，矿业城镇必然分布在富矿地区。中国近代早期主要是煤、铁、金、银、铜、铅矿的开采，有外国资本、洋务资本，也有民族资本投资。由于近代工业、航海业和铁路交通的兴起，对煤的需求激增，因此煤矿城镇所占数量颇多。工业城市的情况比较复杂，大多数的工业中心都不是形成单一的工业城，而是集中在商埠口岸，与商贸中心、金融中心、行政中心或交通枢纽相结合，组构成复合型的大城市，只有少数由民族资本集中投资的工业，如无锡、南通等形成了颇有特色的工业城市。[1]

1932年编制的长春《大新京都市计划》，由日本城市规划专家设计，参考了19世纪巴黎的改造规划，英国学者霍华德的“田园城市”理论，控制区域为200km^2，实施面积为100km^2，并按照50万的城市人口规模进行规划建设，城市风格接近澳大利亚首都堪培拉。城市布局采取同心圆内向结构，以大同广场，也就是今天的人民广场为中心，竖向以大同街，人民大街，横向以兴仁大路，解放大路为轴线，组成一个比较完整的新市区。道路系统设计采取直角交叉与方格网相结合，设置了环岛式广场。主要街路照明、电讯线路采用地下电缆，在规划、建筑管理上制定实行了一整套法规。对用地规模、地上地下建设程序、建筑高度、立面造型及退出红线宽度等都作了规定。在这份计划中，军事占地5%，按照这个规划，日本人在城市周围修建了关东军营房、细菌部队、航空队司令部、军事机场等一系列军事建筑设施，实际占地突破了9%。1941年，太平洋战争爆发，日本人财力紧张，城市建设的脚步也随之放慢。到了1945年，伪满洲国垮台，这份《大新京都市计划》因此没有完成。

日本殖民者1932年编制沈阳《大奉天都邑计划》，此规划按现代主义功能分区的城市规划思想进行设计，城市用地分为居住、商业、工业及绿地四大类，强调交通、工作、居住与游憩的城市功能，除了对各区域内建筑密度有限制外，还对建筑高度作出30m的限高规定。这两个城市的规划实践，充分说明30年代现代主义的城市规划思想已被日本人接受并影响到中国的城市建设。伪满时期（1931—1945年）修建的许多“兴亚式”建筑以伪满新京（长春）的“八大部”为代表，基本

[1] 潘谷西.中国建筑史.5版.北京：中国建筑工业出版社，1997：307~311.

特征是把西洋古典建筑、日本“帝冠式”屋顶和中国的要素如牌坊等组合在一起，呈现出十分典型的集仿特点（图7-8“兴亚式”建筑）。

图7-8 “兴亚式”建筑

二、民国时期的西式城建规划建设

1912年，孙中山创立中华民国就任临时大总统。他建立的南京临时政府是典型的资产阶级民主共和政治体制，相对于封建专制政治体制是一个巨大的进步。

袁世凯为首的北洋政府倒行逆施、恢复帝制、摒弃“西体”，尽管期间也作了许多推行都市现代化、振兴工商业的努力，但都无实际成绩。军阀混战时期，各地革命斗争形势高涨，一些军阀、买办、地主、商绅纷纷向上海、北京、天津以及各省会城市迁移，他们大量地在租界内投资进行商业活动，经营房地产业，修建私人住宅，这些建筑活动加快了一些租界城市的急速发展。1927年南京国民政府成立，结束了军阀混战的局面，相继采取了收回海关主权、实施工业统税、发展国家资本、推行币制改革等经济政策，取得10年经济相对稳定的发展局面，中国的城市近代化和建筑近代化获得一段相对安定有序的发展机会。从1927年到1937年的10年间，达到了近代建筑活动的繁盛期。

图7-9 中国式衙门

国民政府定都南京后，以南京为政治中心，以上海为经济中心，1929年分别制订了“首都计划”和“上海市中心区域计划”，并展开了一批“效行西式”的行政办公、文化体育和居住建筑等建设活动。在这批官方建筑活动中，渗透了中国本位的文化方针，明确指定公署和公共建筑物要采用“中国固有形式”，促使中国建筑师集中地进行了一批“传统复兴”式的建筑设计探索。

蒋介石国民政府对于西方城建规划的学习和借鉴主要表现在南京和上海以及抗战胜利后的重庆等大中城市，这段时期政府主导的由中国设计师团体模仿西方同时期规划设计的活动步入高潮。1929年编成《首都建设计划》刻意模仿美国首都华盛顿，把城市分为六大区：中央行政区、市行政区、工业区、商业区、文教区以及住宅区，并对“中央行政机关”的建筑形式有所规定。其中明显可见受到当时欧美城市规划理论的影响，尤其是霍华德的“花园城市”思想中卫星城市的设计。至于总统府，为了表明“发扬光大固有的民族文化”的精神，采中西合璧式，其大门是西洋古典式，二门则是中国衙门式（图7-9），中间有些中西合璧的建筑，后面的五层大楼则是典型的欧美现代建筑。

而对于上海这个“特别市”的规划，国民政府也投入了相当大的人力和物力，全面“西化”的特点更显著。1929年的“大上海都市计划”中，以广场为中心，道路网采用小方格与放射路相结合的方式，这种最时髦的设计形式不仅与“花园城市”规划模式相似，而且可以增加沿街高价地块的长度。当然，在中心建筑群的设计上，仍然吸取了中国传统的轴线对称的手法，反映出中国设计师在探索西方模式的同时仍然受到传统文化的影响，1935年建成的上海江湾体育场（图7-10）等建筑也都体现了中西合璧的设计特点。

20世纪30年代，资本主义世界发生严重经济危机，世界市场银价下跌，吸引华侨纷纷向国内

图7-10 上海江湾体育场

输银投资，外商在华资本也将以银计价的利润留存中国投资，使得中国沿海都市得到充裕的资金。加上世界经济危机引发的建筑材料倾销，各国房地产集团和中国财团，利用廉价材料和劳动力，竞相向房地产投资，掀起了一股在中国大城市建造的浪潮。上海、天津、广州、汉口等地新建了一批近代化水平较高的高楼大厦，特别是上海，这时期出现了30座10层以上的高层建筑。这些二三十年代中国大量涌现的高层现代建筑，多由西方设计团体或建筑公司承办，为西方资本主义经济发展服务的，1929至1933年的欧美世界经济危机更使中国建筑市场成为他们倾销各类建材之地，舶来的现代建筑遂成为与中国当时国民经济发展水平不相吻合的产物。

受政治、军事、经济、文化的影响，民国时期的设计思想整体上是西式的特点，国民政府推进各项建筑设计项目的目的是军事统一和“攘外安内”，殖民者则妄图用西式设计奴化民众。抗日战争中断了“大上海都市计划”，1945年，国民党政府重返上海，对于城市人口一度增加到600万以上的上海市再次进行规划。规划中充分运用了当时一些新从欧美留学回来的建筑师带回的“卫星城镇”“邻里单位”“有机疏散”“快速干道”等最新的城市规划理论，与1929年的“大上海都市计划”图相比，注重了城市功能及交通问题，对某些细部的技术问题也有较周密的考虑。[1]但是这个规划由于种种原因没有实现。

抗战期间，国民党政府内迁重庆，曾于1945年前后编制《陪都十年建设计划》(图7-11)，该设计同样搬用了资本主义国家中流行的邻里单位的规划理论和卫星市镇的规划理论，设十二个卫星市，十八个预备卫星市镇，均采用圆形图案，但是整体规划明显可见粗浅、仓促、简单的模仿痕迹。贯彻和实施也有很大距离。西方侵略及经济危机影响、本国通货膨胀、买办官僚垄断金融、地价炒卖等诸多原因使这些形式上的模仿建立在政局不稳、物价不稳、文化差异大的基础上，必然产生“本位位移”。

建筑单体设计亦是如此，以近代大工业生产为前提的新的西式建筑技术和功能很难与中国建筑木结构及其古典形式结合，它们之间横着一条几乎不可逾越的鸿沟。在国民政府“发扬国故”“新生活运动”等政策的号召下，在“国粹”派与现代派之间的争论中，中国各地都出现了许多不伦不类的“宫殿式”“混合式”等建筑(图7-12)。

当然，对于这些混合风格建筑的认识也要一分为二。从建筑学的角度讲，随着时代的发展，建筑风格的改变是正常的。不同风格之间的取长补短是其改变的一种形式和反映，也有一些中西合璧的混合式建筑在创新方面是值得学习和借鉴

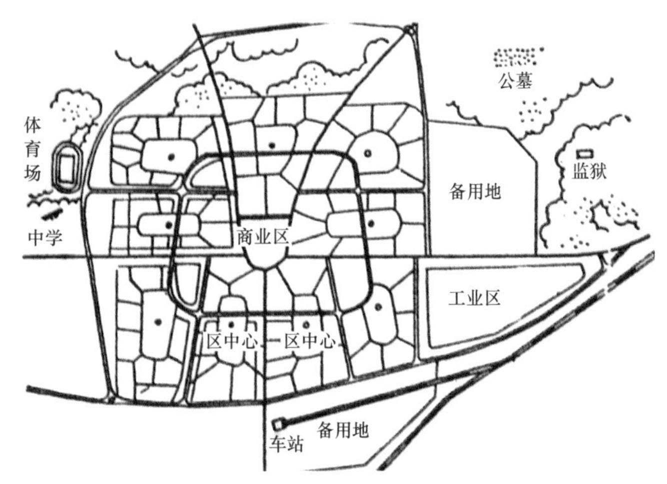

图7-11 1946年重庆陪都十年卫星市计划图

[1] 董鉴泓.中国城市建设史.2版.北京：中国建筑工业出版社，1989：209.

图7-12 宫殿式建筑

图7-13 嘉道理洋房

的。一些建筑吸取了中国的宫殿式屋顶及房屋装饰手法，但摒弃了中国传统建筑的法式比例。这类建筑以西方平面建筑为样本，采外国建筑构架方法，但在外形上部分采纳中国传统建筑的样式，局部再加以本土房屋传统装饰，如南京中央大学、武汉大学、北京辅仁大学的教学楼等。还有一类建筑造型采用中国古典建筑的形式，但建筑结构采用西式，并且去掉了传统装饰，如上海体育场、青岛水族馆、沈阳新孔庙等。20世纪30年代至40年代末，这一时期的中国西式建筑以西方“新建筑”为主，顺应了世界建筑风格变迁的潮流。此时的欧美建筑风格向现代主义形式转变，传入中国，成为以后几十年中国西式建筑的主要形式。

在新兴名城上海、天津、汉口等的带动下，民国时期中国城市建筑日益西化，建筑的类型也大大丰富了。居住、公共、工业建筑等明显发展，装饰工人的队伍壮大，施工技术也明显提高。西式民居的发展势头也与公共建筑不相上下，里弄建筑、花园洋房、高层公寓等类型各自蓬勃发展。最早的里弄住宅于19世纪末出现在上海，代表是1872年的兴仁里石库门，多为三间两厢二层联立式。民国后变化更多，单间或双间一厢的联立式住宅、多层次、带有卫生设备的外国联立式住宅受到中产阶层的青睐。那些英式、法式、德式、美式的仿古花园洋房也在民国时期大量修建，如上海有名的嘉道理洋房（图7-13），建于1924年，是一座欧洲宫殿式的大住宅，地面、墙面都是大理石，也称大理石洋房。20世纪初在欧美国家才出现的高层公寓也很快出现在二三十年代的中国大城市中，如上海的公寓多为高层大厦，内设套房，可分别出租，内有楠木家具、石壁炉台、笔触、电灶、冰箱等设备，著名的有炮台公寓、高纳公寓、毕卡第公寓、达华公寓等。

民国时期，中国各大城市著名的西式旅馆也如雨后春笋。上海有外资的理查饭店、汇中饭店、比克顿斯旅馆、华懋饭店、杰斯菲尔德酒店等；中资的东方饭店、中央饭店、大中华饭店、大上海饭店、大沪饭店、百乐门饭店、国际饭店等。北京有外资的北京饭店、六国饭店、德国饭店、宝珠饭店、扶桑馆等；中资的东方饭店、中央饭店、中国饭店、状元府饭店等。这些建筑高度一般三层以上，建筑材料上，多用钢筋水泥砖石，不但坚固、耐火，而且也有装饰（与旧式的木材、雕梁画栋不同）。西式旅馆外部楼顶大多辟有花园，供客人登高远眺；内设客房、餐厅、酒吧间、舞池、弹子房、会客厅、理发室、小卖店等尽力满足顾客的各种需求。在通风、采光、供暖、淋浴方面都很先进，有大窗、注意通风采光；北方旅馆内暖气设备、卫生间、冷热水、电梯、电话、电灯等现代设施一应俱全。[1]

三、西式市政建设思想的影响

中国古代的城市没有独立、完备的城市管理机制，20世纪初在西方租界的城市管理体制的示

[1] 李少兵.民国百姓生活文化丛书　衣食住行.北京：中国文史出版社，2005：150，153，158.

范作用下，城市绅商开始酝酿效仿西方的城市管理制度。1896年和1900年，上海的绅商们先后建立了南市马路工程局和闸北工程总局，以辟路造桥、建造码头等公用事业为主要任务，在清末新政运动的推动下，1908年清政府颁布《城镇乡地方自治章程》，正式推行地方自治。现代城市的概念出现，该章程的颁布为中国现代市制的确立以及城市的现代化揭开了序幕。

1912年建立的新生的中华民国加快了变革的步伐。1914年，京师市政公所成立，为北京城市早期现代化的推动起到了重要作用。

1912年，广州成立工务司掌管城市公共建设事务，毕业于芝加哥大学的程天斗出任工务司长，他制订的城市改造计划包括：拆除城墙、建设新街道和拓宽旧街道、大沙头填埋改造、港湾工程等。1918年，南方的中华民国军政府在广州设立市政公所，下设工程科，毕业于爱丁堡大学的伦允襄为主任工程师。在清末民初的城市制度的现代化变迁中，由专业技术官僚主导的城市公共工程建设有计划地开展起来，并制订全备的技术规则进行建筑管理。❶

1888、1890年北京皇家苑囿中的西苑、颐和园相继使用电气照明。1899年，德国西门子公司在东交民巷建立了北京第一个商用发电厂，向外交使馆区供电，后被义和团烧毁。1901年，西门子公司重建发电厂，并要求将供电范围扩大至整个北京城，但清政府忌惮义和团运动之后的排外情绪和外国人控制重要的公共工程，没有给予批准。1905年“京师华商电灯有限公司”成立，标志着电气化正式从皇室特权和外国人居住区扩展到商业和市民社会。1908年，周学熙在北京创办“京师自来水公司”，以安定门外孙河的水作为水源，在东直门建水塔。

中国近代建筑的齐备和市政建设的近代化进展还可以从上海这个“近代中国的缩影”城市体现出来。上海是中国近代建筑数量最多、规模最大、类型最全的集中地，在建筑类型和建筑质量上都达到发达城市应有的水平。20世纪30年代的上海城市建筑，与它作为东方最大的国际性都市的地位是完全相称的。

在城市基础设施和市政建设上，上海租界最早引进和采用了西方发达国家城市的一系列做法。这些西式市政建设一是为了满足工业动力需要，二是为满足外侨的需要而办的，西式交通、桥梁、堤岸、照明、自来火（煤气）等都起步很早。早在1862年，英商就开始集资组建上海自来水公司，1863年敷设煤气管，1866年正式营业。煤气通过埋设于地下的管道通往公共租界，并安装了煤气街灯，“火树银花，光同白昼”，蔚为奇观。1875年，4名洋商在杨树浦设立水厂，生产出过滤水用水车送到用户家中。❷ 80年代英商在工部局支持下，成立上海自来水公司，建造了杨树浦水厂（图7-14），1883年正式对外供水。这是中国最早的自来水厂。1882年英商创办上海电光公司，是中国最早的发电厂。1882年的上海租界已经安装了弧光电灯，街上竖起电杆，高架的紫铜电线通向各方。❸租界区市政建设的这些进展，意味着工业文明的城市进步。对华界起到示范作用，华界也分别于1901和1902年

图7-14　上海杨树浦水厂

❶ 邓庆坦.中国近、现代建筑历史整合的可行性研究［D］.天津：天津大学，2003：44，45.

❷ 李维清.上海乡土志.抄本：577.

❸ 黄武权.淞南梦影录.卷四：8.

图7-15　钱塘江大桥的建设

成立内地电灯公司和内地自来水公司。上海城市的近代化就是这样在租界先行的推动下，获得较快速的发展。[1]

1905至1911年，上海大力推进市政和公共设施的建设，共开辟、修筑道路100多条。市政建设的发展使得20世纪初的上海初具现代都市的风范，但是由于“各个租界及中国地界内各种管线均各自为政，没有统一的计划”，造成“租界内外国人集中的地区与中国人集中的地区设备悬殊”的强烈对比、布局极不合理、城市绿化极为缺乏的状况。资本主义的这些市政设计多由殖民当局规划承办、以商业化方法经营，招标承包，其营利性质决定了“凡是有利可图的如供电及自来水就发展，无利可图的如下水道及污水处理厂就无人过问”，

民国建立后，以新式交通为代表的西式市政建设提上日程。孙中山先生重视“民生”，1918年秋在《建国方略》一书中制订了“实业计划”，将交通建设作为放在首位，提出了修建10万英里（16万公里）铁路的计划，孙中山先生对于香港的市政建设极为推崇，其设计思想也基本是参照西方同时期的市政建设思想，但是由于国事混乱，他的呼吁常常陷入曲高和寡的地步，民国时期的市政建设呈现割据中发展、各地水平发展参差不齐的特点。

蒋介石南京国民政府成立之后，江浙和山西由于蒋氏集团和阎氏军阀的控制，经济、路政建设发展较快，尤其是1930年至1932年杭江铁路、钱塘江大桥的设计和修建，将欧美设计经验与中国国情结合，是质优价廉、多快好省的中国自造路桥代表（图7-15）。而东北地区铁路尤其发达，“据1924年的统计，当时全国国有、民有、洋人官办铁路总长12000km，而东北铁路的总长就有6000km，占了半数”。民办公路业的代表张謇于民国初年修筑了我国最早的乡村公路——南通至狼山的公路，“独立开辟了无数新路，做了30年的开路先锋，养活了几百万人，造福于一方，而影响及于全国”，因此胡适称其为“近代中国史上一个伟大的失败的英雄”。

但是，北洋政府时期的军阀混战、各自为政以及民国政府的“攘外安内”误国政策，使许多西式的市政建设流于形式，加上美国为主的外国资本主义实力与国内四大家族等官僚资本家互相勾结，垄断金融、出口贸易，实际上绝大多数“合资”的市政建设成为他们搜刮民脂民膏的途径。

民国时期所建之铁路、公路和公共设施，规格、标准不统一，时作时辍，西方设计师主导的设计局面仍占主体。交通工具如汽车、电车的设计甚至汽油等燃料多由国外引进，严重依赖西方设计，民国时期要员、资本家所用轿车无不是由美国购得的“通用”“福特”“克莱斯勒”“劳斯莱斯”等品牌。

四、中国近代的建筑和城市规划设计家

古代中国历史上担当房屋设计职责的是集建筑与结构设计、施工、估价于一身的工匠。他们的社会地位之低下，被称为不登大雅之堂、不能载入史册的“匠人”或“工师”。中国传统建筑体系的传承方式是师徒相授，文人士大夫与建筑工匠泾渭分明，能工巧匠的技艺得不到总结和承传。

1900年代清末新政建筑的实践中，一批接受了现代教育、具备了一定的现代建筑科学知识、掌握了一定的建筑设计技能的中国建筑师开始登上历史舞台。在清末新政建筑活动中出现的早期中国

[1] 潘谷西.中国建筑史.5版.北京：中国建筑工业出版社，1997：314，315.

建筑师留下姓名的有孙支厦、沈祺等。至20世纪20年代，中国建筑师形成有两大来源：其一是留学西方出身于建筑学专业或土木工程专业的建筑师，如张瑛绪、吕彦直、庄俊、杨廷宝、梁思成等，其二是本国培养出身于建筑学专业或土木工程专业的建筑师，如孙之厦、莫衡、黄元吉等。

孙支厦是中国近代最早的建筑师之一，是实现中国传统建筑工匠向现代建筑师过渡时期的代表性人物。他所设计的江苏省咨议局、南通总商会大厦、壕南别业等建筑是中国近代建筑史上的经典之作，为南通的城市近代化作出了不朽贡献。在其后长期的设计生涯中，主持了大量的建筑设计和施工管理。如南通博物苑总体规划及各馆室设计（1911年），南通图书馆（1912年）（图7-16），张謇自宅“壕南别业”（1914年），主持改建南通商会（1920年）等。

图7-16 南通图书馆

据有关资料显示，1910年初已经有一批没有取得法定注册开业资格的中国“建筑师”出现在上海租界和华界，活跃于一向被西方建筑师所垄断的设计市场。建于1917年的上海大世界，由周惠南打样兼设计，周惠南（1872—1931年）开业前曾在上海最大的房地产公司英商业广地产公司供职，是有史可考的中国最早的开业建筑师。

从20世纪20年代后期开始，早期赴欧美和日本学习建筑的留学生回国人数明显增多，在上海、天津等地相继成立了华盖建筑事务所、范文照建筑事务所、中国建筑师队伍明显壮大，进行了颇为活跃的设计实践。到了30年代，上海三分之一的建筑事务所由中国建筑师主持，中国建筑公司承办的工程质量已经与洋商不相上下。从中国特征起步的一批有才华的中国建筑师，不失时机地转入到现代建筑为基点的求索。比如基泰工程司的关颂声、朱彬、杨延宝，华盖建筑师事务所的赵深、陈植、吕彦直等人都是中国现代建筑的先驱。他们在现代功能和体形条件下，吸取使建筑手法简化体量以及在西洋古典建筑的框架内探索中国新建筑的思路，带有先驱性质，在没有官方指令的创作环境里，并没有走全盘西化之路。

1923年，苏州工业专门学校设立建筑科，迈出了中国人创办建筑学教育的第一步。在1925年中外建筑师参与的南京中山陵设计竞赛中，吕彦直、范文照、杨锡宗分别获得一、二、三等奖。1929年中山陵建成，标志着中国建筑师规划设计的大型建筑组群的诞生。1927至1928年，中央大学、东北大学、北平大学艺术学院相继开办建筑系；1927年成立上海市建筑师学会，后改名为中国建筑师学会；1931年成立上海市建筑协会。两会分别出版了《中国建筑》和《建筑月刊》，中国营造学社也于1930年成立并出版《中国营造学社会刊》。这些形成了在建筑创作、建筑教育、建筑学术活动等方面的活跃局面。

1．吕彦直（1894—1929年）

1894年7月28日出生于天津官宦之家，1913年，吕彦直在清华学堂毕业后考取公派留学美国，就读于美国康奈尔大学。1918年12月20日，获得康奈尔大学建筑学学士学位。大学毕业后，进入纽约的墨菲（HenryK. Murphy）建筑师事务所工作。

1921年初，27岁的吕彦直经欧洲回国，进入墨菲事务所上海分所工作。1925年5月，总理丧事筹备委员会向海内外悬奖征求中山陵墓设计图案，吕彦直毅然应征。9月，他以简朴、庄重的钟形图案，一逾群雄，荣获首奖。

南京中山陵（图7-17）的设计和建造，完全体现了吕彦直的建筑思想——使用西方先进的建筑科学技术，去构造纯中国样式的建筑。陵门、碑亭、祭堂、台阶的毛坯以及墓室的地下、地面建筑，

图7-17 南京中山陵

屋面、牌匾、斗拱、梁柱这些“木构件”，都是用钢筋混凝土构造的；陵门和祭堂上的“木质”隔扇门，是用紫铜铸造的。所有的西方建筑技术、现代建筑材料，到了吕彦直手上，都被巧妙造化成为纯中国式的，让人看不出破绽来。

在南京东郊的紫金山中茅山南坡，中山陵依山而建，墓道和392级石台阶，把石牌坊、陵门、碑亭、广场、华表、祭堂、陵寝等建筑物有序地串联在了同一条轴线上。四面苍松翠柏环抱，八方云霞紫气聚来。从空中俯瞰，中山陵园就像一口安放在中华大地上的巨大警钟，庄严肃穆，气度非凡。

吕彦直所设计的中山陵，既是一座纯中国式的陵墓，又区别于以往所有中国的封建帝王陵墓。从颜色上看，他用孙中山手创共和的国旗蓝色为主色，以蓝色的琉璃瓦顶，取代皇帝专用的黄色琉璃瓦顶。从使用功能上看，他以祭奠活动的公共性，取代了以往皇家祭奠活动的私人性。宽阔的广场、墓道、台阶，全部都是为适应大型公共祭奠活动的需要而设计的。

图7-18 百乐门舞厅

获奖后的吕彦直，以个人的名义创办了建筑事务所——彦记建筑事务所。还没有等吕彦直从中山陵建筑图纸的设计工作中缓过气来，1926年2月23日，《广州民国日报》就刊登出《悬赏征求建筑孙中山先生纪念堂及纪念碑图案》的方案来，中外设计师纷纷响应。吕彦直带病设计应征图案，并再次获得一等奖。1926年11月3日，吕彦直受聘担任广州中山纪念堂、纪念碑的建筑师。

一个建筑事务所几乎同时承担起国家的两大纪念性建筑物的建筑设计和施工监理等任务，这在中国建筑史上是没有先例的。

由于积劳成疾，1928年初，吕彦直被确诊患有肝癌。1929年3月18日逝世，成为中国建筑史上的绝唱。他超前的建筑思想和智慧，尤其是为中国建筑事业奉献生命的精神是后人永远的榜样。

2．杨锡镠（liú）（1924—1929年）

百乐门舞厅（图7-18），1933年建成。在上海19世纪20～30年代举办舞会成为一种时尚的公共娱乐活动。业主要求建筑出奇制胜与建筑师希望作品标新立异的共同目标，使得追求标志性成为建筑造型的首要目标。由于建筑主体只有三层，为了增加气势，在建筑转角增加了一座四节的层层收缩的玻璃银光塔，这也是装饰艺术派常用的手法。银光塔安装了霓虹灯，使建筑夜景也具有很强的商业效果。舞厅设备现代化，宴舞大厅采用当时最先进的弹簧地板，楼厅的小舞池则采用玻璃地板，下装电灯。舞厅还安装了先进的空调设备，使室内空气保持清新。杨锡缪在平面布局上颇费心思，将舞厅一分为三，一层开辟400余座的宴舞大厅，旁边建两个75座的小型舞厅，二层设250座的楼厅，适合营业以及人流交通。百乐门舞厅的落成在上海娱乐界引起轰动，被誉为“远东第一乐府”和“现代建筑学与装潢术上惊人的进步”。

3．范文照（1893—1979年）

范文照是一位多产的建筑师。1921年毕业于美国宾夕法尼亚大学，1927年在上海开设私人事务所，在1920年代末1930年代初的“中国固有形式”建筑浪潮中是一位活跃人物，他是第一批“宫殿式”的“中国固有形式”建筑的主要设计者之一。在起步时期与中国同时期其他建筑师一样，设计思想没有走出“复古”与“折中”的历史局限。1930年代初随着现代建筑的浪潮在上海掀起，范文照敏感地领悟到其先进性而转向积极提倡现代建筑思想。1933年初，上海的范文照建筑师事务所加入了一位美籍瑞典裔的建筑师林朋（Carl Lindbohm），他曾受教于现代主义建筑大师勒·柯布西耶、格罗皮乌斯及赖特等人，竭力倡行“国际式”建筑新法，范文照受其影响从一个文化民族主义者变为现代建筑思想的积极提倡者。1934年，范文照撰文对自己早年在中山陵设计竞赛方案中“掺杂中国格式”的复古手法表示了强烈反省，呼吁“大家来纠正这种错误”，并提倡与“全然守古”彻底决裂的“全然推新”的现代建筑，他甚至提出了“一座房屋应该从内部做到外部来，切不可从外部做到内部去”这一由内而外的现代主义设计思想，赞成“首先科学化而后美化”。范文照事务所设计的协发公寓（1933年）、上海美琪大戏院（1941年）（图7-19）是典型的现代格调作品，范文照的现代建筑环境设计对现代主义思想在近代的传播起到重要作用。

图7-19 上海美琪大剧院

4. 华盖建筑师事务所：由赵深（1898—1978年）、陈植（1902—2001年）、童寯（Jùn）（1900—1983年），组成

成立于1932年，次年就建成了大上海电影院及上海恒利银行。上海恒利银行（1933年）是现代建筑的先锋性作品，它摆脱了古典主义外衣，屋内外采用天然大理石和古色铜料装饰，外墙面贴深褐色面砖，并以假石面饰作垂直线条处理。建筑师已经熟练地运用现代建筑的设计手法和设计原则，而非简单地作为时尚地模仿。华盖建筑事务所设计的与大光明电影院同年建成的大上海电影院，外立面底层入口处用黑色磨光大理石贴面，中部有贯通到顶的八根霓虹灯玻璃柱，“夜间放射出柔和悠远的光芒”，内部观众厅设计采用流线型装饰，被当时舆论誉为“醒目绝伦”“匠心独具”。华盖建筑师事务所设计的作品体现了1930年代中国现代建筑的商业时尚特征。此后又有上海合记公寓、懋华公寓、南京首都饭店（1934年）、浙江兴业银行（1935年）、昆明南屏大戏院（1940年）、上海浙江第一商业银行大楼（1947年）等一系列现代建筑出世。

5. 梁思成（1901—1972年）

中国近代著名的建筑教育家、古建筑文物保护与研究和建筑史学家。1924年，梁思成赴美国宾夕法尼亚大学学习建筑，并获得建筑硕士学位。1928年，梁思成回国后应东北大学之邀去沈阳创办了建筑系，任系主任和教授。1931年，九一八事变，日本帝国主义侵占东北，梁思成举家迁到北平，他参加了中国营造学社。他早年的为数不多的作品受到了世界现代建筑潮流的影响，1932年所作北京仁立公司铺面改造设计就是代表。

梁思成早在青年时期就到过欧美许多国家，参观过各国古代和近代的城市和建筑。他清楚地看到一个国家和民族都有它自己的传统文化，一个国家和地区的建筑也多具有自己的传统风格。他坚持研究古建筑首先必须进行实地的调查测绘，先后与其夫人林徽因、研究人员刘敦桢等对蓟县独乐寺辽代建筑、山西五台山佛光寺等进行了调查测绘，中国营造学社的成员们在十几年的时间里，走访了15个省，近200个县，测量、摄影、分析、研究了2000余项建筑与文物，积累了大量资料。梁思成还带病撰写了《中国建筑史》，在这部著作中，他根据大量的实物和文献资料，第一次按中国历史的发展，将各时期的建筑，从城市规划、宫殿、陵墓到寺庙、园林、民居都作了详细的叙述，并对各时期的建筑特征作了分析和比较。这些论述和分析都远远超过了过去外国人对中国建筑的研究水平，达到了前人所没有达到的高度。

在醉心于中国古建筑研究的同时，梁思成保持着对新的建筑思想的敏感，早在1930年获首选的《天津特别市物质建设方案》中就已表露出对“洋灰铁筋时代”特征的认识以及对现代建筑的基本观念的理解，他认为在新的时代，“建筑式样大致已无国家地方分别”，“各建筑物功用之不同而异其形式”，应“摒除一切无谓的雕饰”，并认为“此种新派实用建筑亦极适用于中国”。梁思成对现代建筑的看法似乎比他同时代的建筑师更深一层。此后，在谈到“国际式”建筑时，他阐述到“其最显著特征，便是由科学结构形成其合理的外表”，并把中国古建筑的构架法与现代建筑进行比较，得出了它们的“材料虽不同，基本原则却一样”的结论，把两者都说成是“正合乎今日建筑设计人所崇尚的途径”。

梁思成1946至1972年在清华大学任建筑系主任，新中国成立后还参加了人民英雄纪念碑、中华人民共和国国徽、扬州“鉴真和尚纪念堂”等设计，他是新中国首都城市规划工作的推动者，新中国成立以来几项重大设计方案的主持者，在努力探索中国建筑的创作道路，开展对宋《营造法式》的研究工作，提出文物建筑保护的理论和方法，被称为是研究“中国建筑历史的宗师”。

6.杨廷宝（1901—1983年）

杨廷宝是中国第一代建筑师中出类拔萃的人物，他的设计作品运用中西建筑处理手法，不墨守成规，刻意创新，在三十年代初期就已驰誉南北。他所在的基泰工程司是中国近代建立最早、规模较大、在中国有相当影响的建筑事务所，建筑作品遍及天津、北京、上海、沈阳、南京、重庆、成都等地。基泰工程司“注视着国外现代建筑的发展”，30年代设计的中央医院、南京大华大戏院、上海大新公司、40年代初设计的重庆美丰银行、重庆农民银行就已作出了合理的功能布局、简洁的建筑造型、1946年之后的设计，大部分作品风格已完全转向经济、实用、简朴大方的现代建筑，在中国近代建筑历史行将结束之时，标志着中国建筑逐步走上现代建筑的健康之路（图7-20~图7-22）。

图7-20 中央医院外景（摘自《杨廷宝建筑设计作品选》）

图7-21 中央医院立面外景（摘自《杨廷宝建筑设计作品选》）

图7-22 入口细部（摘自《杨廷宝建筑设计作品选》）

第3节 建筑装饰的西化与演变

近代中国被动地引进西方的建筑样式、材料、技术的同时，不同殖民地的装饰风格及其文化也必然强势地侵入中国古代建筑装饰文化体系。

从建筑类型角度看，类型齐全的教堂建筑从19世纪末开始将基督教、东正教、伊斯兰教等教堂装饰的特点复制到中国。西方文艺复兴以来的各国经典教堂式样在中国各地相继建立，20世纪后更是数量大增、式样齐全。由于受到教堂建筑装饰的影响，许多公共建筑、民居也带有相似的装饰特点。

在开埠城市和租借地，新建或重建了许多行政管理机构和洋行。这些新型办公建筑，已经不再是过去简单的殖民地外廊式建筑，而是采用当时本土流行的建筑样式。如1904年建造了天津德国领事馆，1905年建成青岛德国总督公署。一些有实力的银行建筑陆续建成构图严整和宏伟的古典建筑形象，以显示资本雄厚和安全可靠。如上海外滩英商汇丰银行，拆除旧建筑后于1921年新建成目前的古典主义式样。

开埠城市的主要交通建筑、学校建筑、宾馆旅店、私人别墅多由各国指定西方著名设计师设计，因此，30年代的上海外滩才有了“万国博览会”之称（图7-23~图7-35）。

图7-23 1920年津浦铁路天津西火车站建成

图7-24 1912年胶济铁路济南火车站建成

图7-25 1895年的天津北洋大学堂

图7-26 1903年北洋大学堂主楼建成

图7-27 1905年华西协和大学兴建

图7-28 1912年齐鲁大学建成

图7-29 1913年哈尔滨建成马迭尔饭店

图7-30 1917年北京东长安街上的北京饭店建成

图7-31 新式的公寓有1934年兴建的上海百老汇大厦

图7-32 1935年的上海峻岭寄庐等

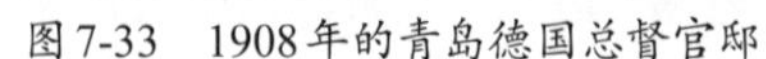

图7-33　1908年的青岛德国总督官邸

图7-34　1924年的上海嘉道理住宅

图7-35　1936年上海英商马勒住宅

从设计师这个特殊的输入主体看，西方建筑师是输入异域装饰风格的主体。他们把西洋古典建筑当作炫耀西方文明和力量的途径，在租借地大兴土木。古希腊、古罗马、文艺复兴等时期的经典建筑和柱式被复制到中国，一些国家的驻华机构、银行等建筑，往往喜欢使用这类建筑形式，有时带有一些巴洛克的细部，以显示至上的威严或宣扬经济实力。将地域建筑输入殖民地也是早期文化策略之一，英国建筑风格传入东南沿海之后，为适应当地的气候，逐渐形成券廊式建筑形式，上海早期苏州河畔、武汉早期英租界、厦门鼓浪屿等地的早期殖民建筑即是此类。

当上述这种强势的文化输入遭到中国人的抵触时，侵略者又迂回地提倡起“中国式建筑”来。这些建筑以中国的宫殿和庙宇为蓝本，多数是不伦不类的“中西结合”，目的就是将西方建筑穿上中国式的外衣，使中国人对西方宗教和文化逐渐认同，这种建筑文化策略，主要反映在外国人兴办的教会和学校、医院等建筑之中。

中国本土设计师的努力和探索也是近代建筑装饰演进的重要推动力，国民政府定都南京之后，实施文化本位主义，提倡“中国本位”“民族本位”，在建筑中倡导“中国固有之形式”。主要实例集中在上海、南京和广州等地，如1926年吕彦直设计的广州中山纪念堂。设计师们在现代条件下研究中国古典建筑的继承和发展，也不可避免地遇到了难题：现代建筑功能、体量、结构与旧建筑体系的矛盾，所以在二三十年代的中国各地都出现了许多中式古典装饰与西式现代功能结合的建筑，有出自深厚的功底和技巧的建筑师如庄俊、杨廷宝、梁思成等的作品，也有一些良莠不齐的设计师的作品。

一、中西建筑设计语汇的差异与融合

中西文化各自有着不可动摇的文化内涵，利玛窦初入中国时，为柔化矛盾，曾以“自上而下”“尊崇儒学”的策略使传教工作得以开展。在建造京师第一座天主教堂时，其建筑形制曾借喻“书院”（明代士大夫流行的书院）的传统式样，以减少异种文化内核的输入阻力。自万历三十八年（1612年）至康熙五十一年（1712年），南堂的建筑风格维持了100年的中国式样才易为西式，可见文化差异的力量。

这种冲突并没有因为鸦片战争后洋务运动提倡西学而消失，反而由于欧美传教士借炮舰神威和不平等条约大量兴建教堂建筑，激化了原有的矛盾。许多地方“教案”频起，甚至有焚毁教堂者，大多数地区的建筑工匠对西洋建筑取仇视态度，不肯学习西式建筑技术。1847年，广东省佛山两处泥水匠规条宣布：“红毛如敢在省兴工，建造楼房，我两镇工役头人，不许承接包办。”否则对房子“立刻烧毁”，对工匠“按名搜杀”。[1]因此，在原材料、建筑结构不同，缺乏西式建筑师、建筑

[1] 何重建.上海近代营造业的形成及特征.//汪坦.第三次中国近代建筑史研究讨论会论文集.北京：中国建筑工业出版社，1991：118-126.

工匠的条件下，传教士不得不亲自充当建筑师。

1845年在建造建于外滩的怡和洋行（图7-36）时，墙壁用泥塑或本地砖砌成，外墙粉刷得雪白，周围是配置着大拱门的敞开游廊。房虽简陋，且用的是本地建材，但其承重墙结构与中国传统的木构架迥然不同，本地传统建筑工匠对此十分陌生，并非建筑师的西人不得不亲自设计，指导施工。[1]在19世纪五六十年代，较为开放的上海出现了专门设计西式建筑的营造厂，在本地建筑工匠中出现了本帮和“红帮”之分。

图7-36 怡和洋行

在鸦片战争之前，西式建筑尤其是教堂建筑是很难立足的，数量不多，典型的代表如北京的南堂、东堂、北堂，澳门的圣保罗教堂，济南的将军庙天主教堂等，在建筑设计上较不成熟；鸦片战争后宗教势力渗透到各地，兴建了大批宗教建筑，在风格上大肆移植西方各国、各时期的著名教堂，如雨后春笋般矗立于各租借地。

而内地则较上海落后几十年，在儒学传统深厚的济南，建于老城区的将军庙天主教堂（1650年始建）1866年重修时，不得不采取坐北朝南的中国建筑传统；而远离老城区的洪家楼天主教堂（1660年始建）1902年至1905年重修时则大胆地运用哥特式风格，并且坐东面西。再如宁波法属江北岸天主教堂（1872年建），坐东朝西，教堂平面为巴西利卡的“拉丁十字式”，有列柱、侧廊，单钟楼，砖木拱穹结构，这些都表现了极强的西方建筑内涵；但教堂大厅屋顶仍为中国传统的“大屋顶”形制，且建筑细部出现了简化的斗拱、梁枋等传统构件和装饰。[2]从材料上、技术上一定程度地反映了当时教会建筑文化为缓和文化矛盾所作的努力。

宫廷的洋式建筑早就始于圆明园，晚清许多王公贵胄纷纷仿效，如北京恭王府门坊就是圆明园式门楼的代表。这种门在西洋式立柱之上的女儿墙表面做中、西式花饰，或为西洋式草花或为中式文物古董（花卉走兽、岁寒三友、暗八仙等），中西合璧。而同样是圆明园式仿西洋风格的京师同文馆大门，按理说这种风格与这里的功能正好相匹配，但是保守派人士徐桐却厌恶洋式建筑，每次走过此门，都绕道而行，至死不改。

可见，并非是建筑设计方法、构件及装饰细节的差异，建筑是设计文化中的“大器”，它体现的是整体文化的不易调和。这种文化上的冲突也最能体现一个事实：单向地接受西方的物质文化，必然引起有机的抵抗，文化的交流应是在双方平等互动的基础上进行，强行植入只能造成更加严重的阻滞和不融合。从“夏夷之争”到洋务运动的“中西之争”再到维新运动的“新旧之争”，文化的转型都局限于物质层面、制度层面，造成整体上的速度迟缓；而辛亥革命以后，由思想开始的转型速度加快，建筑设计上二元异质共存的现象才逐渐被接受。

西方各种设计思潮和风格的产生有其特定的历史原因，当外国设计师在中国大行其道时，多数表现的是他们的殖民欲望，当然也有优秀的设计家为的是在这块新土地上发挥他们的才华。19世纪末、20世纪初古典复兴设计思潮、新艺术运动设计思潮、新艺术运动、折中主义、现代主义思潮、装饰运动思潮等相继传入中国，中国设计师在被动接受的情形下，也有相对的改良和学习。但是，大多数设计尚停留在表面的模仿，以中国本土的历史为基础，与原生态的西欧现代设计内涵发生了

[1] 上海建筑施工志编委会编写办公室.东方巴黎——近代上海建筑史话.上海：上海文化出版社，1991：27.

[2] 郑声轩，干哲新.近代宁波的城市发展与建筑概况.//汪坦.第三次中国近代建筑史研究讨论会论文集.北京：中国建筑工业出版社，1991：111-117.

图 7-37　南京金陵大学北大楼

图 7-39　北京燕京大学(水塔)

图 7-38　北京辅仁大学教学楼

错离；许多设计师尚不能用正确的历史观、发展观去理解其思想本质，很少顾及各种风格的缺陷与不足，因此造成设计风格与设计思想的混乱。

中国本土设计师的尝试也很艰难，供职于陆军部军需司营造科的沈琪，于1906年为陆军部衙署设计了一栋以西洋样式为主，颇多中国装饰的主楼；受命于两江总督的孙支厦（1882—1975年），在1909年主持设计的江苏省咨议局建筑基本也是洋式的。

19世纪末20世纪初中国近代的建筑历史上形成以模仿或照搬西洋建筑为特征的一股潮流。沿海城市的洋式建筑以上海外滩和南京路、天津九国租界、广州“十三行”和沙面、厦门鼓浪屿、青岛胶澳租界“青岛区”的建筑为代表。长江沿岸城市的以南京下关、武汉汉口租界的建筑为代表。内陆地区沿边城市哈尔滨早期的建筑主要通过中东铁路的修建和开通，受俄罗斯传统建筑和19世纪末欧洲流行的“新艺术运动”样式影响，在中东铁路系统的建筑和东正教堂中多为表现。滇越铁路（1903—1910年）是中国西南地区的第一条铁路，它的建成加速了云南的近代化。越南人在参与滇越铁路的修建和昆明商埠的开发过程中，间接地把其所受法国建筑文化的影响带到滇越铁路沿线的城市和昆明。洋式建筑的设计者基本为外国来华的建筑事务所或建筑师。北京的洋式建筑则以东交民巷使馆区建筑为滥觞，以资政院、大理院为代表。

20世纪20年代以后，又出现了以模仿中国古代建筑或对之改造为特征的另一股潮流，在“提倡国粹”的口号中许多建筑留下了模仿或拼凑的痕迹，不伦不类的设计语汇杂，如南京金陵大学北大楼（图7-37）、北京辅仁大学教学楼（图7-38）、北京燕京大学（水塔）（图7-39），刻意创新之余尚存不足。

中国国土幅员广阔，各地建筑环境的发展很不平衡。中国沿海地区、长江沿岸地区的一些城市，较早作为商埠开放，因此较多地受到西方文化的影响，洋式建筑、现代建筑出现较早。而大部分内陆地区的城市由于交通不便，仍处于与外部世界较为隔绝的状态，中国传统建筑文化的表现较强。

总之，中国近代有无数建筑环境设计作品问世，中西杂陈、样式繁杂、水平不一。直到中华人民共和国成立，现代建筑师经过了几代人的艰难摸索，时至今日，中国传统文化和西方现代文化的结合问题，仍然是困扰着每一个中国建筑师的难题。无论褒贬，中国近代建筑环境艺术是多元文化下的历史见证，许多重要建筑物都是当今中国的宝贵财富，成为当地城市的重要景观，给中华大地增添风采。

图7-40 1910年南洋劝业会的钢筋混凝土薄壳拱桥

二、清末“中体西用”的设计思想

“中体西用”意即“中学为体、西学为用”，19世纪60年代以后洋务派向西方学习就是以此为指导思想。洋务派主张在维护清王朝封建统治的基础上，采用西方造船炮、修铁路、开矿山、架电线等自然科学技术以及文化教育方面的具体办法来挽救统治危机。就建筑环境设计来说，清末采用的也是移植西方科学设计思想的权宜之计，没有从根本上步入现代设计的阶段。

中国古代“华夏中心论”形成的世界观使士大夫们以“天朝上邦”自居，对待外来文化的态度也是在“中上西下”的前提下加以接受，而后将之“中国化”。即便认识到西方建筑和设计文化的先进之处，也不肯放弃传统的评价标准，对待西来设计奇器，均斥之为“奇技淫巧”，先进的工业产品在帝王权贵眼里还不如壁画、鼻烟壶等工艺品的价值高。

图7-41 1916年正阳门箭楼西侧

1860年，冯桂芬著《校邠庐抗议》一书，明确提出中国在科学、技术、经济等方面比西方落后，主张“采西学”“制洋器”。郑观应在《盛世危言》中也大力提倡学习西方技艺和教育等，洋务派的李鸿章、左宗棠等，用官督商办的形式办起了许多新式工业。在建筑和器物设计领域开始吸收西方的科学思想，以“制器为先”，但是，半封建半殖民地的社会形势下，他们对西方文化的认识还基本停留在器物层面，在具体实践中表现为“实用理性”的改良和盲目的“拿来”。因此，在科学的自然观、哲学观、商业观尚未建立之时，清末设计思想的本质实际上是一种分割体用、采末固本、变器卫道、用夏变夷的折中主义变革。[1]

西方十九世纪末的工艺美术运动将这一思想发展到纲领性、思潮性的阶段，并且影响到世界各国的设计转型。

当西方设计新材料传入中国时，清政府对于科学设计思想的推崇也清晰可见，清末的南洋劝业会已成功建成薄壳拱桥（图7-40），其科技的先进程度与西方几乎同步。

再譬如北京内城正阳门的几次修葺也说明了这一点：“民国四年（1915年），北京政府为解决正阳门交通堵塞问题，聘请德国建筑师罗克格·凯尔设计改建正阳门道路”（图7-41）。

[1] 昌切.清末民初的思想主脉.北京：东方出版社，1999：19.

先是采纳西方“之”字形人流通道的合理性设计，继而采纳水泥挑檐、护栏、遮阳、玻璃等新式材料，还有随之而来的西式图案。更重要的是“礼”数的突破——94孔的箭窗，与传统象征皇权、极数的数字“9”的倍数大相径庭，为了科学实用，“礼”的限制已经被搁置了。但是仅仅靠外来设计师、进口的先进材料、靠挪用照搬的科学设计结构，是远远不能改变设计落后的局面的。传统的价值观依旧限制着科学思想的地位，泛道德主义依然笼罩着绝大多数的设计领域，以科技为“匠作”、技艺的观念仍占主导，科学技术得不到普及，移植而来的科学设计思想必然难以成活。

三、西式装饰图案的复制与拼贴

清末的一些行政建筑如北京陆军部、大理院、地方咨议局等多采用欧洲古典风格的形式，基本上是重复西方一个世纪前的复古之风，无论是中国还是西方设计师都是将古希腊、罗马、哥特、文艺复兴、巴洛克式等种种历史上的建筑形式教条地复制局部，再进行拼贴。像天津这样的城市，不乏“维多利亚街”这样的称呼以及英法古典风格的租界建筑，厦门鼓浪屿的欧式建筑群以及上海外滩的绝大多数英属大厦都是依照殖民地风格建造或重建的。

第二次鸦片战争后，随着商业和金融业的兴起，改变的不仅是官商阶层，中下层民众的生活方式也逐步西化，出现了“四民向商”的价值观转变。晋商、徽商等近代民族金融业、工商业代表的商号、住宅设计也都是“求利意识”“以洋为尚”的体现，他们弃文经商，积累财富后大兴土木，那些中西结合的建筑装饰给传统水乡市镇增添了新的色彩（图7-42）。

图7-42　南浔小莲庄的洋式入口

在通商城市，买办、新商人阶层逐渐兴起，他们热衷于用洋货、住洋房，引进西洋体育活动和文艺形式，如1866年上海西侨在上圆明园路建造了一座木结构的剧场——兰心戏院（Lyceum Theatre），作为西人爱美剧社（大英剧社）的演出场所。也对中国舞台美术设计产生了影响。此后，消遣娱乐行业的内部竞争致使建筑装饰业也逞奢斗华，如有竹枝词记载戏院装潢之奢华的“群英共集画楼中，异样装潢夺画工。银烛满筵灯满座，浑疑身在广寒宫”[1]，诸如此类的建筑装饰拼贴之风呈现出半殖民地半封建的社会背景下人们的审美趣味。

从19世纪60年代到20世纪20年代，在中国沿海开放城市，海派资本家有意识地模仿或照搬西洋建筑样式一度成为这一历史时期占主导地位的潮流。近代江南民居的典型个例是苏州的春在楼，它采用了中国传统民居建筑的空间格局：规矩方圆、轴线分明、均衡对称，承袭的是传统建筑的营造方式。在建筑装饰上，局部又采纳了彩色玻璃、铸铁栏杆和西式壁橱、西式柱头等西式建筑材料和样式。春在楼前楼的12根檐柱，柱身设计为竹节形状，采传统寓意“节节高”，而柱头却为木制“科林斯”柱头，是一个与柱身、柱础割裂开来使用的饰物，西式铸铁栏杆上用传统的“寿”字纹、蝙蝠纹样装饰，观景台的西式拱券上加上了中式的四角亭等。虽然组合得很不恰当，但是也反映出工匠们对传统文化产生的民族自卑心理以及对西方建筑文化充满好奇，以折中的手法将西洋建筑元素与传统建筑元素进行拼贴、组合的尝试，迎合了业主“求新、求异”的审美趣味。而浙江东阳的卢

[1]《申报》1872年7月9日，转引自李长莉．近代中国社会文化变迁录　第一卷．杭州：浙江人民出版社，1998：320.

图7-43　清末的北京前门大街

图7-44　1905年建的上海新舞台戏院的装潢

宅，檐廊梁架挑出梁头，用木雕饰，题材直白地采用了外国人的头像和西方的涡叶卷草纹饰。

中外建筑师们在近代中国这块实验田里不失时机地将现代技术与传统装饰，简化的中式大屋顶与西式石构建筑等多种中西结合的手法一一尝试。有许多成功的案例迄今仍不失为典范。1903年前后，美国基督教会在我国开办了13所教会大学，其中的东吴大学洋式校舍，主体建筑林堂、孙堂、维格堂、葛堂和子实堂都是以红砖叠砌为主的欧式建筑，装饰上有罗马式的石柱和券廊。1906年建的北京饭店，摒弃了雕梁画栋，采用钢筋水泥砖石材料，简洁美观的现代风格——立面壁柱分隔红色墙面，局部古典装饰，迄今仍视为经典。建于1910年的上海大华饭店，砖混结构，室内装饰完全西化，首层舞厅的中央装有大理石喷水池和半圆形音乐台，爱奥尼亚式廊柱精美华丽（图7-43，图7-44）。

第4节　新型建筑材料、科技的引进与西方风格的移植

资本主义商业的传入，带来了现代设计的同时，也带来了现代消费意识。现代设计无疑推动了这种消费欲念的繁荣，批量而快速地推出各种新事物加速了人类喜新厌旧的速度。西式的建筑设备、家具、别墅、电器等其后蕴含的是无限的商业利益，尽管现代主义的形成语境和发展条件并不完善，消费主义的传播在近代中国城市中已经泛滥开来。

随着资本主义的发展和启蒙运动的深入，大众文化逐渐兴起，民国成立以后的一系列城市建设运动，促进了大众化观念的深入，由此也引发了设计内容的泛化。设计变成了为平民大众服务的活动，在设计风格的体现上，中产阶级利用其与商业的密切关系，总是把自己的审美观放在一种显眼的位置，旨在制造一种新时尚以取代原有的贵族趣味。最后，新权贵的设计趣味逐渐与一些原有贵族相融合，成为一种风格延续。在1927年到1937年间，即使受到世界经济危机的影响，上海、南京等城市的消费依然是可观的，像高级住宅区和使馆区，到处大兴土木，一个个新城规划和土洋结合的建筑矗立起来，为迎合旧官僚和权贵等业主的审美，设计师大多将西方风格作为临摹的范本，甚至同步将西方时尚风格引入中国。当然其中也不乏有创新和设计思想的现代设计师，曾进行了诸多的尝试和实验性改革。

一、对现代建筑科技的接受

19世纪末许多西式建筑技术、卫生设备的长处逐渐被国人认识，在租界的别墅和教堂中得以推广。最初的西式建筑技术在材料短缺的情况下用中式材料仿造，如南京石鼓路天主教堂（1870年）

和上海徐家汇天主教堂的“肋拱”（或棱拱），都是采用中式传统木结构加粉刷的方法做出来的，虽然形似西方的“四分尖券肋拱”，但实际上与西方传统将棱建于支承的固定石结构上的做法大相径庭。

新材料的普及始于钢铁的生产，1882年上海电光公司最早使用钢结构，19世纪60年代有“洋务运动”兴办的江南制造总局所属炼钢厂和福州船政局所属铸铁厂，1890年中国的第一座官办铁厂——汉阳铁厂成立。钢结构在建筑环境中的应用也开始了，1863年建造的上海自来火房（英国）碳化炉房，是近代第一座铁结构实例。水泥、砖瓦、混凝土等材料及结构随之普及，1853年英商在上海开设了第一家近代大型建材工业——上海砖瓦锯木厂，专为租界内的建筑提供建筑材料，1883年所建的上海自来水厂（英国）和1892年所建的湖北枪炮厂，是中国早期使用混凝土和钢筋混凝土结构的工厂，厂房大都造型简洁，已经是现代建筑的形态。

到了20世纪20年代，中国建筑现代转型正处于全面加速时期，在很短时间内，砖（石）墙钢骨混凝土、砖（石）墙钢筋混凝土结构建筑技术等新的技术类型得以迅速在大、中城市推开，中国传统建筑技术也发生了更显著的变化。1920年，高层建筑在中国一些大城市涌现出来，甚至有了10层以上的大型公共建筑，中国钢结构单层厂房跨度已达20m，并设50t吊车。砖石结构取代了原有木构体系，砖石结构的柱廊、壁柱、圆券、弧券、平券和木桩基石板基底等，体现了砖石技术的发展。大城市的营造活动，如在上海的传统建筑工匠，从建筑施工技术到经营方式都进行了脱胎换骨的转变。修路、造桥、厂房建设，各地的工业建筑成为中国现代建筑环境设计的起步领域，成为设计师们展现新思想、新观念的舞台。

二、现代设计萌芽与时尚追逐

19世纪欧美国家的工业化从轻工业扩展到重工业，并于19世纪末达到高潮，西方国家由此步入工业化社会。西方资产阶级造就了肥沃的物质和文化土壤，现代设计萌芽并蓬勃发展。1851年的水晶宫博览会后，欧洲各国的设计先锋先后发起工艺美术运动、新艺术运动、装饰艺术运动、现代主义运动等，覆盖各个设计领域，19世纪末到20世纪之交的近代中国建筑，也深受其影响。

典型的如新艺术运动（New Nouveau），它在西方的全盛期大约是1895年到1910年，由于本身就带有东方艺术设计的因子或者特质，其柔和流动、精致唯美的浪漫格调与新兴资产阶级的审美趣味暗合，因此在中国受到欢迎和追捧，同时期的建筑外观、室内环境设计，包括家具、壁纸、窗帘、屏风、彩色玻璃、器具等均可见模仿新艺术风格的痕迹。

德占时期的青岛和俄占时期的哈尔滨建筑新艺术风格最明显。青岛八大关建筑群有许多是由德国殖民者聘请的著名设计师设计的，现今的迎宾馆即德国于1903年所建的“提督楼”，也称“石头楼”，外观气势轩昂，内部装潢陈设富丽堂皇，既有德国古堡式建筑特点又富有新艺术的气息。

同样是新艺术风格的建筑，由法国殖民者引入或是由俄国殖民者引入，建成的建筑风格大致相似，但内涵和意蕴都有所不同。20世纪初帝俄控制的中国哈尔滨，恰逢中东铁路当局大搞建设，于是中东铁路局办公大楼、火车站、路局旅馆在内的大部分建筑均采用当时西方最为摩登的形式，各种新艺术风格的建筑把哈尔滨装扮成了20世纪初的“东方莫斯科”（图7-45）。

这些建筑具有西方新艺术风格的共同特征：外观形体比较简洁，摒弃了陈旧的古典柱式，用曲线做装饰母题，门窗常呈半圆、椭圆、扁圆、方额圆角、三心拱券，周边绕以柔和优美的曲线贴脸。墙墩女儿墙垂带常用流畅的抛物线曲面。墙面饰以环线、竖线、曲线等富于流动感的线脚。阳台栏杆、檐口栏杆、门窗棂条大量采用铁质或木质的曲线花饰。无论从图纸资料和现存实例，都可以找到这种活泼、跳跃的曲线饰件，[1]仔细审视，在相似的意蕴下，哈尔滨的新艺术风格实际上带有明

[1] 刘松茯. 哈尔滨近代建筑的发展概况和文脉特色. 哈尔滨：哈尔滨工业大学，1989.

显的帝俄建筑特征，与西方原汁原味的新艺术有所差异。比如欧洲的新艺术样式主要用于公共性较弱的住宅、商店，以及地铁车站等小规模的公共建筑物。但在哈尔滨则不然，火车站、官方办公大楼、学校建筑甚至民居均采用新艺术运动样式。❶迄今在哈尔滨许多民居仍旧可见烦琐的铁艺花饰、有着花冠样柱头的罗马柱，以及或圆或尖的屋顶，与中国传统的建筑风格迥异。比如，欧洲新艺术运动式曲线材料多为铸铁，而哈尔滨新艺术中使用了许多木材，因为在哈尔滨木材是比铸铁更容易得到的材料。

图7-45 1905年德帝国主义侵占时期的青岛总督府外观，以及德帝国主义侵占时期的青岛警察公署立面图、剖面图

1925年“装饰派艺术”（Art Deco）在法国兴起，之后盛行于美国，这是一种从新建筑运动转向现代建筑的“装饰艺术”的新潮风格，20世纪20年代末中国就有了典型特征的“装饰派艺术”建筑实例。“装饰派艺术”建筑擅长在简洁体形的背景上，作几何图案的浮雕装饰，建筑体量有时呈阶梯形组合，有的部位呈流线型。这种新潮时尚以相当快捷的速度传入了上海、天津、南京等地，以上海最为集中。

民国时期对于现代装饰艺术运动的推崇和运用更是广泛，二三十年代的民国时期政局相对稳定，华丽、炫耀而又精致的装饰风格正适合新贵遗老们求新求异的心理。如公和洋行设计的沙逊大厦（1928年）、汉弥尔敦大厦（1933年）、河滨公寓（1933年），匈牙利籍建筑师邬达克设计的国际饭店（1936年），业广地产公司设计的百老汇大厦（1934年）等。中国本土设计师设计的有上海海宁大楼（1932年）、恩派亚大厦（1934年）、同孚大楼（1936年），以及北京交通银行（1931年）、广东银行（1934年）、浙江兴业银行（1935年）、天津渤海大楼（1936年）、南京交通银行办事处等。这些建筑普遍运用立面分割、贴面装饰、浮雕等手法，结合现代高层建筑技术，增加了中国各大沿海城市的现代都市特质。而室内设计风格则吸收了西方大型壁画、装饰画等豪华装饰特点，尤其是在娱乐场所应用的更为典型，极尽奢靡、跟风之态（图7-46）。

三、现代主义在中国的艰难成长

20世纪初的装饰时尚风中，现代主义同时引起中国设计师们的关注和思考。功能主义思想首先在德国诞生，与德国的哲学发展、审美观念也是分不开的。19世纪末胡塞尔（Edmund Husserl，1859—1938年）提出了现象学。❷胡塞尔的“回到事物本身去”的方法论直接影响了后来的包豪斯设计风格，即对功能主义的追求。功能主义实际上是对传统建筑艺术的反叛，在产品设计方面强调简化生产过程、降低产品价格，以使更多的消费群体得以参与品牌风格，而一战后欧美工业的迅速发展和人口激增、经济快速上升都造成对住房和现代化工业产品的迫切需求。正是由于经济与文化这两方面的条件成熟，包豪斯的产生才成为历史的必然。

现代主义“为大众服务”的口号是其民主性的表现，也是与同时期诸多复古、新艺术、艺

❶ 西泽泰彦.哈尔滨新艺术运动建筑的历史地位.日本东京大学大学院。

❷ 王岳川.现象学与解释学文论.济南：山东教育出版社，1999：15.

图7-46 上海现代装饰风格的大厦：国际饭店、大上海戏院、上海百乐门舞厅、华懋饭店

1928年建成的表现美国芝加哥学派技术成就的沙逊大厦（今上海和平饭店），是一栋十三层钢架结构建筑。整个建筑的室内设计十分讲究，汇集了9个国家不同风格的装饰和家具。

术装饰等思潮截然不同之处。中国近代设计师对于现代主义的民主性是缺少客观认识的，大众化的设计理念只有在真正的民主政治体制下才有衍生的土壤，显然当时的中国不具备这样的土壤。德国的工业达到二战前的欧洲最高水准，也使资本主义生产和文化攀至高潮阶段。而20世纪初中国的军阀混战和政权的更迭，使得百姓生活水平低下，根本无法与西方的设计消费相比，许多建筑环境项目的承建都是由外资或新兴的资本家、买办垄断。

20世纪30年代中国近代建筑艺术也受到欧美“国际式”新建筑潮流的冲击，呈现出中与西、古与今、新与旧多种体系并存、碰撞与交融的错综复杂状态。中国本土设计师自五四运动以来，伴随着反帝爱国情绪和民族意识的普遍高涨，提出了“复兴传统文化、发展固有式建筑”的呼吁。1929年南京国民政府制定的《首都计划》和上海市市政府制定的《上海市市中心区域规划》明确规定“为提倡国粹起见，市府新屋应用中国式建筑”，这种所谓的“中国固有式建筑”与传统的宫室建筑并不相同，实际上还是一种近乎折中主义的新形式。[1]迄今各大城市仍有见证：典型的如南京现存民国建筑中有多种多样的折中变异式建筑，蒋介石总统府就是采用了欧洲古典式大门和中国旧衙门式的二门（原清两江总督府、江南织造署所在地），再加上欧洲古典式的办公楼（北洋军阀时所建）和“现代式”的“总统办公楼”，形成各种建筑样式的折中混合体（图7-47）。

本土设计师在艰难的环境中不断探寻中国设计的自强之路，如奚福泉、杨廷宝等在二三十年代已经将现代风格运用自如，且能合理地结合中国传统建筑精华，许多上海高层建筑也呈现出国际风格的趋势。1948年，上海淮阴路的姚宅，其设计手法明显已受赖特的“流动空间”的影响，高低有致的体形配置与材料都表现出现代建筑风格的特点（图7-48）。杨锡缪（金字旁）设计了上海百乐门舞厅（1931年），沈理源设计了天津新华信托储蓄银行天津分行（1934年），梁思成（1901—1972年）设计的北京大学地质馆、北京大学女生宿舍以及略加中国式细部装饰的北京仁立地毯公司铺面（1933年）更是将现代主义建筑观点付诸实践的良好案例。许多建筑师自执业起，就以现代建筑为自己的创作方向，如多次提到的华盖建筑师事务所，建筑师奚福泉与著名工程师杨宽麟的合作设计，凯泰建筑事务所黄元吉设计了上海恩派亚大楼（1934年），与西方建筑不同的是，中国的建筑师一踏上探索现代建筑路，就带有自发追求中国作风的倾向，例如以陆谦受的上海中国银行、华盖事务所的南京国民政府外交部大楼为代表的一批建筑，与先期出现的中山陵等建筑一起，成为一个探索中国

[1] 夏燕靖. 中国艺术设计史. 沈阳：辽宁美术出版社，2001：314.

图7-47 赖特的“流水别墅”与上海淮阴路的姚宅

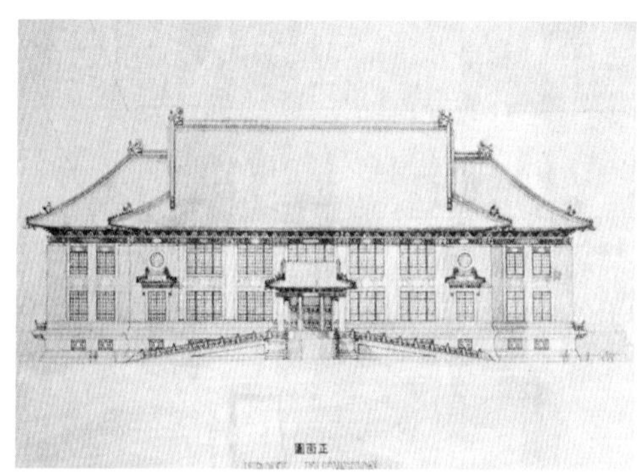

图7-48 杨廷宝设计的南京原国民党政府外交大楼与1935年奚福泉设计的南京原国民大会堂入口

现代建筑的完整过程（图7-49）。

图7-49 原国民政府（总统府）大门

1937年日本帝国主义的侵略以及蒋介石挑起内战，社会生产和建设都被迫搁浅，设计师们对现代设计的尝试和探索也就步入停滞阶段。19世纪20~40年代正是西方受到包豪斯影响的盛期，中国当局和设计师们对现代设计教育思想、产品设计理念不够重视，直到1942年创建的圣约翰大学建筑系将包豪斯的现代主义建筑教学体系移植到中国，包豪斯对近代中国的影响才逐渐扩大。毕业于伦敦建筑学院的黄作燊（1915—1975年）任圣大建筑系的主任，他于1937年追随格罗皮乌斯至美国哈佛大学研究生院，成为格罗皮乌斯的第一个中国学生，在圣大建筑系任教的还有受教于德国包豪斯的德国人鲍立克（R.Panlick），这都决定了圣大建筑系的教学体系受到包豪斯现代设计思想的影响。[1]

1946年梁思成创设了清华大学建筑系，他在1946至1947年出国考察期间，参加了普林斯顿大学召开的“人类环境设计”讨论会，还会见了诸多现代主义大师如柯布西耶、格罗皮乌斯、沙里宁等人。受其影响，回国后他在一年级建筑初步课中增加了仿照包豪斯的课程“抽象图案”的训练，在1949届学生之教学计划中，他完全删去了五种柱式，加重了“抽象图案”的分量，此外还设置

[1] 徐卫国.建筑教育中现代主义建筑思想的渗透.

图7-50　原国立中央大学建筑群

图7-51　现代派原孙科公馆

木工课和“视觉与图案”课，更加包豪斯化❶。但是，仅有极少数梁思成这样的知识分子的努力是远远不够的，对于现代主义忽视传统文化等局限性也是认识不周的。1951年，圣约翰大学解散，各系并入有关院校，包豪斯的教育思想和设计理论在同济大学得到延续。后来包豪斯的教育思想和设计理论被当成西方资本主义的东西遭到批判，包豪斯的设计与教育思想在中国逐渐被淡化。

原国立中央大学建筑群见图7-50。原国立中央大学位于南京玄武区四牌楼2号，建筑都是在1921年东南大学成立后建造的。这所由中国人创办的大学，明显受到西方建筑史上折中主义复古思潮的影响，用西洋古典建筑式样的建筑外壳去包装具有现代特点的使用空间，以此来显示悠久的历史和雄厚的经济实力。1919年，著名教育家郭秉文接任南京高等师范学校校长一职，1921年，创建东南大学。由于南京高等师范学校的校舍基本上都是沿用历经兵灾的两江师范学堂旧房，计有一字房、教习房和平房斋舍，这些校舍不仅破旧，还难以适应学校发展的需要。于是，郭秉文聘请杭州之江大学的建筑师韦尔逊先生到东南大学兼任校舍建设股股长，经过实地查看地形后，拟订通盘规划，决定校舍建筑以四牌楼为中心，次第向四周辐射，按急缓轻重，分期实施，并请上海东南建筑公司绘制总图。根据这一规划，校园内图书馆、体育馆、学生宿舍、科学馆等建筑相继落成。1927年，国民政府定都南京后，除了对这些建筑进行维修改造外，又建了校园南大门、大礼堂、生物馆、牙科医院等建筑，形成排列有序、错落有致的建筑群。这些建筑，基本上呈对称布局，从南大门至大礼堂形成一条中轴线，其他的建筑物依次排列在中轴线的两侧。

西方古典现代派，原孙科公馆（延晖馆）(图7-51~图7-53）建于20世纪40年代末，由杨廷宝设计，在今中山陵8号。占地约40余亩，建筑面积约1000m^2。住宅楼两层，用玻璃砖作墙面，客厅光线明亮而柔和，卧室屋顶有蓄水池，供隔热保温。前院设警卫室、车库、停车场等，东南是大面积的草坪和树丛，环境幽深宁静。

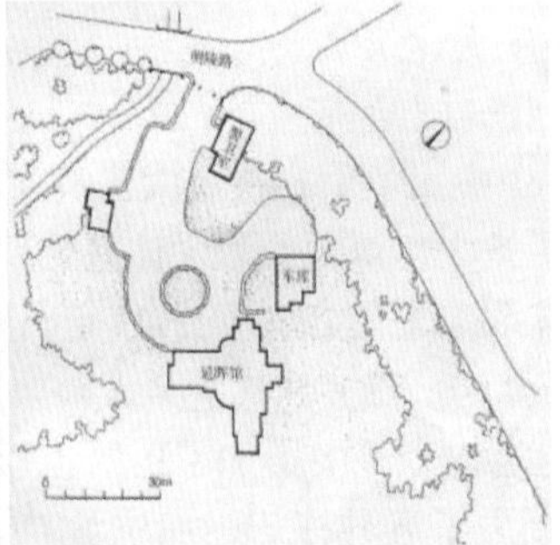

图7-52　以方为主要造型语言

图7-53　原孙科公馆侧面

❶ 徐卫国. 建筑教育中现代主义建筑思想的渗透.

图7-54　原国民政府外交部大楼全景

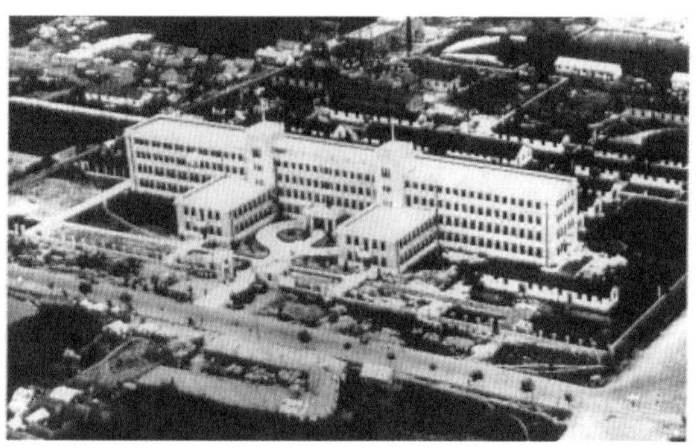

图7-55　原中央医院鸟瞰

图7-56　中央医院外景

图7-57　中央医院外景

原国民政府外交部大楼（图7-54）(Former Building of Ministry of Foreign Affairs in Regime，1931—1934年)，由华盖事务所赵深、童寯设计，姚新记营造厂承造，是以民族建筑的新风格为代表的建筑。

日军侵占南京时，驻华日军司令部设于此，总司令冈村宁次就在此办公。日本投降后，该楼仍作为当时外交部驻地。1949年以后华东军区司令部、江苏省委、南京市委先后设在此。现为江苏省人大常委会所在地。在今鼓楼区中山北路32号。西式平顶，钢筋混凝土结构，平面呈T字形，中部五层，两端四层。水泥砂浆仿石勒脚，褐色泰山砖饰墙身，砖砖丝缝，檐下用褐色琉璃砖砌出类似中式昂的装饰，门廊宽大开敞，三面走道。立面采用了西方文艺复兴时建筑“三段式”（勒脚、墙身、檐部）划分方式，细部为中国传统装饰，内部天花、藻井等（已重新粉刷，无法辨认）。外墙为泰山面砖饰面，通面阔51m，通进深55m，建筑面积大约5000m^2。这种设计方法是近代中国建筑师探求发展的可贵实例，并产生广泛影响。它也是中国近代建筑史上新民族形式的典型建筑实例之一。1991年被建设部、国家文物局评为近代优秀建筑。1992年列为南京市文物保护单位。2001年7月，又被列为全国重点文物保护单位。

原中央医院（Former Central Hospital，1929—1933年）（图7-55~图7-57），20世纪30年代初由南洋华侨胡文虎资助，基泰工程司杨廷宝设计，建华营造厂营造，在今玄武区中山东路205号。原为陆军模范医院旧址，设计于1931年，1933年建成。当初总体布置医院主楼在南侧，由中山东路出入，中部属卫生署（部），北部为卫生实验院，近珠江路，另附有护士学校，助产学校等。医院主楼退进中山东路十余米，辟为绿化地带，以阻隔城市噪声。主楼面向南，楼高四层。最大容量约为三百床位，建筑面积7000多m^2，北面预留扩建用地，原拟医院扩建后平面为井字形。主楼基本为集中式病房楼，设有电梯垂直运输，底层西侧为门诊部，东侧为事务部及传染病区，均各有独立出入口。

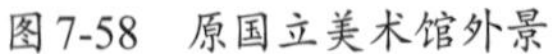
图7-58　原国立美术馆外景

图7-59　原国立美术馆檐口细部雕饰

二层为手术部和特、头、二等病房区，第三层为妇产科病房有产房、婴儿室及其附属设施。三等病房于四层，其病室为大统间，每室可设病床25张，护士台位于病室门口。医院主楼采用筋混凝土梁柱楼板，砖承重外墙，建筑的外观为平屋顶，浅黄色面砖外墙，施以花架、檐墙、滴水等，尤其入口门廊尺度适宜，细部简洁大方，具有我国传统特色。

原国立美术馆（Former National Art Gallery，现为江苏省美术馆，1935—1936年）（图7-58，图7-59）。20世纪30年代中期，由奚福泉设计，范文照为顾问，陶记工程事务所李宗侃督造，上海陆根记营造厂营造，位于今玄武区长江路266号。这是一座西式钢筋混凝土结构的建筑，坐北朝南，造型美观。它的中间部分高四层，两边高三层，呈现凸字形，主楼的大门是三扇双开对称形的木制弹簧门，大门口的内侧各有一间方形平顶的警卫室，在大门和主楼之间还有一片开阔的空地。主楼内部的陈设十分考究，墙壁上刻着壁画，展览大厅内宽敞明亮，造型线条流畅，是民族艺术与近代设计思想的结合之作。20世纪90年代扩建作折线对称排开，而于玻璃窗见竖向、横向的铺排变化。主体四层，三门并立，雨棚前伸遮护踏道，窗口、雨棚、檐口饰混凝土仿石构的中式传统图案，占地面积4165m^2，建筑面积1326m^2。1946年后，先后为汪伪立法院，国民参政院秘书处使用。

励志社建筑群位于中国江苏省南京市中山东路307号，地处中山东路北侧、黄埔路东侧，建于1929年至1931年间。

励志社的前身是黄埔同学会励志社。（图7-60～图7-63）励志社的三幢大屋顶呈清代宫殿式建筑“品”字形分布，均坐北朝南，由西向东分别是大礼堂、一号楼和三号楼。大礼堂主体为钢筋混凝土结构，而梁、椽、挑檐则是木结构。高三层，重檐庑殿顶，平面为方形，建筑面积1360m^2，可容500人就座。内部按照当时比较现代的剧院布置，设有门厅、休息室、观众厅及其他服务设施，在其四周还建有附属用房。一号楼建于1929年，砖木结构，建筑面积2050m^2。中间高三层，庑殿顶，两翼高二层，歇山顶，东西对称，烟色筒瓦屋面，绿色屋脊。大楼入口处建有门廊，红漆廊柱。大楼底层墙面为水泥假石粉刷，第二层以上为清水勾缝。大楼东南墙角，镶嵌有一块正方形石碑，上刻“励志社，民国十八年志，立人立己革命革心，蒋中正与励志社同仁共勉”字样。三号楼，建于1930年，砖木结构，建筑面积1846m^2。屋顶结构与1号楼相反，中间高三层，歇山顶；两翼高三层，庑殿顶，东西对称。烟色筒瓦屋面，脊檐饰有瑞兽，檐口梁枋施以彩绘。屋顶建有壁炉烟囱，烟囱上部做成宫殿式屋顶。一号楼和三号楼内部均呈中廊式布局，两边为带有独立卫生间的客房，是接待贵宾住宿之处。三幢清代宫殿式建筑构成的院落，是原励志社总社所在地，现为钟山宾馆。

图7-60　励志社一号楼踏道抱厦

图7-61　原励志社一号楼

图7-62　励志社全景

图7-63　原励志社大礼堂

⊙思考题

1. 简述中国近代环境艺术设计的特点。
2. 简述中国近代建筑的分类及影响。

第8章　后工业社会的环境艺术设计

两次世界大战促进了科学技术的飞速发展，作战双方发明雷达、火箭、原子弹等新式武器有力推动了科技的发展。二次大战后，军事技术转为民用工业，在世界范围内掀起一场新科学技术革命。

后工业社会是美国社会学家丹尼尔·贝尔创造的名词，他在《后工业化社会的来临》中用以描述20世纪后半期工业化社会中所产生的新社会结构。他指出了后工业社会与工业社会或现代社会不同的五个特征：①经济方面：从产品生产经济转变为服务性经济。②职业分布：专业与技术人员阶级处于主导地位。③中轴原理：理论知识处于中心地位，它是社会革新与政策制定的源泉。④未来的方向：控制技术发展，对技术进行鉴定。⑤制定决策：创造新的“智能技术”。

传统社会的结构面临解构式的变化，从而影响到艺术创作的发展与艺术理论的革新。以往一元式的设计系统，遭到了挑战。社会文化在信息的大量交流里，发展出新的关系，使得艺术思想领域不断的扩展及多元化。

20世纪70年代西方社会进入了“丰裕”社会阶段，工业迅速发展，产品日益丰富。现代人们要求设计风格更富于变化，使设计的高度非人格化，以其不变应万变的特色在设计领域是非常有效的设计基础。

第1节　后现代主义的环境艺术设计

后现代主义是资本主义发展的产物，是对两次世界大战反思的结果，又是当代资本主义社会内部矛盾冲突的必然结果。深深根植于资本主义经济、政治、科技之中。后现代主义看到了以人道主义和理性主义为核心的现代主义价值体系失效。为了寻找新的价值体系，后现代主义对现代主义进行了破坏性的批判，提出各种不同于现代主义的新理论。现代主义在反传统理性的同时构建起自己的模式，其中本体论是确定的。后现代主义有太多不确定性，都表现为结构现代主义模式，其中本体论是不确定性，关心的是过程和感性的直接把握，放弃了对永恒、上帝、真理、灵魂等终极问题的追求。现代主义哲学看重启蒙、救赎、推崇自我存在的感觉，后现代主义则相反，并且打破了工具理性的启蒙，强调文化的差异性，冲击理性思维的共通性、冲击总体性、嘲弄神话和理性标准。

后现代主义至今没有一个确切的定义，这是由后现代主义的多元性和复杂性决定的。不确定性是后现代主义的特征之一，它具有多重含义。正如伊哈布·哈桑所说，后现代主义毁弃他人已构建之物，具有某种寓意的不确定性。后现代主义是非精英的、通俗的、流行的，反对一切权威与等级，反对理论权威与思想权利话语，提倡开放的民主氛围与文化共享。后现代主义对当代人的精神冲击是全方位的，后现代主义环艺设计只有在其“异样事物”中，才会获得自身的价值观和理念。打破常规、标新立异，体现了后现代主义对生活的一种玩世不恭的态度。

现代主义与后现代主义并无明确的界定和严格的分界，后者将现代主义的观念重新予以选择和评估，使其部分地在新的历史条件下得以重新发展，后现代主义空间、玄学和隐喻等，也包含了现代主义的风格和面貌，所以也称为“激进的折中主义”。

与现代主义设计主张的“少就是多”观点不同，后现代主义的设计造型趋向繁复。设计语言追求变化，以叠加、混合等手法重构室内元件与新的元件。在后现代主义设计中，图案装饰和色彩的运用不拘小节，大胆而丰富。构图往往采用断裂、反射、折射、裂变等夸张的手法将人们熟悉的元素进行再组合，以达到多元化的效果。文丘里认为建筑具有不确定性，出色的建筑作品必然是复杂和矛盾的，而不是非此即彼的纯净或简单的，丰富的胜于简明，甚至杂乱而有活力胜于明显的统一，他认为“多并不是少”。

后现代主义设计发源于20世纪60年代的美国，设计上的后现代主义是对现代主义，国际主义设计的一种装饰性发展。主张以装饰手法来达到视觉上的丰富，提倡满足心理要求，而不仅仅是单调的以功能主义为中心，设计中大量采用历史的装饰来加以折中处理，打破国际主义的垄断，开创了装饰主义的新阶段。后现代主义风格强调设计的矛盾性和复杂性，反对简单化，模式化，讲求文脉，追求人情味，崇尚隐喻象征手法，大胆运用装饰和色彩，提倡多样化，多元化。用不熟悉的手法来组合熟悉的东西，用各种可以制造矛盾的手段，如断裂，错位，扭曲，夸张，变形，矛盾共处等，把传统的构件组合在新的情境之中。代表人物有罗伯特·文丘里、汉斯·霍莱茵、查尔斯·摩尔等。

有学者总结，可以通过以下几本洋书、几次展览和几位明星来更好地了解“后现代主义”的环境艺术及其来龙去脉。

（1）五本洋书：文丘里著《建筑的复杂性与矛盾性》，詹克斯著《后现代建筑语言》，沃尔夫著《从包豪斯到现在》，戈德伯格著《后现代时期的建筑设计—当代美国建筑评论》，以及詹克斯著《什么是后现代主义》。

（2）几次展览：1980年威尼斯第39届艺术节上的建筑展，后现代建筑1960国际巡回展览，1987年西柏林国际建筑展。

（3）“七位明星”：文丘里、格雷夫斯、约翰逊、波菲尔、霍莱因、矶崎新和摩尔。

他们使得后现代主义不胫而走，影响世界我们无意于追溯后现代主义建筑思潮的来龙去脉，但透过后现代主义的上述五部著作以及后现代主义思潮的复古主义倾向、装饰的倾向、重视地方特色和文脉的倾向、玩世不恭的创作态度、国际化的倾向，可以窥视后现代主义思潮所带来的建筑美学的变化。

一、后现代风格的环境艺术设计

后现代主义环艺设计理念完全抛弃了现代主义的严肃与简朴，往往具有一种历史隐喻性，充满大量的装饰细节，刻意制造出一种含混不清、令人迷惑的情绪，强调与空间的联系，使用非传统的色彩，它所具有的矛盾性常使人产生厌倦，而这种厌倦正是后现代主义对过去50年的现代主义的典型心态。

与现代主义设计主张的“少就是多”观点不同，后现代主义的设计造型趋向繁多和复杂。设计语言追求变化，以叠加、混合等手法重构室内元件与新的元件。在后现代主义设计中，图案装饰和色彩的运用不拘小节，大胆而丰富。

后现代主义崇尚隐喻的含义和象征的表现手法，这种手法突出的运用在室内设计的家具陈设以及装饰当中，运用了众多隐喻性的装饰强调空间的历史与文化特征，强调形态的隐喻、符号和文化。历史的装饰主义，往往有一种是雾非雾的非概念性直觉，而又不失当地的文化表现及历史的装饰性表现，主张新旧融合，兼容并蓄的折中主义立场，有点中庸之道，既夸张又含蓄，强化设计手段的含糊性和戏谑性。并且强调时间与空间的转换，使装饰在室内设计中的重要性重新被人们认识到，装饰意识和手法也在原有的基础上不断有了创新与拓展，不再是简单的为装饰而装饰，赋予了空间一定的象征意义。

（一）概念及分类

后现代主义建筑主要表现在对现代主义建筑的批判与否定，它具有强烈的引喻性、文脉性和装饰性，也强调功能，但它所说的功能主要指物质功能，也是更新实用性。主要分为五个派别：戏谑古典主义、比喻古典主义、基本古典主义、现代传统主义、复古主义。

（1）戏谑古典主义：以折中、戏谑和嘲讽的手法使用部分古典建筑的形式和符号。代表作有美国新奥尔良意大利广场、美国电话电报大楼、波特兰市公共服务中心、德国斯图加特国家艺术博物馆、日本筑波市政中心、文丘里住宅、费城老年人公寓。

（2）比喻古典主义：以古典建筑的比例、尺度和符号为构思基础，半现代半古典，对古典和传统建筑持严肃和尊重态度。代表作有安姆维斯特中心、德克萨斯州河湾乡村俱乐部、科德克斯公司总部大楼、芝加哥卢斯公寓、美国通用食品公司总部大楼、陌生住宅、基住宅。

（3）基本古典主义：以古典城市的布局为中心，通过古典建筑的比例达到现代建筑与古典建筑的和谐与统一。代表作有意大利莫迪纳市殡仪馆骨灰楼、西班牙国家罗马艺术馆、奥姆扎巴文化中心。

（4）现代传统主义：以现代建筑为载体，古典装饰为后缀，讲究装饰细节，态度玩世不恭，采用折中的手法。代表作有伊利诺依州美国儿科医院大楼、纽约摩根银行总部大楼、美国肯塔基州路易斯维尔人文大厦、英国多梅斯菲尔德公园。

（5）复古主义：古典主义是建筑的灵魂，对现代建筑有强烈的反感，主张建筑应全方位的复古。代表作有伦敦杜佛斯大厦、美国新泽西州贝涅医院、美国国务院富兰克林大厅（接待和宴会）、西班牙塞戈维亚城市博物馆。

在后工业社会背景下的设计更多的追求体验式的服务及非物质产品的消费，他们自身的价值是多元的和不确定的。不同的文化都有其合理性，文化的差异与融合是设计价值多元化的前提。在现在的环境设计中创造一种东西方文化差异的融合与对话，传统与现代的拼贴与交融的平衡关系，成为一种富有意蕴的新的价值取向。

（二）手段及其设计方法

1.空间的多样形式与功能复合

在后工业社会技术支持下，许多空间的使用功能与空间形式的对应关系被打破，出现了同一空间中的多种性格转换，追求一种不确定的情感及其引发的思考。空间性格的转变可以是视觉上的，视觉形式随着灯光或者是化学手段随意变化。现代建筑由于光科技的提高与普及，室内光环境具备了丰富的语汇，在提供普通功能照明的同时向精神层面发展，用艺术的照明手段体现照明内涵，催生室内不同空间的个性特征，使室内空间环境贴切地烘托出鲜明的空间气氛，当室内空间完成功能需要的同时，最终要解决与人的情感交流，这种情感通过视觉及身体的体验而转换成空间性格知觉，不同的空间给人的感受不同，形成特定的空间性格，空间设计正是追求空间性格的差异，追求特定精神需求的空间气氛，满足人们丰富的空间心理知觉感受。而光具有令人感动的魅力，激发自由、丰富、灵动的联想，通过光的强化、弱化、虚化、实化等特有的表现手段，渲染特定的空间氛围，塑造各种不同的空间性格，使室内空间这一物质存在上升到精神的向度。空间与光环境具有近似的一面，都具有体现精神化的特质，空间与光环境融合会提升其精神含量。美国建筑师路易斯·康深刻地揭示两者之间的关系："设计空间就是设计光。"如客房内随音乐的变化，环境界面呈现出不同的、变幻的投影效果（图8-1）。

图8-1 Jean nouvel设计的位于西班牙马德里的Hotel puetra de America12层客房

随音乐的变化，环境界面呈现出不同的、变幻的投影效果

（a）

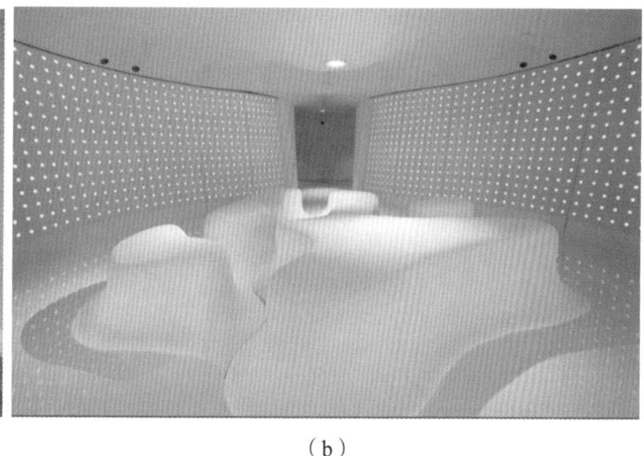

（b）

图8-2 Zaha Hadid设计的位于西班牙马德里的Hotel Puerta de America酒店中一层客房

空间性格的变化满足了同一个人的不同行为的需求，同时也满足了不同人的不同的需求。在形式间互为转化的过程中，形式自身变成了无法被准确名状的样式，场所也非摆在人们面前，可以被任意定义功能（图8-2）。

2.不同文化的交融

现代环境艺术善于从不同文化里获取表现形式的经验，丰富了创造的可能性，不同历史的设计思想也成为他们的设计资源。不同的历史文化场景在同一空间中展现，给人以振奋人心的全新感受，表现出巨大的艺术张力。环境设计各要素间的关系犹如生物学上生物群落的共生链，维系着自然万物的萌发，并处于动态平衡状态。这种状态恰恰是现代环境艺术设计应追求的目标，其任务在于设计出最优化的“人类—环境系统”，这个系统将展现人类与环境的共存，人类与环境在新的高层次的平衡和发展。意大利建筑师伦佐·皮亚诺设计的太平洋法属新卡里多尼亚美轮美奂的吉巴欧文化中心，位于安静优美的自然环境中，方案运用陶制百叶创造出与当地自然特色相符合的建筑形式，也与当地建筑在质感造型等因素上融合，恰如其分地保持并发展着本土文化。

3.构建体验式的诗意生存

后现代主义建筑常用象征、标记来完成一种暧昧的隐喻。正如柯布西耶所说的“建筑是在阳光下巧妙、正确而优美地把体块组合成一切的动人戏剧”。建筑与诗在解构手法上是近似的，有其共同的美学原则。强调人身的行为及其与计算机、环境的互动是它的特点。

（三） 主要设计要求

1.环境设计中的互动体验

在后工业时代的计算机与人一起工作，在表现复杂性形态建筑中运用的“生成设计法”即典型的“人机互动”设计法。在当下的环境设计中，人与环境的互动越来越多，它夹带了很多的情感因素，追求一种与环境更加密切交流的体验。如NOX设计的位于荷兰的“D-TOWER”项目，它扮演着市民情绪晴雨表的角色，通过刷新每位网上市民打分的综合评定，它会呈现出不同的色彩，色彩的不同象征着情绪的变化（图8-3）。

图8-3 NOX设计的位于荷兰的“D-TOWER”项目

图8-4　德国慕尼黑的服务中心

2. 走向感性的艺术表达

材料在环境设计中起了重要的作用。材料的美感和材料本身的组成、性质、表面结构及使用状态有关，每一种材料都有着自己的个性特色。在设计造型上，应充分考虑材料自身的不同个性，对材料进行巧妙组合，使其各自的美感得以体现，并能深化和互相烘托，形成符合人们审美追求的各种情感。材料有着与行为更为密切的听觉、嗅觉、触觉等富有表现力的功能。通过视觉和触觉我们可以感受到很多材料的特性，无论它是透明的还是不透明的，柔软的还是坚硬的，它影响着空间的品质。产品材质美的应用，主要体现在科技自然和人文社会因素中，材质美感直接影响艺术风格和人对产品的感受。例如德国慕尼黑的服务中心（图8-4），建筑表皮采用了15mm厚的耐候钢板，精密饱和的红色整体显示出历史的沉淀感，使简约的建筑体块也表现出了丰富的细节。

3. 协调设计

信息化的浪潮促进了社会的多样化、国际化。在这种环境下，建筑作为我们生活的真实空间，涉及了各个方面，城市与建筑的协调设计关系到了建筑存在的基本概念。从整个城市与街道的角度看，一个建筑物应如何把握，是因所在城市的行政方针、区域位置和环境的不同而变化的，这是一个非常多样化的问题，应该进行具体调整的地方很多，这样的过程就称为协作。社会的不断发展给建筑带来新技术、新材料、新形式的变革，不同时代的建筑因其功能、风格、材料等因素的影响而各具特色。有鲜明的个性，尊重历史，尊重环境，并且要使建筑与周围的环境协调与之有机结合起来，同时突出个性，不断给城市增添新风景。

（四）代表人物及代表作品

1. 格雷夫斯

格雷夫斯是美国后现代主义建筑师（作品见图8-5和图8-6）。1974年他设计的波特兰大厦是一种明确使用象征手法的作品。格雷夫斯所设计的这幢建筑一直被称作“隐喻的建筑”，它蕴涵着比拟和隐喻的文化连续性。波特兰大厦是一座15层高的楼房，其外观较为敦厚，既非现代的又不是复古主义的。立面用台座、墙身、顶部三段式建筑，大的壁柱和拱心石使人联想到古希腊古罗马柱式，墙体的带饰和色彩具有世俗情趣，整个形象既质朴严肃又多变有趣。之所以这栋后现代里程碑以这样的外观示人，就是为体现一种稳定的情绪和肯定社会发展的观念。

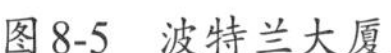
图8-5　波特兰大厦

图8-6　佛罗里达天鹅饭店

2.菲利浦·约翰逊

历经现代主义与后现代主义以及解构主义的硕果仅存的设计师，这位现代建筑的见证人经历了20世纪建筑史上各种潮流，被称为现代主义和后现代主义设计理论和实践的奠基人和领导者。他的家也是最重要的建筑设计之一，这个1949年设计的标志性建筑玻璃屋（图8-7）是他早期的设计，受到密斯·凡·德罗的影响。这幢56英尺 ×32英尺矩形平面的金属玻璃住宅看似以老师密斯的法恩斯沃思住宅为蓝本，不过细看之后，不论就结构、对称性、颜色或造型而言，都可以发现两者有着极大的差别。其中最明显的便是贯穿屋顶并与透明的玻璃量体形成强烈的虚实对比关系的圆筒实体，打破了密斯强调由完整结构的金属玻璃盒子形成的纯粹造型。透明屋子里来个厚重的砖砌圆柱体（壁炉加卫生间），非但没有失调的感觉，反而使整体的感觉不再单薄，更加稳固了，而且圆柱体穿过屋顶，也起到了固定屋顶平面的作用，同时也将互相分离的地板与天花板连接在一起，给人一种天地合一的感觉。简约的现代设计不代表不实用，约翰逊在地板和天花板上都安装了导热系统，让房子在深冬的时候还温暖如春。

美国休斯敦银行大楼：这座拼贴了古典风格、现代高层建筑风格、巴洛克时代的堂皇风格和现代商业化POP风格的建筑，堪称后现代主义建筑中规模最大、最负盛名的代表作。

美国休斯敦潘索尔大厦、加登格罗夫水晶教堂、汉斯霍莱因的玻璃和陶瓷博物馆、奥地利维也纳的珠宝店、德国法兰克福的现代艺术博物馆等都是后现代的代表作品。

3.弗兰克·盖里

弗兰克·盖里（Frank O Gehry），被认为是世界上第一个解构主义的建筑设计家。解构主义在建筑上表现为解构主义建筑师设计的共同点是赋予建筑各种各样的意义，而且与现代主义建筑显

图8-7　玻璃屋

著的水平、垂直或这种简单集合形体的设计倾向相比，解构主义的建筑却运用相贯、偏心、反转、回转等手法，具有不安定且富有运动感的形态的倾向。

西班牙有着钛金属屋顶的毕尔巴鄂古根海姆博物馆（图8-8）。

图8-8　1989古根海姆博物馆

古根海姆博物馆位于毕尔巴鄂市内，由贝拉艺术博物馆、大学和老市政厅构成的文化三角的中心位置，可由该市商业区及老城区直接前往参观。作为博物馆主入口的巨大中庭设有一系列曲线形天桥、玻璃电梯和楼梯塔，将集中于三个楼层上的展廊连接到一起。一个雕塑性的屋顶从中庭升起，透过玻璃窗投射进来的光线倾泻到整个中庭内。该中庭具有前所未有的巨大尺度，高于河面达50m以上，吸引着人们前来参观这个独特的纪念性场所。

博物馆要求提供能够展示三类艺术作品的空间。永久性藏品布置在两组正方形展厅（每组设有三个展厅）内——分别位于博物馆的二层和三层。临时性展品布置在一条向东延伸的长条形展廊内，该展廊在“Puente de la Salve”天桥的下面穿过，在其远端的一座塔楼内终止。当代在世艺术家的展品则散布于博物馆各处的一系列曲线形画廊内，以便和永久性藏品及临时性展览同时观赏。

博物馆的主要外墙材料为西班牙石灰石和钛金属板。其中较为方正的建筑造型采用了石灰石，而比较自由的雕塑性造型则采用了钛金属板贴面。大片的金属幕墙构成了城市中一道壮观的河畔美景。

毕尔巴鄂市古根海姆博物馆的设计受到了所在城市的尺度与肌理的影响，让人联想起弗朗特河畔那些历史建筑，从而体现出建筑师对当地历史、经济及文化的关注与回应。

（五）后现代主义的景观设计

后现代设计表明人们已对现代主义的发展前景产生了怀疑，当代景观设计在新的文化背景下产生的丰富情感替代了纯粹的功能性的审美需求。后现代主义的景观设计成为不同风格和不同时期的历史主义和折中主义混合组成的作品。从文丘里设计的华盛顿西广场、查尔斯·穆尔（Charles Moore）设计的新奥尔良意大利广场和1992年建成的巴黎雪铁龙公园到美国新一代景观建筑师彼得·沃克（Peter Walker）独特的极简主义景观，及追求设计多元性的施瓦茨作品，受此影响下的西方景观设计，反映了后现代西方社会复杂和矛盾的社会现实，以多样的形象体现了社会价值的多元化。主要代表人物如下。

1.查尔斯·摩尔

1977—1978年建成的美国新奥尔良意大利广场（图8-9），广场为表现古典主义的意大利主题，并以象征性手法再现出来，以巴洛克式的圆形平面为构图，以逐渐扩散的同心圆及黑白相间的地面铺装向四周延伸，直至三面入口处的街道上。广场参照了罗马著名的特列维人造喷泉，直接按照意大利地图复制了高低错落的意大利半岛的实际地形，因奥尔良市大部分意大利移民来自西西里岛，因而将西西里岛放置在广场的构图中心，以示纪念。

图8-9　美国新奥尔良意大利广场

2.彼得·沃克

彼得·沃克是将极简主义的艺术风格运用到景观设计中的代表人物。人们在他的设计中可以看到简洁现代的形式，浓重的古典元素，神秘的氛围和原始的气息，他将艺术与景观设计完美地结合起来并赋予全新的含义。IBM索拉那研究中心所作的规划就是通过一个900m长的台地园使自然景观与建筑，建筑与人工造景完美地融为一体。

在新的后现代主义时代，为设计者提供了一个日渐丰富的灵感源泉和理论范围。在后现代时期，讽刺、隐喻、诙谐、折中主义、历史主义、非联系有序系统层都是允许的。总之，在后现代主义设计思潮的干预下，景观设计也已成为与传统、历史、文化和自然及意识形态相联系的复杂文化现象。后现代主义的景观设计成为不同风格和不同时期的历史主义和折中主义混合组成的作品，从文丘里设计的华盛顿西广场（图8-10）到穆尔设计的新奥尔良意大利广场和1992年建成的巴黎雪铁龙公园（图8-11）到美国新一代景观建筑师彼得沃克的极简主义景观以及追求设计多元性的施瓦兹设计的斯特拉花园影响下的西方景观设计，反映了后现代西方社会复杂和矛盾的社会现实，以多样的形象体现了社会价值的多元化。

图8-10 美国华盛顿西广场

图8-11 巴黎雪铁龙公园

二、高技术风格的环境艺术设计

与后现代主义平行发展的另一种环境艺术设计风格是所谓的高技术风格（High-Tech）。高技术风格不仅在设计中采用高新技术，而且在美学上鼓吹表现新技术。

（一）高技术风格的起源

高科技风格源于20世纪20至30年代的机器美学，这种美学反映了当时以机械为代表的技术特征。到70年代以后，一些设计师和建筑师认为，现代科学技术突飞猛进，尖端技术不断进入人类的生活空间，应当树立一种与高科技相应的设计美学，于是出现了所谓的高科技风格。高科技风格这个术语也于1978年由祖安·克朗（Joan Kron）和苏珊·斯莱辛（Susan Slesin）两人的专著《高科技》中率先出现。这本书描述了怎样把仓库棚架系统和工厂楼面料等工业产品整合到家居中，它导致了这类产品风靡全世界。

法国建筑师皮尔瑞·查里奥（Pierre Chareau）在其建筑作品中使用工业玻璃砖和商店的钢梯。20世纪30年代，纽约美术馆对外开放，向世人展示了工业产品的美感。后来的例子包括Charles Eames位于圣莫尼卡的住宅，它使用现成的工厂构件建造而成。而最为轰动的代表建筑是1976年在巴黎建成的蓬皮杜中心（Pompidou Centre），它展示了加热管道和多用途管道作为建筑外部的装饰特征。20世纪80年代，高技术风格成为后现代设计风格的一部分。

（二）高技术风格建筑的定义

高技术风格建筑理论上反对传统的审美观念，强调设计作为信息的媒介和设计的交流功能，以突出当代工业技术的成就，并在建筑形体与室内环境中加以精湛技术的精美，极力宣扬机器美学和新技术的美感，它主要表现在三个方面：

（1）提倡采用最新的材料——高强钢、硬铝、塑料和各种化学制品来制造体量轻、用料少，能够快速、灵活装配的建筑，强调系统设计（Systematic Planning）和参数设计（Parametric Planning），主张采用与表现预制装配化标准构件。

（2）认为功能可变，结构不变。表现技术的合理性和空间的灵活性既能适应多功能需要又能达到机械美学效果。这类建筑的代表作首推巴黎蓬皮杜艺术与文化中心。

（3）强调新时代的审美观应该考虑技术的决定因素，力求使高度工业技术接近人们习惯的生活方式和传统的美学观，使人们容易接受并产生愉悦。

高技术风格的建筑实质在于把现代主义设计中的技术因素提炼出来，加以夸张处理，形成一种符号的效果，赋予工业结构、工业构造和机械部件一种新的美学价值和意义。代表人物有伦佐·皮亚诺、诺曼·福斯特、理查德·罗杰斯。

（三）高技派代表人物及其作品

1.伦佐·皮亚诺——蓬皮杜文化艺术中心（图8-12）

蓬皮杜中心（Centre Georges Pompidou）全名为蓬皮杜国家艺术和文化中心，是坐落于法国首都巴黎Beaubourg区的现代艺术博物馆。兴建于1971年至1977年，于1977年1月开馆。设计者是49个国家的681个方案中的获胜者意大利的R.皮亚诺和美国的R.罗杰斯。中心大厦南北长168m，宽60m，高42m，分为6层。大厦的支架由两排间距为48m的钢管柱构成，楼板可上下移动，楼梯及所有设备完全暴露。东立面的管道和西立面的走廊均为有机玻璃圆形长罩所覆盖。大厦内部设有现代艺术博物馆、图书馆和工业设计中心，它南面小广场的地下有音乐和声学研究所。中心打破了文化建筑所应有的设计常规，突出强调现代科学技术同文化艺术的密切关系，从广义上讲，是高技派建筑最典型的代表作。

图8-12　蓬皮杜文化艺术中心

蓬皮杜中心外貌奇特。钢结构梁、柱、桁架、拉杆等，甚至涂上颜色的各种管线都不加掩映地暴露在立面上。红色的是交通运输设备，蓝色的是空调设备，绿色的是给水、排水管道，黄色的是电器设施和管线。人们从大街上可以望见复杂的建筑内部设备，五彩缤纷，琳琅满目。在面对广场一侧的建筑立面上悬挂着一条巨大的透明圆管，里面安装有自动扶梯，作为上下楼层的主要交通工具。设计者把这些布置在建筑外面，目的是使楼层内部空间不受阻隔。

由于过度重视技术和时代的体现，把装饰压到了最低限度，因而显得冷漠而缺乏人情味，所以国际建筑界对蓬皮杜中心的建筑设计评论分歧很大。有的赞美它是“表现了法兰西的伟大的纪念物”，有的则指出这座艺术文化中心给人以“一种吓人的体验”，有的认为它的形象酷似炼油厂或宇宙飞船发射台。

2.伦佐·皮亚诺——芝贝欧文化中心（图8-13）

此建筑位于新喀里多尼亚斯特。建筑外形好似张开的船帆，不锈钢的水平管子和有斜纹对角线

图8-13　芝贝欧文化中心

的木杆在结构上被精细地结合起来。这种结构体系不仅为了满足在潮湿气候地区最大的通风需求，还综合考虑了抵抗飓风和地震的需要。

芝贝欧文化中心是1998年建于新喀里多尼亚的南太平洋岛上，在马真塔（Magenta）海湾和一个被红树林包围的泻湖之间，沿着海角的顶端，它们同时揭示了堪纳克的本土文化（在那里，大部分的生活用品，包括各种容器，甚至他们的住所都是用植物材料编织制作的）。以及当代文明社会对宇宙力量仍有敬畏的思想。这些联想都具有一个共同倾向的，这些被认为是某种容器的建筑物，是芝贝欧文化中心最显著的部分，它是用来珍藏堪纳克文化的，并在保留它的根源的基础上帮助其发展以适应时代。

建筑物高大的背面装饰着临海的险峻的峭壁，它们像是用人造的植物性的外壳来包围着文化中心最主要的空间，像堪纳克人的住所以及生活用品一样，它们和周围的植被建立了一种亲密而形象的联系，特别是具有显著特点的高大的诺福克松树。这些建筑物也昭示了堪纳克对神灵的敬畏。它们高大的垂直的肋骨支架的顶端像梳子一样，“阿立兹”（Alize）从中穿过。“阿立兹”是当地堪纳克人对信风的称呼，当它通过那些板条状覆盖面的时候，给整个建筑物带来了通风，同时会发出一阵阵的低吟。

中央区其余的部分就要低得多了，它们依偎在缓缓倾斜的屋顶平台之下，平台一直延伸到海湾湖里面。这里，建筑物对着开阔的有意栽植的景观绿化带，形成开放的空间，而不是去效仿那些高大棕榈树和松树。实际上，这个建筑的一个重要特点就是如何得开放，如何尽量使围合的感觉变小，变得不明显，让整个文化中心融入周围的绿化当中。此外，这个灵感并非毫无依据，堪纳克人生活在丛林茂密的热带世界中，面临的是很恶劣的生存条件，一般只是在晚上才回到它们的棚屋里面。

3. 诺曼·福斯特——德国新国会大厦（图8-14）

1994年英国建筑师诺曼·弗斯特以大厦最初的规模为蓝本设计，体现了古典式、哥特式、文艺复兴多种建筑风格。对国会大厦进行了重新修建，建成为一座现代化的议会办公大楼。保留原建筑的外墙不变，而将室内全部掏

图8-14　德国新国会大厦

图8-15　德国新国会大厦玻璃穹顶外部和内部

空，以钢结构重做内部结构体系。建筑底层及两侧的二层空间内安排行政管理机构办公室以及议会党团厅和记者大厅，中央为两层高的椭圆形全会厅。全会厅上层三边环绕大量的观众席，普通公民可以在观众席自由地观看联邦议院的辩论。原先那个精致而高雅的石制穹顶已被玻璃取代（图8-15）：其内为两座交错走向的螺旋式通道，裸露的全钢结构支撑，那个漏斗形的玻璃圆锥体通过360块大型活动玻璃把自然光折射到议会大厅。正如福斯特自己宣称的，他的这个改建工程是一个“生态结构”。玻璃穹顶除了上述功能外，还是全楼的自然通风系统的一部分，并且是个强大的“蓄能池”，可以用作自身供电的再生能源。它在用建筑的语言告诉人们：进入21世纪的德国，一切都是透明的，是清澈见底而坦诚相待的，是一个和所有国家都能和平相处的温和国度。无怪乎议员们首次来到这里时，都普遍表示惊奇和赞赏。

4.诺曼·福斯特——法兰克福商业银行总部大楼（图8-16）

由诺曼·福斯特1994年担纲设计德意志商业银行总部大楼于1997年竣工。这座53层、高298.74m的三角形高塔是世界上第一座高层生态建筑，也是全球最高的生态建筑。整座大厦除非在极少数的严寒或酷暑天气中，全部采用自然通风和温度调节，将运行能耗降到最低，同时也最大程度地减少了空气调节设备对大气的污染。该建筑平面为边长60m的等边三角形，其结构体系是以三角形顶点的三个独立框筒为“巨型柱”，通过八层楼高的钢框架为“巨型梁”连接而围成的巨型筒体系，具有极好的整体效应和抗推刚度，其中“巨型梁”产生了巨大的“螺旋箍”效应。

（四）当代高技术建筑的发展

建筑的演变，已由工业社会发展到后工业社会，随着人们对技术的理解与应用的深入，对技术的盲目崇拜已成为过去，但对新技术的研究与开发还没有停止。当下，高技术风格建筑的发展现状主要有以下几个方面。

1.全球化与多元化

20世纪80年代以后，

图8-16　法兰克福商业银行总部大楼外观和内部空间

高技术风格从欧洲走向世界，“高技派”建筑师的作品遍及世界各地，高技派建筑也相比早期呈现出多元化的发展趋势。其表现出的设计师的美学观点不断变化，已不再局限于早期高技术建筑的美学特征，而是呈现出多姿多彩的风格。

早期高技派建筑是一种对时代建筑改革浪潮的宣言，是赤裸裸的技术张扬和视觉试验，例如蓬皮杜艺术文化中心，暴露的设备和结构，给人一种生硬的压迫感。而现今的高技术风格建筑则削弱了这种视觉形式，德国柏林的光学中心，波浪的造型和彩色的立面给人更多的是亲和感，同时，建筑与周围环境的融合，没有给人以任何不合理的视觉感受。

2.建筑与环境的结合

随着建筑师对建筑单体与环境关系的进一步认识，高技派建筑师把建筑从孤立的城市环境中拉出来，融入自然，与自然环境有机地结合起来。

坐落在英国西南部的康沃尔伯爵领地的伊甸园工程，是一座巨大的植物温室，以展示地球植物的千姿百态，并以此证明了人类与自然相互依存的关系。建筑师采用了一种新型材料四氟乙烯（ETFE），它不仅具有坚固、轻盈的特点外，还具有很高的透光性，而且比普通玻璃具有更好的隔热效果。同时将建筑外形设为拱形屋顶，这样就可以灵活的建造在起伏的山地上，而不用受地形影响而改造地形，达到建筑和环境的完美统一。

3.生态设计的结合与新材料的运用

当今环境的破坏，人们对现代生活中消耗能源状况进行了深刻的反思，建筑师们不约而同地将“生态与环保”和“可持续发展”的观点带入建筑设计之中。自然通风，自然采光和太阳能在建筑中的运用是建筑师们的主要手段，在这一点上高技派建筑做到了极致。

2000年竣工的欧洲电子艺术公司，诺曼・福斯特再一次向人们展示了一个简洁、紧凑、实用和节能的建筑。建筑的后面采用玻璃板作为墙体，上面覆盖了一层钢制隔板用来调节摄入的自然光线，不仅起到控制室内温度的作用，还达到了自然采光的节能功效。

当高技术风格的建筑为生态和环境服务时，高新材料也便随之产生并大量应用。新型的材料不仅能够起到环保的目的，同时让建筑的形式不再受约束，例如光电幕墙和张拉膜的应用。

光电幕墙把太阳能转换模板密封在双层钢化玻璃中，作为传统玻璃幕墙的组件与建筑幕墙融为一体，再与光伏发电系统的其他装置（逆变器、蓄电池、控制器等）集成，既实现了传统幕墙作为建筑维护结构的隔音、隔热、安全、装饰等功能，又可以通过光电转化产生电能应用于建筑本身或并入城市电网，充分体现了建筑的智能化与人性化特点（图8-17）。

ETFE的中文名为乙烯—四氟乙烯共聚物。厚度通常小于0.20mm，是一种透明膜材。2008年北京奥运会国家游泳中心等场馆均采用了这种膜材料。膜材常做成气垫应用于膜结构中。最早的ETFE工程已有30余年的历史，而最著名的要数英国的伊甸园了。该膜材料多用于跨距为4m的两层或三层充气支撑结构，也可根据特殊工程的几何和气候条件，增大膜跨距。膜长度以易安装为标准，一般为15~30m。小跨度的单层结构也可用较小规格。ETFE膜的透光率可高达95%。该材料不阻挡紫外线等光的透射，以保证建筑内部自然光线。通过表面印刷，该材料的半透明度可进一步降低到50%。ETFE膜完全为可再循环利用材料，可再次利用生产新的膜材料，或者分离杂质后生产其他

图8-17　辉煌净雅大酒店

ETFE产品。材料的透光性和大跨度很符合此方案中的效果要求（图8-18，图8-19）。

图8-18　安联球场

图8-19　水立方

纳米材料——纳米矿粉在水泥混凝土中的应用：纳米矿粉如纳米SiO_2、纳米$CaCO_3$和纳米硅粉等不但可以填充水泥的空隙，提高混凝土的流动度，更重要的是可改善混凝土中水泥石与骨料的界面结构，使混凝土的强度、抗渗性与耐久性均得以提高。

有研究报道，当纳米材料的添加量为水泥用量的1%~3%，并在高速混合机中与其他混合料进行混合后，制备的纳米复合水泥结构材料在7天和28天龄期的水泥硬化强度，比未添加纳米材料提高约50%，而且韧性、耐久性等性能也得到较大的改善。李颖等人研究了硅灰和纳米级SiO_2对水泥浆体需水量的影响。研究表明，当纳米级SiO_2掺量达到水泥用量的8%时，水泥浆体的需水量增大一倍。同时，研究发现，当将水泥用量8%和10%进行复合添加时，纳米级SiO_2的小球体填充于硅灰颗粒之间，与硅灰形成很好的颗粒级配结构。当两者同时添加且纳米级SiO_2为1%和硅灰为9%时，需水量并未双倍增加，可见两者的交互作用十分明显。

三、解构主义环境艺术设计

20世纪中叶以后的后现代社会，建筑环境设计领域没有了明确的流派之说，许多设计师兼顾各种风格，将历史上众多建筑风格的拼贴、混合与折中，这些设计师开始有意识地运用当时新兴的哲学思潮及理论进行创新。关于“结构—解构”的思辨产生的思考也在建筑环境领域体现出来。

（一）起源

结构主义设计思想之源可以追溯到语言、社会学上的一种研究方法。这种社会学方法论，其目的在于给人们提供理解人类思维活动的手段。

解构主义实质是对结构主义的破坏和分解，是反结构、分解结构，消解结构中心。那什么是结构呢？根据德里达的解释，结构即罗格斯中心，本质即传统文化的“根”，一切传统的、既定的概念范畴和分类法都是解构的对象，德里达把批判的矛头直指文化传统中所有解释寓言、文学和哲学等明确、封闭的体系。

解构主义在学术界与大众刊物中都极具争议性。在学术界中，它被指控为虚无主义、寄生性太重以及根本就很疯狂。而在大众刊物中，它被当作是学术界已经完全与现实脱离的一个象征。尽管有这些争议的存在，解构主义仍旧是一个当代哲学与文学批评理论里的一股主要力量。

（二）形成

建筑理论家伯纳德·屈米的看法与德里达非常相似，他也反对二元对抗论，屈米把德里达的解构主义理论引入建筑理论，他认为应该把许多存在的现代和传统的建筑因素重新构建，利用更加宽容的、自由的、多元的方式来建构新的建筑理论构架。他是建筑理论上解构主义理论最重要的人物，起到把德里达、巴休斯的语言学理论、哲学理论引申到后现代时期的建筑理论中的作用。

解构主义是在现代主义面临危机，而后现代主义一方面被某些设计家所厌恶，另一方面被商业主义滥用，因而没有办法对控制设计三四十年之久的现代主义国际风格起到取而代之的作用时，作为一个后现代时期的设计探索形式之一而产生的。解构方法所要解构的是建筑中的元素，并把这些分解后的元素重新安排。按照解构主义理论，运用科学的符号学原理来分析这些元素，并且分别说明其视觉的、文化的，以及语言的意义。

解构主义作为对“结构”的批判与延伸逐渐产生，并显露出其特性，那就是：打破旧有的单元化的秩序，然后再创造一个更为合理的秩序。反中心，反权威，反二元对抗，反非黑即白的理论。这些解构者们用一种非常表现主义的或超现实主义的即兴设计进行创作、灵感与偶成，甚至在施工现场随意搭建。他们忽略城市文脉，强调作品的独立性。很多解构主义建筑师甚至连完整的工程图也没有，仅仅以草图和模型来设计，完全以电脑来归纳。

在解构主义的设计中，分裂、错位、旋转、偏离、重叠、无中心化、零散化，这些方法互相包含，互相依赖。通过这些方法，构成了一种“陌生化”的效果，使其构成变化中出现了各种不同的新奇组合。具有不安定且富有运动感的形态的倾向。

（三）特征

由此，我们可以总结出解构主义建筑的特征。即无绝对权威，个人的，非中心的；恒变的，没有预定设计；多元的，非同一化的，破碎的，凌乱的，模糊的。

（四）发展、分析与代表人物作品

1.伯纳德·屈米

伯纳德·屈米是著名建筑评论家、设计师。他出生于瑞士，毕业于苏黎世科技大学，具有法国、瑞士以及美国籍，在美法两国之间工作与居住，拥有美国与法国建筑师的执照。他长期担任哥伦比亚大学建筑学院院长。其著名的设计项目包括巴黎拉维列特公园、东京歌剧院、德国Karlsruhe媒体传播中心以及哥伦比亚学生活动中心等。

拉·维莱特公园位于巴黎市东北角，密特朗总统又把其列入纪念法国大革命200周年巴黎建设的九大工程之一，并要求把拉·维莱特建成一个属于21世纪的、充满魅力的、独特的并且有深刻思想含义的公园。它既要满足人们身体上和精神上的需要，同时又是体育运动、娱乐、自然生态、工程技术、科学文化与艺术等等诸多方面相结合的开放性绿地。公园还要成为世界各地游人的交流场所。

屈米用分离与解构的手法来排斥传统的构图原理，但是他的拉·维莱特仍然流露出法国巴洛克园林的一些特征，如笔直的林荫路和水渠、轴线以及大的尺度等。

屈米对传统意义上的秩序提出了质疑，在这里他用分离与解构的理论来证实：不用传统的构图手法，等级制度和一些规则原理也可以有效地处理一块复杂的地段。在拉·维莱特公园中，屈米就是把公园通过点、线、面三个要素来分解，然后又以新的方式重新组合起来。他的点、线、面三层体系各自都以不同的几何秩序来布局，相互之间没有明显的关系，这样三者之间便形成了强烈的交叉与冲突，构成了矛盾。

屈米的798设计方案是在旧建筑内的艺术空间不变的情况下，在空地上竖立支撑柱，在红色钢架上建造住宅和公寓，在满足开发商经济利益的同时保护艺术区的公共性质（图8-20）。

屈米说：“去年我第一次来到中国，在北京看到了798厂，我看到艺术家和工人就在里面工作、生活，我觉得这激动人心。可是这个地方有可能会被拆除，于是我问自己有没有一种方法能把这些建筑、这些画廊、这里面的活动保留下来，同时又能满足新的发展需要。”

2. 弗兰克·盖里

生于加拿大，后转入加利福尼亚州，并在南加州大学获得硕士学位。他吸取来自艺术界的抽象片段和城市环境等方面的零星补充。他的作品很独特，很具个性。常使用多角平面，倾斜的结构，倒转的形式。他被认为是世界上第一个解构主义的建筑设计家。

图 8-20　798 设计模型俯视图

毕尔巴鄂市古根海姆博物馆在 1997 年正式落成启用。整个结构体借助一套空气动力学使用的电脑软件逐步设计而成，博物馆在建材方面使用玻璃、钢和石灰岩，部分表面还包裹钛金属。

因为北向逆光的关系，建筑的北立面将终日处于阴影中，盖里巧妙地将建筑表皮处理成向各个方向弯曲的双曲面，这样随着日光入射角的变化，建筑各个表面都会产生不断变动的光影效果，避免了大尺度建筑在北向的沉闷感。

在南侧主入口处，由于与 19 世纪的旧区街道只有一街之隔，故采取打碎建筑体量过渡尺寸的方法与之协调。更妙的是，盖里为解决高架桥与其下的博物馆冲突的问题，将建筑穿越高架桥下部，并在桥的另一端设计了一座铁塔，使建筑对高架桥形成抱揽、涵纳之势，进而与城市融为一体。以高架桥为纽带，盖里将这座建筑旺盛的生命力辐射到城市的深处。

3. 彼得·埃森曼

彼得·埃森曼生于纽约，在康奈尔大学获建筑学学士学位，在哥伦比亚大学获建筑硕士学位，在剑桥大学获博士学位。第九届威尼斯双年展组委会在对所有奖项中最权威的金狮奖终身奖得主埃森曼授奖词中高度评价他对国际建筑界的贡献。赞词中说：“埃森曼是一位思想家、教育家、诸概念的先驱者、具有非凡创造力的建筑师、新世纪的设计大师，以及全世界建筑界先锋领域的导航灯。”

在《住宅 X 号》中，建筑的系统与众不同，只有身处其中才能感受到，但又很难被解读。这正说明了他的理论——建筑是不确定的系统，房子不再是一个整体，而是成为一个系统中的一部分。彼得·埃森曼 2007 年的新作加里西亚文化城（图 8-21），其中的核心思路是建筑的设计强烈地结合了加里西亚的文脉和传统纵向上，整个建筑的外墙和屋表皮是连续为一体的曲面，屋顶一直延伸到地面成为外墙，整个加里西亚文化城分中央服务区、图书馆、档案馆、加里西亚历史博物馆、剧院、科技中心、HEJDUK 塔楼 7 大区。他用手绘向制图向深化人员表达信息，然后经过制图和深化人员建立模型，之后再由他本人检查，再建模改动。这类似用泥捏一个泥人，用数字化扫描，然后电脑用切割出模型，再继续用手捏，后期就可在电脑里微调。

图 8-21　加里西亚文化城施工图

4. 扎哈·哈迪德

扎哈·哈迪德出生于巴格达，伊拉克裔英国

女建筑师在黎巴嫩就读过数学系，1972年进入伦敦的建筑联盟学院AA学习建筑学，1977年毕业获得伦敦建筑联盟硕士学位。此后加入大都会建筑事务所（OMA），与雷姆·库哈斯和埃利亚·增西利斯一道执教于AA建筑学院，后来在AA成立了自己的工作室，直到1987年。哈迪德曾长期从事学术研究，曾在哥伦比亚大学和哈佛大学任访问教授，在世界各地教授硕士研究生班和各种讲座。1994年在哈佛大学设计研究生院执掌丹下健三教席。扎哈·哈迪德获得2004年普利策建筑奖（图8-22~图8-24）。

图8-22 奥地利Innsbruck的缆车线（扎哈·哈迪德设计）

扎哈·哈迪德重新诠释现代主义的三种模式：

第一，信仰新的结构方式。现代主义裨益自新科技，不管是空闲还是其他价值，现代主义者都可对任何资源做最有效的运用。这种“过度”导致对全新事物、对未来、对乌托邦的超乎现实的夸大。也因此导致了形的消失，导致造型的极度简化。

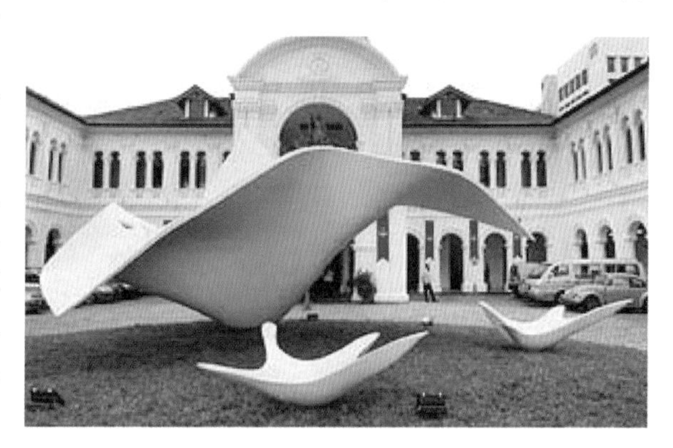

图8-23 扎哈·哈迪德设计的城市雕塑

第二，信仰新视点。其实我们已进入一个新世界，只是我们并未看出这点，我们仍沿用被教导的旧视点。唯有真正张开眼睛、耳朵或心灵来感知自己的存在，如此我们才会得到真正的自由。

第三，重新诠释现代主义的现实性。结合上述两者，将新的认知转化为现存造型的重组。这些新的形体成为新现实的原型，在其中，所有事物重组、溶解后重回原点。借由新方式重现新事物，我们可建立新世界并居住其中，即使仅经由视觉。

图8-24 扎哈·哈迪德设计的家具

以“打破建筑传统”为目标的哈迪德，一直实践着让建筑更加建筑的思想，于是才会有超出现实思维模式的、突破式的新颖作品。扎哈·哈迪德并未发明新的构造或技术，却以新的诠释方法创造了一个新世界。以拆解题材和物件的方式，找出现代主义的根，塑造了全新的景观，任由观者遨游。

四、新现代主义环境艺术设计

在温图利向提出现代主义挑战以来，除了后现代主义还有一条道路就是对现代主义的重新研究和发展，被称为“新现代主义”或“新现代”设计。新现代主义坚持现代主义的传统，根据新的需要给现代主义加入了新的简单形式的象征意义，但总体来说它是现代主义继续发展的后代。这种依然以理性主义、功能主义、减少主义方式进行设计的风格人数不多，但影响巨大。20世纪70年代从事现代主义设计的以“纽约五人”（即海杜克、艾森曼、格雷夫斯、格瓦斯梅、迈耶）为中心，他们的作品遵循了现代主义的功能主义、理性主义的基本原则，但却赋予象征主义的内容。新现代主义是在混乱的后现代主义之后的一个回归过程，重新恢复现代主义设计和国际主义设计的一些理性的、次序的、功能性的特征，具有它特有的清新味道。新现代主义在平面设计上的影响特点之一就是新包豪斯风格：工整，功能性强，讲究传达功能，冷漠。

新现代主义追求纯洁和净化，用全部的白色表现最充分、最饱满、最强有力的建筑。“白色派”作品以白色为主，具有一种超凡脱俗的气派和明显的非天然效果，被称为当代建筑中的“阳春白雪”。

代表作有理查德·迈耶的康涅狄格州史密斯住宅、纽约州魏因斯坦住宅、印第安纳州和谐图书馆、亚特兰大州海尔艺术博物馆、德国法兰克福装饰艺术博物馆以及位于美国华盛顿的美国国家美术馆东馆（1968—1974年）。

主要代表人物及代表作品如下。

（一）贝聿铭

贝聿铭，美籍华人建筑师，1983年普利兹克奖得主，被誉为“现代建筑的最后大师”。贝聿铭为苏州望族之后，1917年出生于广东省广州市，父亲贝祖贻曾任中华民国中央银行总裁，1935年赴美国哈佛大学建筑系学习师从建筑大师格罗皮乌斯和布鲁尔。贝聿铭作品以公共建筑、文教建筑为主，被归类为现代主义建筑，善用钢材、混凝土、玻璃与石材，代表作品有美国华盛顿特区国家艺廊东厢、法国巴黎罗浮宫扩建工程、美秀博物馆等。

1.美国国家美术馆东馆（图8-25）

1968年规划设计美国国家美术馆增建的东馆时，正值后现代主义渐渐流行之际，贝聿铭却笃信现代主义建筑仍然是主流，仍将继续保有主导的地位。他坚决地表示建筑不是讲究流行的艺术，建筑物应该以环境为思考起点，与毗邻的建筑物相关，与街道相结合，而街道应该与开放空间相关。此环保理念在东馆中得以淋漓尽致地发挥。

首先他尊重所有既定的条件，沿着宾州大道画了一条平行线，顺着西馆的建筑线在南侧定下另一条线。因为西厅呈对称性，为了呼应此古典主义的基本美学，同时延续西馆的中轴特性，乃将原轴线向东延伸，轴线与北侧边线相交，如此决定了建筑物的基本轮廓为一个顺应环境的梯形。梯形的对角相连，分割出一个等腰三角形，一个直角三角形，前者是艺廊，后者是研究中心。

2.卢浮宫扩建工程（法国巴黎，1983—1989年，一期工程）（图8-26）

1981年法国总统弗朗索瓦·密特朗收到一份申请，称卢浮宫这座法国最重要的文化纪念碑应该被现代化、扩建和更好地与城市相结合，但又不能危及整座历史建筑的完整性。这项挑战被一个

图8-25 美国国家美术馆东馆

图8-26 卢浮宫扩建工程

图8-27 美秀博物馆

事实给扩大了，那是有着800年历史的卢浮宫一直都是作为一座皇宫来建立和使用，根本上不适合作为一座博物馆。贝聿铭先生的巴黎罗浮宫扩建工程很好地解决了这个问题，面对建于16世纪的古典式建筑，贝先生没有采用仿古式的折中主义形式，而是采用了一个晶莹剔透的玻璃金字塔形式。金字塔的现代气息给建筑增添了新的生机，这无疑是创新的体现，同时精致简练的三棱锥与老建筑物没有任何可比性，从而使金字塔对原有气氛的破坏减到最少，而且三角形是一种最古老、最纯粹的几何形，这又与原建筑氛围的悠久历史相吻合，使建筑既具突出的现代风格，又与原有环境相互协调。

贝聿铭设计的扩建工程解决了这个问题，包括重新组织环绕着一个中心庭院的U形建筑物和在中间建立一座有70英尺高的玻璃金字塔。这座金字塔被用作这座博物馆新的主入口，提供主要信道以通往以前分散在卢浮宫三个侧翼的画廊。金字塔形体简单突出，而全玻璃的墙体清明透亮，没有沉重拥塞之感。起初许多人反对这项方案，但金字塔建成之后获得了广泛的赞许。

3.美秀博物馆（图8-27）

1997年建成的日本美秀博物馆位于两座山脊之间陡峭的山腰地带，占地9900m^2，仅可经跨越山脊的隧道和吊桥抵达。这里是一片自然保护区。参观者自己开车或乘坐巴士来到一个三角形接待亭，其外观采用日本传统的灰泥瓦建造，内部设有售票处，礼品店和一个餐厅。客人们从这里开始步行或乘坐一种小型电车穿过贯穿山体的隧道前往美术馆。隧道口连接一座120m长的大桥。大桥横跨在陡峭的山崖间，将参观者直接引向美秀博物馆广场。

参观者从隧道抵达大桥上时，首先看到的是博物馆的一部分，而建筑周围的美丽景色未受任何干扰。为了使自然环境不受破坏，博物馆建筑物的80%深埋于地下。因此很难感觉到建筑物的实际体量。该建筑物看上去就像是一系列散落在地面上的四坡顶天窗。垂直立面基本上通过对面的西墙表现出来，为了呼应地形轮廓，其露出地面的高度均不超过13m。

参观者从圆形广场经过一系列层叠而上的露台（具有日本庙宇的风格）进入到博物馆的主要公共空间：一个带有玻璃天窗的接待大厅。自然光透过铝质滤光板投射进整个室内空间。由于这些滤光板的表面经过特殊处理，体现出当地产的木材的肌理质感和温暖效果，从而将技术与传统、东方文化与西方文化、室内空间与室外空间融合到了一起。

（二）安藤忠雄

安藤忠雄，日本著名建筑师，出生于大阪。曾利用拳击比赛赢得的奖金，前往美国、欧洲、非洲、亚洲旅行，也顺便观察各地独特的建筑。安藤忠雄游四方名地，目的是将其所见所闻融入其设计思想中。在成为建筑师之前，曾经担任过以关西为中心许多茶馆或咖啡厅的室内设计。

1969年在大阪成立安藤忠雄建筑研究所，设计了许多个人住宅。其中位于大阪的“住吉的长屋”获得很高的评价。从大规模的公共建筑到小型的个人住宅作品，安藤多次得到日本建筑学会奖的肯定，此后安藤确立了自己以清水混凝土和几何形状为主的个人风格，也得到世界的良好评价。20世纪80年代在关西周边设计了许多商业设施、寺庙、教会等。20世纪90年代之后公共建筑、美术馆，以及海外的建筑设计案开始增加。1995年，安藤忠雄获得建筑界最高荣誉普利兹克奖，他把10万美元奖金捐赠予1995年神户大地震后的孤儿。以下为安藤忠雄几个著名的代表作品。

1. 住吉的长屋（1995年）（图8-28）

这是安藤忠雄在日本开业后设计的第一个作品。安藤用一个简洁的混凝土体块替代了这座年久失修的木结构建筑。新的建筑在平面上分成明显的三个部分，两端为房间，中间是一个室外的庭院。

由于是旧房改建，安藤所面临的地段条件极为苛刻，一方面建筑用地狭小，另一方面新建筑几乎贴着其他的建筑。在创造这个有极度限制的空间的过程中，安藤领悟了在这种极端条件下存在的一种丰富性以及和日常生活有关的一种限制性尺度。建筑的庭院为业主提供了一种在日常生活中和自然接触的途径，从而成为住宅生活的中心。它同时也表现出自然丰富多彩的各个方面，成为一种重新体验在现代城市中早已失去的风、光、雨、露的装置。光线从天空洒落在光洁的混凝土墙壁上，留下了随时间而变化的阴影，成为建筑中一种生动的元素。

2. 水之教堂（图8-29）

这个教堂是一个小型的婚礼教堂，位于北海道内部一块平坦的用地上，由两个大小不同、上下重叠的正方形平面组成。它的前方是一个引进自然水体形成的人工湖。一堵L形的独立的混凝土墙包围着人工湖的一边和教堂的后部。

面向人工湖的一道缓坡紧贴着这堵墙向上，一直到达较小的一个正方形，在它的顶上是一个由玻璃围合的空间，顶部开敞，四周则各为一个十字架，十字架的横条接近，几乎相接。从这点开始，人们沿着逐渐变暗的楼梯拾级而下，眼前呈现出礼拜堂的其他部分。圣坛后面的墙体十分光滑，面向湖的全景，而湖中的大十字架就好像正从水面渐渐升起。这面墙可以滑向两侧，使内部教堂的空间直接向周围的自然环境开敞。

图8-28　住吉的长屋

图8-29　水之教堂

第2节　面向未来的环境艺术设计

20世纪后期，人类活动对自然的破坏已使自然开始惩罚人类了，从“厄尔尼诺”到“拉尼娜”，从南北极冰川融化到粮食减产带来的危机，人们开始认识到生态、环保的重要。当然，这种环保理念在每个领域都出现了，设计与环境友好相处的方案，逐渐成为潮流。面对未来，与自然和谐相处，长远发展，是生态设计理念的基本出发点。

一、生态与整体设计的新时代

生态设计（Ecological Design）是20世纪中后期出现的一股国际设计潮流，是指将环境因素纳入设计之中，从而帮助确定设计的决策方向。反映了人们对于现代科技文化所引起的环境及生态破坏的反思，同时也体现了设计师道德和社会责任心的回归。

在建筑界，20世纪60年代，意大利建筑师保罗・索列里首先将生态学与建筑学合并起来，创造出新名词——“生态建筑学”。1974年，E. R. 舒马赫发表了《小是美好的》著作，反对使用高能耗的技术，提倡利用可再生能源的适宜技术，这些观点对建筑环境设计师很有启发性。1976年生态建筑运动的先驱A・施耐德在西德国成立了建筑生物与生态学会，强调使用天然的建筑材料，利用自然通风、采光和取暖，倡导一种有利于人类健康和生态效益的温和建筑艺术。1991年布兰达・威尔和罗伯特・威尔合著的《绿色建筑——为可持续发展而设计》问世，其主要观点是：①节约能源；②设计应结合气候；③材料与能源做到循环使用；④尊重用户；⑤尊重当地环境；⑥具有整体的设计观。20世纪80年代，节能建筑体系逐渐完善，并在英、法德、加拿大等发达国家广为应用。同时，由于建筑物密闭性提高后，室内环境问题逐渐凸显，以健康为中心的建筑环境研究成为发达国家建筑研究的重点，发达国家在近十年的时间里还进一步开发了相应的生态建筑评价体系。

简言之，生态建筑设计就是要处理好人、建筑和自然三者之间的关系，它既要为人创造一个舒适的空间小环境（即健康宜人的温度、湿度、清洁的空气、好的光环境、声环境及具有长效多适的灵活开敞的空间等），同时又要保护好周围的大环境——自然环境（即对自然界的索取要少、且对自然环境的负面影响要小）。这其中，前者主要指对自然资源的少费多用，包括节约土地，在能源和材料的选择上，贯彻减少使用、重复使用、循环使用以及用可再生资源替代不可再生资源等原则。后者主要是减少排放和妥善处理有害废弃物（包括固体垃圾、污水、有害气体）以及减少光污染、声污染等。对小环境的保护则体现在从建筑物的建造、使用，直至寿命终结后的全过程。以建筑设计为着眼点，生态建筑主要表现为：利用太阳能等可再生能源，注重自然通风，自然采光与遮阴，为改善小气候采用多种绿化方式，为增强空间适应性采用大跨度轻型结构，水的循环利用，垃圾分类、处理以及充分利用建筑废弃物等。

生态设计与整体设计有着千丝万缕的联系，亦可说是生态离不开整体环境，整体环境亦影响其生态化设计实现。尊重环境是生态设计的第一前提，在强调设计的功能性与装饰性的同时应该结合大环境进行系统整体性的设计，这样才有可能实现更为完整和谐的设计。

生态整体观古已有之，古希腊的“万物是一”“存在的东西整个连续不断”等可谓生态整体主义的最早发端。生态整体主义就是强调的是把人类的物质欲望、经济的增长、对自然的改造和扰乱，限制在能为生态系统所承受、吸收、降解和恢复的范围内。[1]生态整体主义主张限制人类

[1] 王诺. 欧美生态文学. 北京：北京大学出版社，2003.

的物质欲望、限制经济的无限增长，为的是生态系统的整体利益，而生态系统的整体利益与人类的长远利益和根本利益是一致的。如果不能超越自身利益而以整个生态系统的利益为终极尺度，人类不可能真正有效地保护生态并重建生态平衡，不可能恢复与自然和谐相处的美好关系。因此，21世纪世界建筑环境设计的发展趋势必然是走向自然、生态、节能、人文等方面的整体设计。

（一）生态设计的原则与分类

研究表明，大约一半的温室效应气体来自建筑材料的运输、建筑的建造以及与建筑运行管理有关的能源消耗。建筑活动还加剧了其他问题，如酸雨增加、臭氧层破坏等。生态建筑环境设计首先是能够节约资源和能源，其次是减少环境污染，避免温室效应对臭氧层的破坏，第三是容易回收和循环利用。生态建筑环境设计试图通过人为的设计，达到改善人类生活环境的目的，或者说，对已遭到人类破坏的生存环境有所补偿的努力。

西方设计家总结了生态设计的5R原则：

（1）Revalue——重新估计。重新评价相关设计原则、基础。

（2）Reduce——减少使用。减少建筑材料、各种资源和不可再生能源的使用。

（3）Renewable——使用可再生资源。利用可再生能源和材料。

（4）Recycle——回收。利用回收材料，设置废弃物回收系统。

（5）Reuse——重复使用。在结构充分的条件下重新使用旧材料。

早期的生态设计关注成品对环境的友好程度，主要考虑家具、饰品等产品的材料是否“环保”“原生态”；进入21世纪，人们发现设计中的“环保”“生态”只停留在后期成品上不够深刻，应充分把“绿色”概念融入从构思草图到成品的每一环节，于是，后期的生态设计总体原则注重全方位地关注环境，尽可能使用当地盛产原料以减少运输中能量消耗，产品包装要全部回收再利用以减少垃圾的产生和资源的浪费。

通过对生态学的认识分析，生态设计的设计原则可以归纳为：协调共生原则、能源利用最优化原则、废物生产最小化原则、循环再生原则、持续自生原则。具体体现在建筑环境设计中可以采用以下几种操作方法：利用外部环境中的因素，挖掘新材料和新技术的潜力，充分利用太阳能等可再生资源，注重自然通风，用自然要素改善环境的小气候，主动技术干预等。

生态设计主要分为两大类：生态适应性设计和生态补偿性设计。

生态适应性设计（ecological adaptable design）即适应环境和生态的设计。包括从传统的建筑设计中吸取经验，如生土建筑、自然通风采光等。适应性设计的观点认为人与自然之间唯一正确的关系就是与自然相协调，人适应自然。代表性的设计家是哈桑·法斯（Hassan Fathy），埃及人（图8-30），他的建筑用泥土作建筑材料，用古代泥砖建造和传统方法设计，法斯鼓励对传统建筑形式进行深刻思考，他认为传统可以被自由地附加于任何一个单体文化来进行复杂的循环。

生态补偿性设计（ecological compensative design）：城市化进程中不可避免地会对生态环境产生破坏作用，必须要进行补偿，以人工再造第二自然建立城市人工与自然适合的生态系统。“生态补偿性”设计是有意识地考虑使设计过程和结果对自然环境的破坏和影响尽可能地减少的设计方法和设计措施。

图8-30　哈桑·法斯

（二）生态建筑的高科技元素

生态建筑与高科技是不可分割的，许多大师在成熟时期尝试采用高技术以达到预定的生态、节能设计目的，成功的生态设计作品也必然是高技术风格的。

单就外墙的生态技术已经有很多种，目前常用的双层外墙系统即是一种，代表作：阿联酋“迪拜塔”（图8-31）、RWE大厦、法兰克福商业银行大厦、理查德·罗杰斯设计的伦敦88伍德大道办公楼等。

图8-31 阿联酋“迪拜塔”

70年代能源危机后，人们逐渐认识到玻璃幕墙在能源消耗方面的严重缺陷，发展了不同的系统来增强玻璃墙的热性能。其中最常见的处理方法之一是在常用的玻璃窗上再增加若干玻璃层/片，发展出所谓的“双层/多层幕墙系统”。它们在近来的写字楼工程里得到了大范围采用。这样的系统事实上起源于20世纪70年代的德国，而当Richard Rogers在1986年落成的伦敦Loyds Headquarters总部的设计里巧妙地使用了这一系统后，它就逐渐引起了广泛的注意和模仿。

外墙是建筑室内外环境之间的分界，其设计往往直接影响到室内环境质量和建筑在生态方面的表现，特别是玻璃幕墙。外墙应该能满足自然光照，太阳能的主动或被动利用，防止过度热辐射，减少室内热损失。

和传统的窗户相较，虽然根据制造和施工水准的不同，双层幕墙的效果会受到影响，但大体能够减少20%~25%的能耗。双层幕墙系统的效能受到下列因素影响：自然通风/机械辅助通风的效率、玻璃种类及排列顺序、空气腔的尺寸和深度、遮阳装置的位置和面积等。这些因素的不同组合将提供不同的热、通风和采光效能。在空气腔中增加日光控制装置（如百叶、光反射板、热反射板等），可以同时满足建筑自然通风、自然采光的要求。

双层幕墙系统的长处是多重的。其中之一为它能将室内空气和玻璃墙内表面之间的温度差控制在最小范围内。这有助于改善靠近外墙的室内部分的舒适度，减少冬季取暖和夏季降温的能源成本。它的热绝缘性能比通常的双层窗要好得多，因为可以通风的空气腔能提供额外的绝缘保护。出于同样的原因。其隔声效果也比普通双层窗好。如果安装有效交换器，幕墙系统还可以从废气里回收能量。

现在，这种双层外墙系统已得到了越来越广泛的运用，它独有的特点是它使高层建筑的高层部分也可以进行自然通风，而不影响幕墙的正常隔热功能。

这种幕墙系统目前的缺点是造价较高，而且通常要求很高的设计技术和安装技巧。但是随着技术的发展和不断地改进，它们的运用会越来越广泛。在不久的将来光电电池、微型风扇装置、电子玻璃以及各种智能控制系统和幕墙结合起来时，双层幕墙系统不但能被动地适应环境，还将为建筑提供重要能量。

双层幕墙系统最早期的应用实例如理查德·罗杰斯设计的伦敦88伍德大道办公楼。由于集中了大量的计算机等产生热量的设备，大厦采用了双层幕墙系统，室内空气通过天花板中的管道吸入空腔中，然后从屋顶排出。屋顶设置有光敏装置，能够跟踪和自动判断日光照射条件，通过控制遮光百叶的角度来调节室内自然光。当百叶旋转到最大位置时，幕墙系统可以反射太阳辐射而允许自然光照明，减少了空调能耗，而且自然通风率也达到了普通办公室的两倍。

（三）当代生态设计的大师及其代表作

1.理查德·罗杰斯（图8-32）

图8-32　理查德·罗杰斯

理查德·罗杰斯（Richard Rogers），获第十届国际建筑展览会的“终身成就金狮奖”，是建筑师、城市规划师、顾问和作家，1933年生于意大利佛罗伦萨，第二次世界大战期间迁往英国定居，1954年至1959年就读于美国耶鲁大学，1985年获得英国皇家建筑师学会金质奖章，1999年获得美国托马斯·杰斐逊纪念基金会奖章，2000获得日本皇室世界文化奖建筑奖章。他在1991年被封为爵士，并于1996年成为贵族。

他负责设计了一些最著名的建筑物，包括巴黎的“蓬皮杜中心”(与伦佐·皮阿诺合作)、伦敦的“劳埃德保险社”(图8-33)、千年穹顶（图8-34），斯特拉斯堡的欧洲人权法庭以及伦敦希思罗机场的5号候机楼和马德里新机场等。他致力于“可持续城市”思想的建设和推广，彰显了建筑在使城市更有可持续性和公平性的发展进程中的重要性。理查德·罗杰斯的事务所“理查德·罗杰斯伙伴公司”（Richard Rogers Partnership）成立于1977年，在伦敦、巴塞罗那、马德里和东京都设有办事处。

理查德·罗杰斯爵士是伦敦市长的首席规划顾问，同时对英国内阁也有相当的影响力。1998年，罗杰斯被英国政府任命为城市规划特别小组负责人，对城市发展的现状进行了为期3年的调查研究。以他的工作成果和建议为基础，英国政府于2001年发布了《城市白皮书》，这是20年来英国第一份针对城市建设领域的重要的政策性文件，被称作英国城市发展的“白色希望”，标志着英国的城市复兴事业进入了新的阶段。他主张城市发展要遵循六大原则。

第一，城市必须集中，发展不应向外延伸到乡村。伦敦人口增长很快，这些增长应该被限制在城市里面，例如利用前工业用地，增加交通枢纽，鼓励人们走路或者使用公共交通方式。

第二，生活、工作、休闲应混合在同一区域里，同时鼓励穷人和富人一起生活。

图8-33　劳埃德保险社

图8-34　千年穹顶

第三，鼓励行走和骑自行车，其次是使用公用交通工具，私人汽车应该被限制。中国非常幸运地拥有大量自行车，而英国目前正在想方设法鼓励人们骑自行车。

第四，好的设计，人们应该是被城市吸引而住在这里。人们喜欢处在美丽的公共空间，而好的建筑物提供这样的空间。好的设计能够提供宽阔空间、美感和节奏。

第五，对环境负责。城市比其他任何形式的组织方式都产生更大的污染。城市是我们需要清洁的地方。很多人因为害怕污染而搬到城市以外居住，反而会把污染带到城市以外的地方。

第六，社会正义感、责任感和包容性。罗杰斯认为设计的物质层面与精神层面缺一不可，他从事设计实践的同时关注着道德、观念等主要的社会问题，如上述原则中设计良好的环境和社会包容度是其中最重要的两个原则。

图8-35 诺曼·福斯特

2. 诺曼·福斯特

诺曼·福斯特（图8-35），在曼彻斯特大学获建筑学学士，耶鲁大学获建筑学硕士，英国皇家建筑师学会会员，国际上最杰出的建筑大师之一，被誉为“高技派”代表人物，第21届斯特林建筑大奖得主。他强调人类与自然的共同存在，而不是互相抵触，强调要从过去的文化形态中吸取教训，提倡那些适合人类生活形态需要的建筑方式。一生荣誉很多，作品很多。

（1）汇丰银行总部（图8-36）。

当福斯特事务所在1979年的国际设计竞赛中赢得这一任务后，业主向他们提出的要求非常明确：要建一座世界上最好的银行。建筑的基地位于雕像广场的前部，是香港最繁华的地段之一。建筑悬挂在排成三跨的四对钢柱上。在建筑的整个高度上，五组两层高的桁架将钢柱连接起来，各楼层就悬挂在桁架上。三跨结构的高度不同，形成了一个错落的轮廓。外墙是特别设计的外薄铝板结构和透明玻璃板的组合，以表现内部空间的丰富性。

图8-36 汇丰银行总部

这座银行建筑拥有一个公共的底层，一个私密顶层和由半私密半公共空间组成的中间楼层。在街面层，有一个12m高的公共步行广场在建筑下面穿过，两部自动扶梯通向主要银行大厅（半公共空间）和10层高的中庭。由3部设在西立面玻璃电梯井里的高速电梯可到达银行的主体。来访者在每个双层高的楼层下电梯，再通过自动扶梯到达目的地。

银行内部空间具有相当的灵活性，自1985年建筑投入使用以来，银行所有人员已多次改变办公位置。1995年，仅仅用了6个星期的时间就在建筑北部新增了一个证券厅。

他还设计了世界第一大桥——法国南部塔恩河谷的米约大桥，中国奥运会建设项目之一——3号航站楼工程以及瑞士保险公司总部大楼等。

（2）瑞士保险公司总部大楼。

这栋建筑（图8-37）在英国被称为Gerkin（即“小黄瓜”），主要是由生态环境分析得出的结果进行电脑模拟分析后得到的几何造型，主要是考虑到节能的因素（比普通办公建筑节能30%以上）。

2004年后，这个高达180m，40层的庞然大物以优雅的曲线形身姿挺立在伦敦，在其设计的最基本原则中“生态、环境友好是一切的出发点”。该建筑号称伦敦第一座环境摩天楼。预期将比同等规模的办公建筑节能50%，其外部形态所体现的每一点不同于传统高层的独特之处几乎都是建筑师为实现这样的目标而做出的安排。

这座大厦最被伦敦人熟知的名号既不是瑞士再保险公司也不是玛利埃克斯街30号而是一个可爱、形象的比喻——“小黄瓜”（Gherkin）。虽然建筑理论家查尔斯詹克斯（C.Jencks）先生努力证明这样的体量与宇源建筑学之间的关系。

图8-37 瑞士保险总部大楼

（3）伦敦市政厅。

与福斯特的另一项重要工程——伦敦市政厅（City Hall）相比（图8-38），虽然都是以曲线构成的建筑，福斯特强调瑞士再保险公司没有平面上的所谓轴线。除了底层商业入口和顶层餐厅建筑，各层平面是一组轴对称的渐变相似形，它们之间均以从底到顶的这根螺旋线所确定的角度发生偏转，办公层中每一层的平面都由围绕核心筒均匀排布的6个分支组成。中心部分是楼梯、电梯、消防电梯、卫生间和其他辅助用房组成的核心筒。其中也包括为整个楼层所公用的会议室，核心筒外是作为交通空间的环形区域。这一区域将人流疏散到6个向外的分支中去每个分支就是一个相对独立的办公区。在办公区之间，形成三角形的内庭，6个这样的内庭在水平上呈锯齿形均匀排布，贯穿2层或6层。各层之间螺旋形错动，形成扭转的通高空间，为办公室提供交流、休憩的场所，同时办公空间的采光井和通风口内庭的布置使建筑与自然元素有了更大的接触面，这样的内庭为建筑提供了最大化的阳光透入，减少了人工照明的需求。

图8-38 伦敦市政厅

福斯特讲述这幢建筑物的环形设计、生殖器似的外形和精密的幕墙系统——在通气孔之间设置两层玻璃——是有目的的，不是异想天开。他们使用了以下的技术战略来保存能源。

第一，尽量缩小建筑物外壳与楼板面积的比率（skin-to-floor area ratio），以缩小外部幕墙（exterior curtain wall）表面积，防止冬天热量损失和夏天热量增加。

第二，尽量增大玻璃面积，让日光进入建筑物，实现自然照明，从而减少使用电灯。

第三，在建筑物内使用自然通风，以改善空气质量，同时进一步减少机器设备的使用，并减少能源消耗。

第四，将广场和购物中心建造在圣玛丽斧头街30号的底部，更适合居住。同时一幢符合空气动力学的建筑物，有助于消除一般直线型高层建筑物下容易形成的强烈阵风。

第五，减少了建筑物的风负载。从而要求使用较少的结构材料，使用较少的嵌入式能源。这是符合空气动力学形状建筑物的另一个好处。

3. 杨经文

马来西亚华裔建筑师杨经文将生物气候学理论运用到大量的实际项目中，主要包括：杨经文住宅（Roof-Roof House，1984年），IBM大厦（马来西亚，IBMPlaza，Malaysia，1985年），包斯泰德大厦（马来西亚，1986年），广场大厦（马来西亚，Plaza Atrium Malaysia，1986年），梅纳拉商厦（马来西亚），Pingiran公寓（马来西亚）等。

（1）梅纳拉商厦（图8-39）。

图8-39 梅纳拉商厦

位于雪兰莪州（Selangor）的15层高的办公楼，建筑面积10340m^2，是一家电子和办公设备公司的总部。建筑物在内部和外部采取了双气候的处理手法，使之成为适应热带气候环境的低耗能建筑，展示了作为复杂的气候“过滤器”的写字楼建筑在设计、研究和发展方向上的风采。该建筑融合了许多杨经文十分喜爱的主题。植物栽培从楼的一侧护坡开始，然后螺旋式上升，种植在楼上向内凹的平台上，创造了一个遮阳且富含氧的环境。受日晒较多的东、西朝向的窗户都装有铝合金遮阳百叶，而南北向采用镀膜玻璃窗以获取良好的自然通风和柔和的光线。办公空间被置于楼的正中而不在外围，这样的设计保证良好的自然采光，同时都带有阳台，并设有落地玻璃推拉门以调节自然通风量。电梯厅、楼梯间和卫生间均有自然通风和采光。考虑到将来可能安装太阳能电池，遮阳顶提供了一个圆盘状的空间，被一个由钢和铝合金构成的棚架遮盖着。

梅纳拉商厦生态解决方案：

第一，注意朝向。因为东西向耗能高于南北向50%，故把“服务核”外置，防晒。

第二，在不同层位设凹入空间，造成阴影，遮阳挡雨，并在这个凹空间内设大量绿化，让人接近自然。

第三，外窗设可调控的遮阳板。

第四，屋顶上装有可调的遮阳板，并设屋顶游泳池。

第五，组织气流强化自然通风。

（2）米那亚大厦。

米那亚大厦于1992年8月竣工于马来西亚，建造费用为590万英镑，以30层（163m）高圆柱体塔楼为其主要特征。主要（生态）设计特征有九点：①空中花园从一个三层高的植物绿化护堤开始，沿建筑表面螺旋上升（平面中每三层凹进一次，设置空中花园，直至建筑屋顶）。②中庭使凉空气能通过建筑的过渡空间。③绿化种植为建筑提供阴影和富氧环境空间。④曲面玻璃墙在南北两面为建筑调整日辐射的热量。构造细部使浅绿色的玻璃成为通风滤过器，从而使室内不至于完全被封闭。⑤每层办公室都设有外阳台和通高的推拉玻璃门以便控制自然通风的程度。⑥所有楼电梯和卫生间都是自然采光和通风。⑦屋顶露台由钢和铝的支架结构所覆盖，它同时为屋顶游泳池及顶层体育馆的曲屋顶（远期有安装太阳能电池的可能性）提供遮阳和自然采光。⑧被围合的房间形成一个核心筒，通过交流空间的设置消除了黑暗空间。⑨一套自动检测系统被用于减少设备和空调系统的能耗。

（3）纽约克林顿公园建筑设计整体规划（图8-40）。

纽约克林顿公园（Clinton Park）位于曼哈顿市中心，占地面积130万平方英尺，相当于半个街区。这个商住混合型项目规划设计由Enrique Norten和Ten Arquitectos设计所合作完成。

建筑底层是商业空间，上面的27层则是900套房屋。建筑外墙风格处理独特，坚固的玻璃幕墙使得整个建筑在这个钢筋水泥的丛林中充满通透感。这座建筑是倾斜的，从第11层的96英尺开始，从住宅楼中部攀升到348英尺。这一高度让两个不同的功能结合在一起，一个是水平方向的公寓，一个是垂直方向不带窗户的电话交换塔。每一个楼层都比下方的楼层向内缩一点，使人们能毫无遮挡地观赏到公园和哈德逊河，并在每层设置了绿色屋顶构成的私人平台。这些平台让人们在如此庞大的建筑中也能近距离接触到大自然。地下层则是2.5万平方英尺的服务区。此外还设有一座3万平方英尺的马厩（为纽约骑警服务）。

图8-40　纽约克林顿公园建筑设计

（四）现代室内、外环境的整体设计

在人们的审美活动中，对一个事物或形象的把握，一般是通过对它整体效应的获得，人们对事物的认识过程是从整体到局部，然后再返回到整体，也就是说要认识事物的整体性。在这里，整体可以通过两个关键的词去理解：一是统一；二是自然。在整体的结构中，这二者合一。一个整体的结构按照自然原理构成，那就是构成部分的和谐及整体的协调。这种结构的特性和各部分在形式和本质上都是一致的，它们的目标就是整体。

1.整体设计概念、特点

格式塔心理学为我们提供了关于整体的理论。格式塔（Gestalt）是对知觉所进行的一整套心理学研究，以及由此而产生的理论，被称为格式塔心理学（Gestalt的音译，完形心理学）。因而，“整体”的概念是格式塔心理学的核心。它有两个特点：其一，整体并不等于各个组成部分之和；其二，整体在其各个组成部分的性质（大小、方向、位置等）均变的情况下，依然能够存在。

整体设计注重能量的可循环、低能耗/高信息、开发系统/封闭循环、材料恢复率高、自调性强、多用途、多样性/复杂性、生态形式美学等。

整体设计特点：第一，功能布局上合理，符合人的心理需要。第二，具有一定的视觉美感、形式、比例，符合人的审美标准。第三，注重节能，使人、社会、自然和谐发展。第四，注重个性化和整体化的关联。

2.概念延伸——格式塔心理学

格式塔的本意是“形”，但它并不是物的形状，或是物的表现形式，而是指物在观察者心中形成的一个有高度组织水平的整体。

格式塔心理学是西方现代心理学的主要流派之一，根据其原意也称为完形心理学，完形即整体的意思，格式塔是德文“整体”的译音。1912年于德国诞生，它强调经验和行为的整体性，反对当时流行的构造主义元素学说和行为主义“刺激——反应”公式，认为整体不等于部分之和，意识不等于感觉元素的集合，行为不等于反射弧的循环。后来在美国得到进一步发展，与原子心理学相对立。

格式塔心理学在心理学历史上最大的特点是强调研究心理对象的整体性。整体性思想的核心是有机体或统一的整体所构成的全体要大于各部分单纯相加之和，这是一种和原子论思想（把整体仅仅看做是部分相加的一个连续体）相对立的观点。

作为一种认知规律，格式塔理论使设计师重新反思整体和局部的关系。古典主义是建立在单一的格式塔之上，它要求局部完全服从整体，并用模数、比例、尺度以及其他形式原则来协调局部和整体的关系。但是，格式塔理论还指出了另一条塑造更为复杂的整体之路：当局部呈现为不完全的形式时，会引起知觉中一种强烈追求完整的趋势（例如，轮廓上有缺口的图形，会被补足成为一个完整的连续整体);局部的这种加强整体的作用，使之成为大整体中的小整体，或大整体的一个片段，能够加强、深化、丰富总体的意义。因此人们重新评价局部与整体，局部与局部之间的关系，重新认识局部在整体中的价值。

根据格式塔心理学，要给人以整体效果，绝不仅仅是各种要素简单、机械地累加，而是一个要素相互补充、相互协调、相互加强的综合效应，强调的是整体的概念和各部分之间的有机联系。各组成部分是人的精神、情感的物质载体，它们一起协作，加强了环境的整体表现力，形成某种氛围，向人们传递信息，表达情感，进行对话，从而最大限度地满足人们的心理需求。因此，对于艺术设计“美”的评判，在于构成设计要素的整体效果，而不是各个部分“个体美”的简单相加。要最大限度地发挥整体与各部分之间关系的和谐，从而实现整体设计。

3.生态设计、整体设计在室内设计中的应用

（1）室内设计中的生态化设计。

室内设计中的生态问题是生态建筑研究中极为重要的内容，但至今尚未引起我国建筑界和室内设计业界的足够重视。随着国家经济生活的发展，室内装饰设计已深入到各种类型的建筑中，室内设计所使用的材质也已涉及钢铁、有色金属、化工、纺织、木材、陶瓷、塑料、玻璃等多种行业。事实上，室内设计在施工和使用中引发出的种种环境和社会问题，如不及时解决、引导，将有可能发展成破坏生态和环境的“病疾”，增大环境治理的难度。

对现代人活动行为的调查表明，绝大多数人一生中有2/3以上的时间是在各种各样的室内环境中度过，室内环境对人的重要性是不言而喻的。室内生态设计的基本思想是以人为本，在为人类创造舒适优美的生活和工作环境的同时，最大限度地减少污染，保持地球生态环境的平衡。

室内生态设计有别于以往形形色色的各种设计思潮，这主要体现在三点：提倡适度消费、注重生态美学、倡导节约和循环利用。

从目前的实践看，在室内生态设计中可选用的基本技术措施有以下几方面：

第一，采用生态环保型装修材料。

第二，室内设计与诱导式建筑构造技术结合。

第三，采用全面的现代绿化技术。

第四，节约常规能源技术。

第五，与洁净能源技术结合。

第六，与现代高技术的结合。

（2）室内设计中的整体设计。

景观与建筑的一体化趋势也体现了设计师从根本上认识人与自然和谐共存的关系。例如日本的榉树广场（图8-41），它最大特征就在于，由220棵的榉树所构成的巨大绿地被抬到了2楼的行人广场，体现了“空中森林”这一广场的创作主题。广场由周围的各种设施和通道相互连接，在承受大量人流的同时，还在“森林”中设置了大草坪和木质座椅等，使广场成为游客的休息场所。这里既是悠闲歇息的环境，又是这个城市的“热闹”中心，形成了两个具有相反意义命题的共存与平衡。广场的地面铺设那个石头和铝合金网格，使平坦地面中的“森林”具有水分和空气循环功能，在“森林之光展示中心”等的建筑物中，也都是用同样风格的百隙玻璃和铝合金框架，使森林在感

图8-41 日本的榉树广场

觉上得到延伸。设计创意的“天空的森林”，意味着向宇宙托起的绿色大地。

生态建筑学大师伦佐·皮亚诺（Renzo Piano）说过“人，应该、必须、也只能绿色地栖居在这个蓝色的星球上”。

关于整体设计的认知，国学大师季羡林先生也曾说过“东方哲学思想重综合，就是‘整体概念’和‘普通联系’，即全面考虑问题”。钱学森先生也曾说过“21世纪是一个整体的世界”。所以要全面把握整体设计整体与局部之间的关系，重新认识整体设计在现代设计中的价值。

二、未来主义风格的建筑环境设计

未来主义的思潮起源于20世纪初期，并首次在建筑师圣·埃利亚（Anlonio Sant Elia，1888—1916年）所起草的《未来主义建筑宣言》中提出，该宣言对未来的建筑和城市环境的可能性进行探索。直至今天，设计师也从来没有停止过对未来主义风格建筑的探索。

1.溯源

未来主义（Futrism）首先是一场文学运动，是现代西方流行的社会思潮，由意大利诗人马里内蒂（Filppo Tommaso Marinetti，1878—1944年）首次提出。在1909年2月20日的《费加罗日报》上，马里内蒂以煽情文辞提出了“未来主义宣言”，号召扬弃传统艺术，创建与机器时代的生活节奏相合拍的全新艺术形式，未来主义自此诞生，并迅速由文学界延伸至美术、音乐、戏剧、电影、摄影等各个领域，影响甚广。未来主义热情讴歌的是现代机器、科技，甚至战争和暴力，迷恋运动和速度，要求摧毁所有的博物馆、图书馆和科学院，割断历史，创造全新的艺术。在未来主义者看来，这个世界会因为全新的改变而变得更加光辉美丽，这种美是运动的美，是速度的美，如子弹一样风驰电掣，比插上翅膀的胜利女神像更美。

2.未来主义风格的建筑环境设计发展趋势

智能化建筑环境设计是一种新的建筑设计体系，是当代未来主义设计师提倡和追求的一种趋势。智能化的建筑不仅体现在智能性的功能，还体现在使用智能化材料，未来的建筑将是可持续的建筑。

“智能化建筑”这个词最早起源于美国，重点是使用先进的技术进行控制，强调实现建筑物的自动化、通信系统的自动化和办公业务的自动化。通过优化建筑物结构、系统、服务、管理等四大基本要素，来提供一个多功能且成本低廉的建筑环境。

相比于国外，我国的智能化建筑起步较晚。我国最早进行“智能化办公楼可行性研究”的是中国计算机技术科学研究所。以珠海市为例，智能化建设开始于2000年，最先进行智能化建筑的楼盘是金桦城市花园，如今已有海怡湾畔、五洲花城、美丽湾等楼盘进行了智能化建设。但是，由于珠海房地产开发水平较低，开发商实力小、开发规模小等制约因素，珠海智能化建筑不仅起步晚，而且进展慢、水平较低，大部分仅限于宽带上网、智能卡进出小区，可以说离智能化建筑的要求还有较大差距。

未来我国智能化建筑发展将呈现以下特点：

（1）智能化在现代建筑中的应用越来越广泛。目前，智能型建筑已不局限于办公大楼，它正向多元化建筑领域扩展，从摩天大楼到家庭住宅、从集中布局的楼宇到分散的居民小区均在一定程度上被赋予智能建筑的功能。建筑的智能化使人与人之间的距离缩短，随着智能型住宅的逐步出现，智能型建筑不会再是孤立的，而是呈现联合的发展趋势。

（2）智能化的纳米材料在未来建筑中的使用将越来越广泛。由于纳米材料多种超常理化特性，纳米技术在未来智能建筑中被应用是必然趋势。纳米技术是在研究纳米尺度范围内电子、原子和分子内在运动规律和特性的基础上，进而研究纳米尺度范围内物质所具有的理化性质、功能及应用的高新科学技术，从技术角度来讲就是通过“直接的操作以及安排原子、分子创造新的物质”。其中纳米物理学、纳米电子学、纳米材料学等技术的应用，将对建筑技术产生巨大的影响，将会引领一场全新的建筑革命。

纳米科技时代的建筑构件具有无限外延性。北京大学纳米中心成功研制出薄膜材料表面繁殖技术，专家认为未来的工程建造技术将是“纳米繁殖”技术，纳米繁殖技术将是三维立体的繁殖。对于纳米照明，由于纳米遥控的存在，可以根据主人的意志，实现超距离的遥控，这种遥控不需要人与光源之间的有控制意识的行为发生，只需要根据意识便可对光源进行控制。

3.未来主义建筑形式的设想

进入21世纪，世界迎来了高新技术革命的空前发展，建筑行业也得到高速发展，设计风格更丰富，建筑理念复杂交织共同作用于未来的建筑设计，建筑日益成为人们利用智慧去创造符合单体或群体感情的空间。伴随着人类认同感的加强，人的自由性受社会、伦理、技术的制约越来越少，建筑将和人类无限开阔的思想同步，呈现出多元化的发展趋势。

空中建筑的提出源自未来人类越来越多，土地资源越来越贫瘠的问题，通过把新城市建在旧城市的上空来缓解住宅面积不足的难题。这种方案很多国家的政府也曾设想过，例如日本计划在东京建立交通、能源、水、垃圾处理等内在机能齐全的空中城市，代号为“空中城市”（图8-42）。它是一栋圆锥形建筑物，高100m，底部直径400m，顶部直径160m，共14层，总重量为600万吨。它采用空中台地重量的构造方法，每层平均面积约1km^2，台地呈凹形，凹形中央为绿地、公园、运动场等设施，其他部分为住宅、学校、办公室、剧场、医院及商业等设施。这座现代化空中城市建成后，可供3.5万人居住并解决10万人就业问题。

图8-42　空中城市

地下建筑的提出是未来地球臭氧层越来越稀薄，紫外线越来越强烈，人类不得不躲到地下去生活而作的一种设想。日本已经有一家集团正在设计兴建地下城市，地下城市可以通过太阳能采光系统接触到阳光，将地面城市中的影剧院、办公大楼、购物中心设施等完全移到地下城市。

4.未来主义风格的大师作品

银座是东京最昂贵的地段，中银舱体大楼是其中一座造型怪异的建筑。这座巨型积木状的大楼就像由很多方形的洗衣机垒起来的，具有强烈的新奇色彩。中银舱体大楼是由设计师黑川纪章于1972年所设计，该建筑充分体现了的未来主义风格，是未来主义风格典型代表作之一，体现了黑川纪章设计观点——大楼是城市的基础结构，居住单元是批量生产的，一簇簇围绕在大楼周围，同时该建筑也是建筑师本人所信奉的“新陈代谢主义”的一种图解。

扎哈·哈迪德无疑是当今世界建筑舞台上最耀眼的明星建筑师，她以其激进的设计风格和一往无前的探索精神在建筑界赢得了一席之地。扎哈·哈迪德为北京未来家居所做的设计就是将未来主义设计观植入日常家居环境。“我相信未来世界里的工业产品，尤其是那些和人类身体直接联系的，包括建筑在内，将会和自然界的有机生命体类似，不再是像今天这样由刚硬的几何线条、尖锐的角度和不连续的元素来支配，所有的元素将会模糊彼此的界限，融合成为一个连续的有机体。”其中杜邦智能厨房系统就是扎哈·哈迪德设计观点的完美验证，这个具有鲜明未来主义倾向的智能厨房系统为使用者提供了一个可根据人的不同感官需求适时做出反应的“智能”环境，充分利用杜邦公司新产品材料的可成型性和无缝性，为使用者营造了具有鲜明未来主义倾向的餐厨环境。在此设计中，扎哈·哈迪德向人们展示了新型材料与技术因素是如何完美地结合，并提出了前瞻性的功能概念。其作品以超前的空间观念和大胆且带有些许梦幻色彩的空间形态，改变了人们对于未来的幻象。

以下建筑设计充分体现未来主义风格：

（1）世界未来主义奢华酒店设计方案——Apeiron岛酒店（图8-43），它是一家总面积为200000m^2，拥有350间豪华套房的七星级度假村式酒店，由设计师Sybarite设计，投资50亿美元。这家高科技未来主义风格的酒店所拥有的设施豪华程度足可以让人尖叫：私人礁湖、海滩、餐厅、电影院、商店、美术馆、spa和会议中心等。毫无疑问，Apeiron岛酒店拥有绝对的吸引力来招揽渴望获得非凡体验的顾客。

图8-43　Apeiron岛酒店

（2）世界未来主义奢华酒店设计方案——水世界酒店（图8-44），这个非凡的设计是由Atkin's Architeture Grou完成的，曾赢得国际设计大赛一等奖。酒店可接待400位客人，设施包括水下公共区域、客房、咖啡厅和餐厅等，其中最吸引人的是酒店的极限运动设施，包括超豪华游泳池、攀岩设施和蹦极设施等。

图8-44　水世界酒店

（3）世界未来主义奢华酒店设计方案——钻戒酒店（图8-45），该建筑位于迪拜，钻石酒店目前还只是个设想，你可以根据这些图片来想象它的奢华程度。

图8-45 钻戒酒店

（4）世界未来主义奢华酒店设计方案——十星级水下酒店（图8-46），由设计者Joachim Hauser设计，耗资50亿美元。该建筑主体主要建设在水下，它所希望展现的就是海洋的宁静之美和海水的真实颜色。这个令人咂舌的建筑物建设面积为110万平方英尺，并配备大型购物广场、舞厅、别墅、餐厅、高科技电影院和最令人吃惊的水下60英尺导弹防御系统，以保障安全。

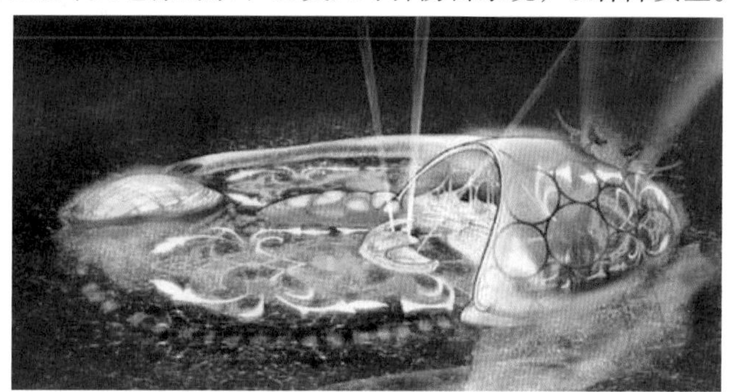

图8-46 十星级水下酒店

（5）世界未来主义奢华酒店设计方案——月亮上的旅馆——疯狂酒店（图8-47），由设计师Hans-Jurgen Rombaut设计。目前状态：蓝图已完成，将在2050年以前完成建造。也许宇宙空间听起来更激动人心，但月亮更容易让人产生思乡和怀旧的情感，所以疯狂酒店这个概念会将失重的愉快体验和思乡情感同时发挥到淋漓尽致。

设计者Hans-Jurgen Rombaut毕业于荷兰Roterdm建筑学院，他对于在2050年以前完成该设计非常有信心。该建筑借鉴“轰动引擎”原理设计了两座高160m的斜塔，同时配备泪珠形的居住舱。由月球岩石制成的50cm厚的外壳可以让游客抵御月球恶劣环境，包括超低温，宇宙射线和太阳粒子的侵害。如果这个计划能实现的话，那么月球村的梦想将最终成为现实。

（6）未来主义缆车站。1914年7月，意大利年轻的建筑师圣·埃利亚发表了《未来主义建筑宣言》，激烈批判了复古主义认为历史上建筑风格的更迭变化只是形式的改变的思想，提出未来主义缆车站的概念。复古主义认为人类生活环境不会发生深刻改变，但现在这种改变出现了，因此圣·埃利亚认为未来的城市应该有大的旅馆、火车站、巨大的公路、海港和商场、明亮的画廊、笔直的道路以及对我们还有用的古迹和废城，且未来城市的交通应由更多的交叉枢纽、金属的步行道和快速输送带有机地联系起来，未来主义缆车站应运而生。

图8-47 月亮上的旅馆

“未来主义”的建筑观点虽然带有一些片面性和极端性，但它的确是截至第一次世界大战前，西欧建筑改革思潮中最激进、最坚决的部分，其观点也最肯定、最鲜明、最少含糊和妥协。未来主义所倡导的一些元素至今仍是西方文化的重要组成部分，也对现代社会产生影响，所谓的“赛伯朋克”就是在未来主义观点影响下出现的。

⊙思考题

1. 后现代主义流派的建筑风格主要特征有哪些，主要派别有哪些？
2. 新现代主义有何建筑特征？代表作有哪些？
3. 何为戏谑古典主义的建筑风格？代表作有哪些？
4. 什么是比喻古典主义的建筑风格？代表作有哪些？
5. 何为基本古典主义的建筑风格？代表作有哪些？
6. 复古主义的建筑风格是什么？代表作有哪些？
7. 什么是现代传统主义的建筑风格？代表作有哪些？
8. 当代建筑有哪些建筑派别？它们有何共同的特征？
9. 高技派有何建筑特征？代表作有哪些？
10. 解构主义有何建筑特征？代表作有哪些？
11. 当代还有哪些建筑思潮与发展倾向？

第9章 现、当代中国的环境艺术设计

20世纪50年代，苏、美两霸的对峙控制着世界的平衡，1970年以后，两大世界势力逐渐崛起，四大现代文明有着种族上的差异。到了1973年，阿拉伯国家在石油经济的支持下崛起，开始了中部文明——伊斯兰文化的复兴，从而形成了世界上的第五大势力。二次大战后，无进一步的、大规模的土地争战，国家之间的边界相对明确（按传统政体与地理位置和地貌划分，而不是硬性地、非自然地划分）。理论上，各国都支持联合国，并以此来维系世界和平，保护人类的文明与进步。

当代社会，人类似乎不再畏惧自然，直到1970年欧洲环境保护年，人们才真正地认识到人类的繁衍与发展不能没有限度。地球的承载能力是有限的，自然资源应该得到保护而不是浪费，人口的发展与谷物的生产相关，自然灾难是可以预测且能够避免的。这便意味着观念的改变：为了生存，人类的一切活动都必须是整个生物圈或者说是自然框架的一部分。生态学科学，即关于一切生物都是相互联系、维持平衡的科学，已为人们所认识。在生态平衡中人类仅仅是整个宇宙总的统一体、连续体和相互依存体的一部分。

环境设计师们对于环境和景观有了新的认识：第一是能欣赏自然景观的真实价值；第二是人们把自己当作生态平衡系统中的一部分，并以此来解除来自现代生活的压力；第三是一种合理调节现代生活与生态平衡关系的愿望。

我国建筑环境设计的发展现实是：清末的闭关自守和19世纪末至20世纪中期的战争导致中国的现代设计艺术相比较西方落后了很多。1949年中华人民共和国成立，百废待兴的时代开始了，中国涌现出一代又一代的设计师，进入新的追步西方、赶超西方的艰难历程。

室内设计专业在20世纪50年代的美术学院、建筑学院兴起，到20世纪90年代，我国相继成立了中国建筑师协会和室内建筑学会等，在高等院校也设立了室内设计专业。这个学科的独立性逐渐显现，并与艺术专业、传统的建筑专业相协调，形成具有时代的标志性与多样化的统一，专业化与大众化共融的特点。

改革开放以来，国外的先进设计纷纷涌入国门，大型项目被国外大师打上印记，这种情况在20世纪90年代的京、沪、穗三地最为典型。据统计，仅北京在20世纪90年代境外设计项目就有20多个，400多万m^2，其中80%是10万m^2以上的大型项目。

1975年，日本日建设计为上海宝山钢铁厂进行的工业建筑设计，被视为外来建筑设计进入中国的序曲。但在建筑环境史上，公认最早的新时期外来建筑是1979年北京邀请贝聿铭设计的香山饭店。

图9-1 北京长城饭店

20世纪80年代境外建筑环境设计师来华的主要代表作品有：北京长城饭店（美国培盖特国际建筑事务所）（图9-1）、北京建国饭店（美籍建筑师陈宣远）、南京金陵饭店（香港巴丹马公司）、上海华亭宾馆（香港王董建筑师事务所）、北京

图 9-2　上海新金桥大厦

图 9-3　国家大剧院

中国国际贸易中心（日本日建设计）、北京新东安市场（美国RTKL）、上海花园饭店（日本株式会社大林组）。

20世纪90年代境外建筑环境设计师来华的主要代表作品有：上海商城（美国波特曼设计事务所）、上海新金桥大厦（香港何涛建筑设计事务所）（图9-2）、上海浦东国际机场（法国巴黎基础公司设计部）、新上海国际大厦（加拿大B＋H建筑事务所）、上海大剧院（法国夏邦杰建筑设计事务所）、上海浦东金茂大厦（美国SOM建筑设计公司）。

21世纪以来境外建筑环境设计师来华的主要代表有：国家大剧院（法国保罗·安德鲁）（图9-3）、上海科技馆（美国RTKL）、广州新体育馆（法国保罗·安德鲁）、广东奥林匹克体育场（美国NEB设计集团公司）、广州发展中心大厦（德国GMP）、中国电影博物馆（美国RTKL）、深圳会展中心（德国GMP）、上海环球金融大厦（美国KPF设计事务所、日本清水建筑株式会社等）。

西方的设计师之所以长期占据我国的建筑环境市场，可以从人文传统和美学思想方面找到原因。长期以来，我国建筑环境创作领域存在着因循守旧和不思变革的惰性心理。千百年来，“中庸”“统和”“对偶”“不偏不倚”等已成为华夏民族深层心理积淀和艺术的最高美学准则。自秦汉以来，即以“中和”奠定了基调：统一的木结构体系，水平展开的空间布局，注重礼制的群体组合方式，使中国传统建筑成为大一统的完善自足的体系，而这一切均源于追求天人合一的哲理。在这种求同否异，讲究中和的哲学思想指导下，华夏艺术多体现舒缓、静穆、统和、均衡、稳定之美，而缺乏激烈、振荡、腾跃等充满激情之美学要素，折射到建筑中则难于寻求差异与对比度强烈的奇诡之作。这种审美观念虽然孕育了博大精深的华夏艺术，但只求完善，不思变革，甘作中庸的美学思想又使传统建筑缺乏内在更新机制，致使千百年来建筑风格几乎没有发生什么重大变化。

相比之下，西方古典艺术虽然也讲和谐，但这仅仅限于形式美这一层次，而在哲学思想和思维模式等深层次领域中却深深地留下了“对立”“冲突”等烙印：如宗教迷信与科学理性的对立与冲突；人与自然的对立与冲突等，几乎贯穿于西方文化的各个角落。这样便形成一种不断更新的动力，在它的驱动下，以欧洲为中心的西方建筑文化跨越了古希腊、罗马、早期基督教、罗马风、哥特、文艺复兴、巴洛克、洛可可、古典复兴、浪漫主义等一个个历史风格时期。当代西方建筑审美变异，正是在时代浪潮的拍击下应运而生的，尽管在许多方面尚不足称道，但是敢于离经叛道，向经典美学挑战，首肯创造性与新奇性的美学价值，建立多元化的审美标准等，对我们具有一定的启迪意义。

第1节 追步西方的现代设计阶段

一、五十年代的历史主义设计

我国成立初期，为使国民经济从战争的破坏中迅速恢复，在时间紧迫、资金短缺的情况下，人民政权对建筑环境设计采取了比较宽容的政策，使全国人民都参与到了积极建设新中国的热忱和宽松的社会环境之中。1951年国家开始了对建筑工程的管理，贯彻中央用3年恢复经济、10年大规模经济建设的基本要求，确立了“适用、经济、在有可能的条件下注意美观”的建筑设计方针，短短三年的时间当中就出现了不少今天仍然可以称道的佳作。如：1952—1954年由杨延宝设计建成的和平宾馆，1952—1954年由华揽洪、傅义通设计的北京儿童医院（现已拆毁，图9-4），1952—1955年由黄毓麟、哈雄文设计的武汉医学院医院，以及1951—1953年由汪定曾等人规划设计的上海曹杨新村等。

图9-4 北京儿童医院

北京儿童医院的标志——水塔烟囱

1950年民族形式复兴的主要起因是外来建筑设计思想的影响，即来自苏联历史主义的影响。20世纪50年代苏联社会主义文化进入中国，这是中国现代文化史特有现象。苏联为1953年开始为“一五”计划的建设活动提供了资金技术等多方面的援助，斯大林提倡阶级斗争的社会主义建筑设计思想“社会主义内容，民族形式原则”和“社会主义现实主义的创作方法”，被提高到了阶级立场的高度在中国加以发扬。

20世纪50年代的中国建筑设计是中国建筑民族形式复兴的高潮。中国建筑师对这种历史主义方法向来深信不疑的。许多本土的建筑师为探索“社会主义建筑形式”做出了很多的努力，全国掀起了以“大屋顶”为特征，将中国传统的宫殿、庙宇建筑附加到现代建筑设计中的“民族形式”运动。北京友谊宾馆（图9-5）、北京三里河“四部一会”办公大楼等便是具有代表意义的“民族形式”建筑。此时正赶上国家推行“三反”“五反”运动。“大屋顶”因为经济浪费问题受到了猛烈的批判。这股热潮在1955年后迅速降温，其中出现的复古主义倾向也不断受到批判，但是其影响贯穿了整个20世纪50年代。50年代末为庆祝中华人民共和国成立十周年国家决定集中力量建设一批国家级建筑，同时1958年比利时布鲁塞尔国际博览会给予中国建筑设计家以启示：同样结构的现代建筑可以具有完全不同的“民族形式”。在这一思想和国家决策的驱动下，建筑师又回到那些刚刚被批判为“浪费”的建筑创作中去。在首都北京，1959年国庆“十大建筑”中仍出现了人民大会堂、中国历史博物馆、北京火车站、中国美术馆（图9-6）、全国农业展览馆、民族文化宫等民族形式的优秀建筑设计。关于社会主义建筑形式的探讨对以后的中国建筑创作实践更是产生了深远的影响。

图9-5 北京友谊宾馆

从1953年前后“民族形式”建筑的兴起，到1959年“中国的社会主义的建筑新风格”，

60年代初，随着三年困难时期的过去，中国文化艺术领域出现短暂的宽松局面，中国建筑设计领域开展关于“建筑风格”的大讨论，力图促进中国现代建筑设计的发展，但是这些努力并没有取得应有的成效，即将到来的一场大动乱使中国现代艺术设计遭受了难以恢复的巨大破坏。但是客观来看，20世纪50年代的中国建筑环境艺术有着自己的特色。其一，它们的建筑风格独特。其二，20世纪50年代的建筑为未来的发展预留了充分的空间。其三，20世纪50年代的建筑集中体现了“大屋顶”的民族特色。其四，20世纪50年代的建筑融进了那个时代人们的情感。

图9-6　中国美术馆

二、政治因素影响下的红色设计

20世纪50~70年代的中国设计是与当时的政治话语分不开的，在实现社会主义工业化理想的热情中，西方设计思想和技法统统被斥之为“资产阶级”的东西，取而代之的是一种片面的、以政治主题为主的设计观念，因此社会经济和艺术设计与西方国家的现代设计水平拉开了距离。

建国初期中国对于苏联先进科技的依赖，导致中苏决裂后中国工业发展和轻工业设计受到挫折。同苏联四十年代的政治气候一样，现代主义设计在“反对世界主义”的斗争中被批判，西方资本主义国家的设计艺术在中国也被隔绝和否定。

苏联自20世纪三四十年代形成的早期建筑观念是我国新中国成立初期的“金科玉律”，现在我们用实事求是的态度来看这些“金科玉律”的建筑设计观念，实际上仍然避免不了西方设计理念的影响。福明1919年所做的劳动宫的柱饰仍是多利克柱式的简化；1926年设计的莫斯科苏维埃大厦也是这种“无产阶级古典”代表作——因为他认为“多利克柱式能表现无产阶级的严肃和朴实”；[1] 20年代苏联设计的革新派，如塔特林和马列维奇等人的“构成主义”，也离不开西欧资本主义国家的未来派、立体派等的影响，其中30年代金兹堡的作品明显受到朗·科布西耶设计语汇的影响。

因此在苏联专家指导下的许多中国的建筑设计，如北京的苏联展览馆、上海展览中心都是典型的苏式20世纪初折中主义公共建筑，不仅耗材奢侈，而且繁缛雕饰，明显具有“复古”和对“形式”的片面追求（图9-7）。那些“有经验”的苏联早期建筑师“不是过去为沙皇、教会服务的折中主义者和新古典主义者，革命之后还照老样子干下去；就是年轻、经验少、分不清当时欧洲的艺术流派哪些是好、哪些是坏的新建筑师”。[2] 此外，领袖题材的雕塑、绘画等造型艺术被等同于建筑艺术，这些也体现了对苏联设计的迷信。

(a)

(b)

图9-7　中苏友好大厦（今上海展览中心）外观与内部装饰

这些都没有引起当时中国大多数设计者的

❶ 金兹堡.风格与时代.陈志华，译.西安：陕西师范大学出版社，2004：174.

❷ 陈志华.苏联早期建筑思潮——兼论我国现代建筑.转引自《风格与时代》附录1：175.

思考，随后又进入另一个阶段：“五十年代末期和六十年代初期，谁要说三四十年代的苏联建筑有不少成就，有一些开创性的经验，也不行。再过几年（笔者注：文革时期到来），苏联建筑的过去和现在都成了禁区，谁都不好轻易说了。”

毛泽东1956年提出全面系统地学习资本主义国家的先进经验，要树立起民族自信心，做到以我为主，大胆学习，洋为中用。[1]五十年代末为庆祝建国十周年兴建的北京“十大建筑”正是“洋为中用”的观念体现，在中西结合、探索民族化形式的建筑方面迈进了一大步。尤其是在建筑构件的装饰，如天花、檐口、门头等，许多设计师将传统的和少数民族的特色图案与现代建筑技术相融，达到一定的水平，这种设计观念一直影响到以后几十年的中国建筑装饰（图9-8）。

(a) (b)

(c)

图9-8 （a）奚小彭设计的民族文化宫；（b）北京展览馆门头镏金花饰；（c）人民大会堂大礼堂的室内设计

中苏意识形态的分歧以及1960年中国的经济危机等原因，导致苏联专家的撤离，中国的整个工业陷入一片混乱。尽管中国人以“自力更生、艰苦奋斗”的钢铁精神建成了南京长江大桥（1968年通车）、攀枝花钢铁基地（1974）、第二汽车厂投产（1975）等，显示出中国有独立规划、施工、设计、管理各种大型工程项目的能力，但是国民经济基础依旧薄弱。

文革时期则“自上而下”地以单一的政治话语统治文化，将设计文化的作用夸大为宣传革命的唯一手段，视精神需求的差异性于不顾，阻滞了设计艺术转型的正常发展。极“左”路线导致解放初期的设计文化成果几乎化为乌有，任何外来先进技术和文化都成为政治批判的对象。

1966年6月1日《人民日报》发表的《横扫一切牛鬼蛇神》的社论，提出破“四旧”、立“四新”的口号，许多有特色的老字号招牌、牌匾、对联、门面画饰、广告、霓虹灯都被当作“四旧”砸烂，而改为含有政治意义的新招牌，诸如“东方红”“工农兵”等。

这样做的结果，是“经营特色没有了，招牌名称严重重复，上海的鞋帽服装公司有零售商店417家，改招牌后有349家名称重复，仅‘红卫’商店就有32家；北京大栅栏改名‘红旗街’……商店橱窗陈列也是一片‘红海洋’，人们无法辨认商店……”其他如工艺美术用品、化妆品、西式服装等本来用以美化人们生活、带给人们精神享受的产品，如印有传统图案（鸳鸯戏水、八仙过海等）或外文图案、字体甚至译音的商品都属“有问题”者，都被停售、停产，造成严重的经济停滞和设计的倒退。

在没有西方任何设计潮流影响的封闭年代，[2]中国上下到处是红色的旗帜、领袖头像、宣传画、邮票、服装、舞蹈、建筑（图9-9），装饰图案千篇一律地采用太阳、五星、万丈光芒、麦穗、向日葵等政治题材，到处是无所不在的象征革命的红暖色调，各地都有模仿“十大工程”的建筑出现。这种单一化的表现手法在建筑设计尤其是室内装饰设计行业有所影响，许多地方的室内设计不分场合地使用类似人民大会堂的大红地毯，以象征热烈和革命。对称性大厅的正面墙上悬挂大幅绘画的

[1] 毛泽东.毛泽东选集 第五卷.北京：人民出版社，1977：285.

[2] 周宪.中国当代审美文化研究.北京：北京大学出版社，1997：12.

(a)

(b)

图9-9 （a）红卫兵革命造反展览会场设计；（b）1966年领袖题材的宣传画

做法也流传甚广，成为现代厅堂的程式化做法。[1]设计家的艺术个性和自由被压制，单一狭隘的设计观念严重阻滞经济的进步。

文革时期，我国的经济建设主要围绕国防和战略布局的一系列建设，同样出于政治问题，一系列的外援工程、外事工程等要求限期完成。大量的建筑师被送到基层，送到边远的地区，其幸运者得以在某些项目中发挥一定的技术作用，但对整体性全局的规划设计决策无能为力。

图9-10 清华大学中央主楼

国庆“十大工程”以后，建筑任务又回到大量生产生活类建筑上，这些建筑不再有强烈的政治任务和精神功能，以采用“不犯政治错误”的建筑为原则。1959年开始设计，1966年6月“文化大革命”爆发前夕建成的清华大学中央主题建筑反映出社会政治环境对艺术设计所产生的巨大影响。历经几次修改，清华大学中央主楼的设计反映出当时中国建筑设计家和艺术设计家艰难窘迫的处境。清华大学中央主楼建筑成为两个时代的见证（图9-10）。

三、改革开放时期的设计新风

1978年12月在党的三中全会上通过了将工作重心转移到经济工作上来的方针，改革开放使得中断多年的中西文化交流又重新起步，外国建筑师、艺术思潮与外国的建筑材料、技术一道涌入中国，中国的建筑环境设计水平迅速进展。

20世纪80~90年代是中国发生剧烈变化的时代，社会的现代化进程和西方科学技术思想文化艺术的巨大影响使中国现代艺术设计出现崭新的面貌。80年代以后20多年的时间里，中国现代艺术设计的发展超过了以往的百年。现代主义建筑和后现代主义建筑设计造成巨大的冲击，与80年代的“新潮美术运动”形成呼应的态势，出现了中国建筑环境设计新的潮流。适应改革开放的需要，宾馆建筑以前所未有的速度增长。许多世界著名建筑家来到中国，将西方现代设计实实在在地展现在中国建筑环境设计家面前。

在20世纪80~90年代的中国建筑设计领域，可以说强调传统、民族形式占据了上风。有一些建筑设计家则是清醒地努力探索如何创造中国现代建筑的道路。文革结束之后，中央就“拨乱反正”、落实知识分子政策采取了一系列措施。广大建筑师的创作热情逐渐被调动了起来，创作水平也很快

[1] 张绮曼．室内设计经典集．北京：中国建筑工业出版社，1994：41.

得到了提高。在整个80年代，现代主义形式在建筑设计实践中所占的比例均高于民族传统形式，形成了很强劲的风气。

这一时期在中国出现的具有现代主义倾向的建筑设计一方面吸收西方现代建筑的合理成分，又剔除了现代主义建筑“见物不见人”的冷漠；另一方面尊重后现代主义建筑对于文化的延续，又排除后现代主义建筑往往出现的虚饰和矫情。出现了一些颇受好评的作品，比如首都国际机场航站楼（1980年）、香山饭店（1982年）、北京图书馆新馆（1987年）（图9-11）、国家奥林匹克体育中心体育馆（1989年）（图9-12）等。在许多“现代感”十足的建筑中，也引入了民族传统的因素。

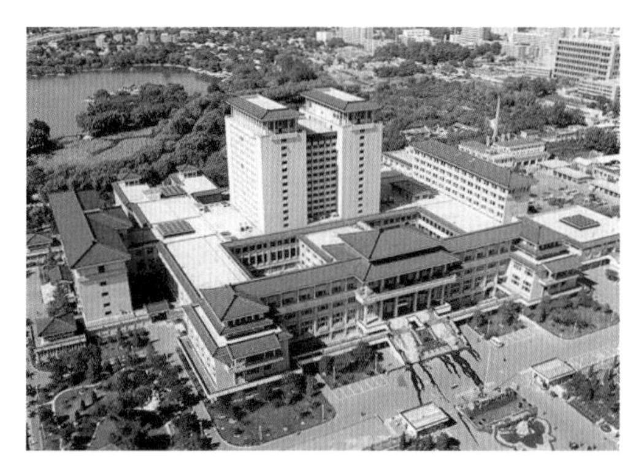

图9-11　北京图书馆新馆

图9-12　国家奥林匹克体育中心体育馆

20世纪80~90年代中国的室内艺术设计有了迅猛的发展。室内艺术设计家的环境。现代环境艺术设计蕴涵广泛，包括城市及地区规划设计、建筑设计、园林设计、广场设计、公共空间设施设计、环境景观设计和室内设计等。20世纪90年代以后，国外环境设计理论的导入，极大地促进了中国环境艺术设计的发展。

经过80年代建筑艺术空前活跃的大发展之后，90年代初，国际舆论对北京的城市面貌提出了一些意见甚至是强烈的批评，认为传统面貌在新的建设中日益蚕食瓦解，终将不复存在。北京有关领导认为只提“维护古都风貌”已经不行了，必须强调要“夺回古都风貌”。并分析中国城市魅力丧失的主要原因在于新建筑大都是“火柴盒”一般的方盒子，过于死板单调、千篇一律，所以必须在新建筑上增加民族传统形式，用大屋顶之类的传统建筑元素去打破方盒子太多的局面。在这样片面思想的指导下，我国建筑设计开了历史的“回车”。没有促进建筑艺术的发展和丰富，反而制造了不少建筑败笔。北京西客站（火车站）就是“夺回古都风貌”运动典型的代表。这座建筑从形式上没有任何新意，盲目追求“里程碑”形象，过分地堆砌了民族传统建筑元素。

图9-13　香港中国银行

港澳台地区由于都受到过殖民统治，更早地接受到西方经济文化的影响，也更早地受到西方艺术设计文化理论的影响。同时港澳台地区现代艺术设计的发展也促进了大陆的发展，也出现了一大批优秀的设计作品。如香港艺术中心、香港中国银行（图9-13）、香港汇丰银行、台湾东海大学路思义教堂（图9-14）和台湾高雄长谷世贸中心等现代设计佳作。

梁志天便是一位将中华文化与自己的设计相结合的香港设计师。他曾连续三年被素有室内设计“奥斯卡”之称的Andrew Martin选为全球31位著名室内设计师之一。梁志天的本专业是建筑学而并非室内设计，但正是学习建筑的经历，培养出了他的空间与结构感，对造就他的简约风格起到了重要的作用。梁志天也善于把他独特的简约风格融合到亚洲文化及艺术于生活之中，并感受中国的传统文化，把丰富的传统文化和自己的简约风格结合起来。从1997年以后，梁志天开始较多地到内地工作和旅游，而中国深厚的传统文化，给了他很多灵感和感觉。同时梁志天也认为中国的设计师应该将中国这些优秀的传统文化吸收进来，但梁志天本人不会局限于传统的东西，而是将他的简约风格和中国的传统元素相糅合，例如他设计的i-chi系列家具，既有传统的古典感，也有现代的简约风格。

图9-14　台湾东海大学路思义教堂

四、当代多元化的发展时期

从20世纪中叶到现在，西方的建筑风格理论可谓丰富多彩、百家争鸣。“20世纪40~50年代是现代主义建筑、国际主义建筑风格垄断时期，70年代到现在为止是后现代主义时期，这里的‘后现代主义’包括了现代主义风格之后的各种各样的运动，包括了后现代主义风格、解构主义风格、新现代主义风格、高科技风格等。”[1]这些西方的建筑风格和设计思潮或深或浅地影响过中国的建筑创作，经过实践的洗礼之后，又出现了新的天地，使得中国当代的建筑创作呈现出繁荣多元的景象。

1.时代性与民族性相融合

时代性，是指当代建筑与时俱进的全球发展趋势；民族性，也可以说是地域性，是指一个建筑要体现一个地方的历史文脉特色。在20世纪50年代中期，以“大屋顶”为特征的中国传统建筑的现代化继承思潮迅速蔓延了全国，是中国传统建筑与现代化建筑相融合的第一次高潮。但这次民族形式复兴的起因来自苏联历史主义的影响，具有明显的政治色彩。当代建筑中出现的时代性与民族性相融合的趋势多是受后现代主义的影响，运用新材料、新技术、新结构，通过隐喻和象征的手法，达到一种当代建筑和传统建筑的复古折中、新旧糅合的设计。

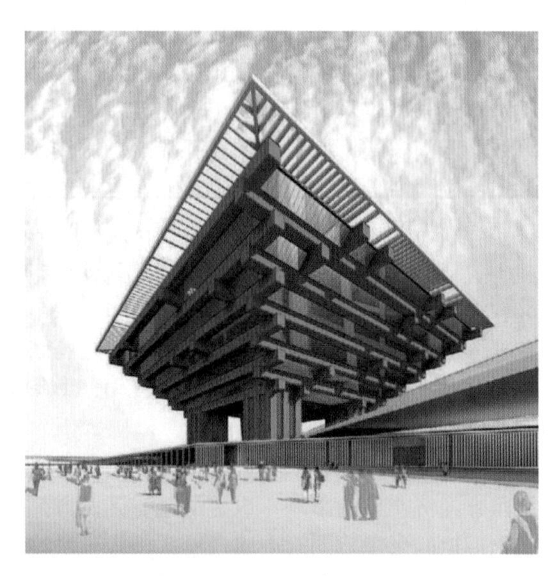

图9-15　2010世博会中国馆

2010年上海世博会的中国馆（图9-15），便体现了当代建筑中时代性与民族性相融合的趋势。面对“中国馆”这个主题鲜明的设计，设计者在

[1] 王受之. 世界现代建筑史[M]. 北京：中国建筑工业出版社，1999.

构思之前便反复思考两个问题：一个是设计如何包容中国元素，体现中国特色，蕴含中国气质，展现中国气度；另一个是怎样呼应当今的世界潮流与时代精神，以一个全新的当代建筑的姿态出现在世界各国来宾的面前。

首先，在表达中国特色方面，设计者从中国文化印象（如传统艺术的意境、品格、色调、特征等），中国文物器皿（如冠、鼎、家具等），中国建筑元素（如城市营建法则、建筑构架、斗拱等）中整体领会，加以整合、提出“中国器”的构思主题，通过“中国器”来整合中国元素，表达中国的文化精神与气质，展现中国的“魂”。

其次，在表达时代精神方面，国家馆运用现代立体构成手法生成一个以3m为模数的三维立体空间造型体系。这个体系外观造型上整体、大气、有震撼力；内部空间构件穿插、空间流动、视线连通，满足现代展览空间的要求；结构上既力学美感，同时也四平八稳，合理安全。

总之，世博会中国馆是采用现代技术与材料，运用立体构成手法对传统元素进行的现代转译，是当代建筑中时代性与民族性相融合的完美案例。

2.新科学技术在建筑中的运用

吴良镛先生在《北京宪章》中指出“21世纪必将是多种技术并存的时代”。[1]这里的“多种技术”也包含了对建筑创作具有促进意义的科学技术。例如：新建筑材料、新结构技术、现代信息化设计手段（数字化设计）等，这些在新世纪出现的一系列科学技术都在不同方面促进了当代建筑朝向多元化的方向发展。

中国当代建筑中的北京奥运会主体育场“鸟巢”是运用新建筑材料的突出案例（图9-16）。“鸟巢”的建筑魅力主要在其精致的反向双曲线钢结构与为光影变幻搭建展示平台的双层膜结构，前者将现代工业社会最受推崇的建筑材料——钢材的性能优势发挥得淋漓尽致，后者则为后工业时代涌现出的新型环保建筑材料ETFE（乙烯—四氟乙烯共聚物）透明箔片膜作为巨型体育场的主要建筑材料开了先河。钢材是人类进入工业社会创造出的最佳建筑材料，具有公认的高可塑性，优异的抗压性及抗拉性，而备受现代建筑大师们的青睐。

在建筑产生之初，承重系统在建筑中居首要地位，表皮仅仅处于从属地位，起着围合与参与部分承重的作用。工业革命后，钢与混凝土材料被广泛应用，承重能力大大提高，使表皮从承重系统中独立出来。随着现代科技技术的不断发展，新材料、新结构的不断出现，使得建筑表皮有了任意伸展的可能性，形式也变得多种多样。北京安德鲁设计的国家大剧院除了有巨大的经济基础，还要有实现大穹顶的科技支持（图9-17）。有了高度发达的科技，剧场才出现完全不同于以往的形式。北京奥运游泳馆方案（水立方）的实现也是由于ARUP这个世界上最大的结构设计公司作支持的，它提供的新材料表皮，使评委们有信心将它评为中选方案。

图9-16 鸟巢

图9-17 国家大剧院

[1] 吴良镛.国际建筑师协会《北京宪章》.中外建筑，1999.

形态多样的表皮建筑除了要有新材料、新结构的支撑之外，还需要数字技术的支持。福兰克盖里、彼得艾森曼等设计大师便是较早使用电脑进行设计的，可以说如果没有数字技术，盖里自由弯曲的表面和艾森曼复杂错位的空间是难以实现的。目前，借助电脑进行设计的建筑师越来越多。在电脑中建筑师可以大胆地按照自己的设计想法将形体任意扭曲变形，并对形体进行复杂的加减处理。流动变化的空间，夸张变异的形体和丰富多样的表皮都是数字技术赋予建筑的崭新风格。

图9-18　杭州奥体中心主体育场

参数化设计是数字技术在建筑中的应用的另一突出表现。它通过定义数值和参数之间的逻辑关系来生成具体的结果。参数化设计不是为了给已经固定的形式进行数字模拟，而是试图建立一种自下而上的形式生成逻辑的开发过程。这种设计方法在信息与形式之间建立了更为明确的关系，建筑师通过它能够控制整个形式生成过程、原始信息以及最终形态。

参数化设计具有以下高效性：①通过逻辑描述，让设计方案在不同的软件平台中进行完美的切换，使设计方案在不同的软件平台上继续深化。②应甲方或者其他外部原因，生成多个方案进行比较、抉择。③参数化设计的模型信息可以直接传递给结构、节能等其他专业进行分析，高效且数据准确。

由美国NBBJ公司与CCDI中建国际设计公司共同设计的杭州奥体中心主体育场便使用了参数化设计方法。体育场的外部罩棚是由14组花瓣形单元构成的，这样的"花瓣"形态是用参数化设计出的多个方案中挑选出来的（图9-18）。由于体育场外观形态的复杂性，以及还要协调其他的关系，例如体育场罩棚与看台之间的空间关系。所以在这个非常复杂的案例中，参数化设计起到了巨大的作用，让建筑师可以高效率高质量的完成任务。

3. 可持续发展的绿色建筑

众所周知，环境与发展是当今国际社会普遍的主题，国际建协第18次代表大会发表的《芝加哥宣言》所指出的"建筑及其建成环境在人类对自然环境及其生活质量的影响中起着重要作用；符合可持续发展原理的设计需要对资源和能源的使用效率，对健康影响、材料选择，对生态及社会敏感反应的土地利用，以及一种能起到鼓舞和肯定及培育作用的美学灵敏性等方面进行综合的思考。"在北京召开的国际建协第20届世界建筑师大会中，同样把"21世纪建筑与环境"作为重要议题之一。《北京宪章》更强调要"正视生态困境，加强生态意识"[1]，号召全世界的建筑师把环境与社会的持续发展作为其职业实践的责任和工作核心。2000年，我国执行新建建筑节能50%的标准。2004年，科技奥运十大项目之一的"绿色建筑标准及评估体系研究"项目通过验收，应用于奥运建设项目。同年8月，上海市绿色建筑促进会成立，标志着"绿色建筑"所体现的生态的、人本的、可持续发展的理念，已备受社会各界关注，是全国第一家以"绿色建筑"为主题的社会团体法人。

由此可见，探索可持续发展之路已成为当代和21世纪建筑发展的主导方向和建筑文化的主流，确立可持续发展的绿色建筑观，探求可持续发展的绿色建筑理论及其创作设计方法，研究开发可持续发展的建筑技术将成为当代和21世纪建筑文化活动的重要内容。

长沙市"两馆一厅"（长沙市博物馆、图书馆、音乐厅）：被誉为长沙未来"城市名片"，是按绿色建筑标准建设的重点标志性工程，已向建设部申报了绿色建筑示范项目。该项目是为了提升长

❶ 吴良镛.21世纪建筑学的展望——"北京宪章"基础材料.建筑学报，1998：32.

沙城市品位而建设的极富时代性、标志性、地域性的建筑群，应用了多项“绿色建筑”的设计理念，使用了环保节能系统，极大地推动了湖南“绿色建筑”的推广，起到了模范带头作用。

4.建筑创作个性化、艺术化

当代建筑越来越趋向于个性化、艺术化，其奇异的外观、特殊的材料与施工技术等都令人眼前一亮、耳目一新。当代建筑个性化、艺术化的原因可以分为两个：第一，当代科学技术迅猛发展，新技术、新材料的出现促进了或者实现了设计师的大胆设计。第二，受西方设计思想的影响，尤其是后现代主义、解构主义和高技派。

后现代主义是通过拼贴、隐喻和象征等手法来用新颖的现代建筑语言和形式来诠释文脉的传承和精神的表达。解构主义是采用非中心、无次序的流线造型和解构、重组的破碎造型，达到功能与形式之间的叠合与交叉。高技派，则是运用新技术、新材料、新结构来实现对当代建筑的诠释。这些西方的设计思想都不同角度、不同深度地影响了中国当代建筑个性化、艺术化的趋向。

例如：由扎哈·哈迪德设计的广州歌剧院。广州歌剧院又名“圆润双砾”，从平面图上看，好似是珠江用水冲来的两块大石头组成。在形式上，两块石头以看似圆润的造型，表达了内心的纯真，摆放在珠江岸边十分特别、显著；在功能上，“圆润双砾”的封闭造型，提供了绝佳的音响效果，“大石头”是1800座的大剧场、录音棚和艺术展览厅等功能空间，“小石头”则是400座的多功能剧场等。这样的造型设计不但完成了形式，同时也完美满足了功能上的需求，做到了功能与形式之间的叠合与交叉。

另外，哈迪德采用非几何形体、非规则的外形设计，使广州歌剧院成为广州独一无二的地标性建筑。从建筑造型来看，这一设计方案具有超前的理念，非几何形体的建造空间在当今的建筑设计上是一种潮流，也是城市空间的创新亮点。

央视新大楼（图9-19）位于北京的东三环CBD区内，是北京目前最繁华的地段。主楼由两栋反“Z”字塔楼交叉缠绕构成，塔楼由悬臂结构连接，离地面160m，塔楼连接部分的结构借鉴了桥梁建筑技术，不同的是，这个“桥”的某些部分足有14层楼高，桥上还包括一段伸出75米的悬臂，前端没有任何支撑。地上52层、地下3层，设10层裙楼，主楼的两座塔楼双向内倾斜达到令人惊异的6°，已经远远超过了比萨斜塔的5.5°倾斜。建筑外部由约3万块菱形玻璃窗与疏密相间的菱形钢网格结合而成，从而会让人们失去视觉平衡的坐标系，造成一种错觉，即无论从哪个角度看，新央视大楼都是倾斜的，而事实上它却以中心对称的形式达到了力的平衡，是很安全的。作为大楼主体架构，这些钢网格没有像大多数建筑那样深藏其中，而是直接地暴露在建筑最外面，突显后现代建筑崇尚力量、速度之美的未来主义的审美趣味。[1]

图9-19　央视新大楼

[1] 梁爽，祁嘉华.后现代主义建筑在中国——以鸟巢、水立方和央视新大楼为例.华中建筑，2010.

第 2 节　创新理念与设计思维革命

自新中国成立以来，国内的建筑设计深受国外影响。改革开放后，这种影响力加深，国外各种设计思想被引入国内，一时间对国外设计的照搬照抄，使得国内建筑缺乏文脉性、地域性等弊端，引起了国内建筑师们的反思。20世纪80年代末到90年代末，便是国内借鉴域外设计思想，并在此基础上进行学习、反思、创新的一个阶段。这个时期，国内的环境艺术教育也得到了发展与完善。进入21世纪之后，伴随着资源的缺乏和生态环境的日益恶化，生态保护和可持续发展的设计观念深入人心，众多的绿色建筑与环保生态设计出现。

一、域外设计思想的研究与借鉴

中国现代建筑的发展并不是孤立的。特别是在改革开放之后，国外的各种建筑设计思想也被引进国内，其中以现代主义、后现代主义、解构主义和高技派最为显著。

1. 现代主义的研究与借鉴

现代主义建筑思潮诞生于19世纪后期，成熟于20世纪20年代，在50~60年代风行全世界。第一次世界大战结束以后，西方各国经济拮据，科学技术的进步带来了新建筑材料、解构和设备现代主义建筑也形成了自己的建筑特征，如：①功能主义特征；②形式上提倡非装饰的简单几何造型；③具体设计上重视空间考虑；④重视设计对象的开支（标准化、批量化、拼装式的低造价）等。

图 9-20　白天鹅宾馆

1930年，现代主义建筑思潮开始在世界迅速传播、繁盛。新中国成立初期，国内出现了一批具有明显的“国际式”建筑特征的作品，例如北京和平饭店、北京儿童医院等。但在50年代初期，在苏联历史主义的影响和为满足社会主义工业化的政治要求下，现代主义建筑被认为是“资本主义的产品”而被批判和扼杀。到了80年代中后期，现代主义建筑才得以全面发展，许多现代主义建筑拔地而起，如广州的白天鹅宾馆（图9-20）。

广州白天鹅宾馆是由佘畯南、莫伯治两位院士领衔设计，是改革开放后我国自行设计的第一批高层建筑之一。白天鹅宾馆在借鉴现代主义建筑完整地体现了现代主义建筑原则，而且还将岭南文化的精神与现代建筑技术进行了完美结合。

2. 后现代主义的研究与借鉴

强调文脉性，主张复古折中、新旧糅合的后现代主义的出现，强烈地刺激了中国的建筑师，对中国建筑界产生了巨大的影响。20世纪80年代初期，许多关于后现代的文章与理论被大量引入国内。例如1981年，在《建筑师》上相继发表了文丘里的《建筑的复杂性和矛盾性》和查尔斯·詹克斯的《后现代建筑语言》的中文节译稿。1982年，刘先觉的“关于后期现代主义—当代国外建筑思潮再探”。1985年，同济大学罗小未教授发表了“现代派、后现代派与当前的一种设计倾向——兼论建筑创作思潮内容的多方面多层次”。1987年、1989年曾昭奋分别发表了“后现代主义来到中国”和“后现代建筑30年”两篇文章。

后现代主义的建筑特征可以总结为以下几点：①强调形式的隐喻性和象征意义。②强调复古折中、新旧糅合。③设计手法大胆、突破常规设计。后现代主义，对于当时强调传统、“民族形式”的中国建筑界不谋而合，一时间后现代主义在中国建筑领域迅猛发展。当然，在国内也不乏后现代主义的完美典范，例如由华裔现代设计大师贝聿铭设计的香山饭店（图9-21）。

图9-21 贝聿铭设计的香山饭店

首先，香山饭店运用光影美学形成与自然景观相辅相成的格局。主楼采用矩形横式造型，外墙大量使用玻璃和轻金属等现代材料，这些是本世纪建筑常见的风格和方式。其次，在设计中运用了大量中国传统建筑的符号语言，例如，运用坡屋顶；外墙的四瓣形花饰；灰黑相间的色调以及假门、曲径等。另外，香山饭店城堡式的立面，规律性的窗洞，青灰色的磨砖以及格带压顶等这样带有中国传统的视觉元素也给香山饭店带来了鲜明形象特征。中国的建筑师应博采中西之所长，创造出适合自己的建筑，发展出属于中国的后现代主义。

3.解构主义的研究与借鉴

解构主义最早出在哲学领域，20世纪60年代，法国哲学家德里达不满西方传统的哲学思想，对逻各斯的中心主义提出质疑，提出了解构主义。20世纪80年代，西方建筑师把德里达的哲学运用到建筑上，提出了与解构主义哲学相一致的解构主义建筑理论。解构主义建筑的特征是：①反对功能与形式之间的对立，强调功能与形式之间的叠合和交叉。②反对中心性、权威性，强调无中心、无次序。③反对一成不变的呆板外观，强调流动、破碎、叠合和组合等不固定的形态。

1989年汪坦、张钦楠最先发表了关于结构主义的论文，结构主义被引入中国建筑界，打破了后现代建筑理论在徘徊20年的局面，德里达、埃森曼、屈米迅速成为我国建筑界关注的人物。1991年，李秀森在《建筑师》上翻译了庇特·B.琼斯的“解构主义的代表作—拉维莱特公园”。1992年，《世界建筑》刊发表了屈米的“疯狂与合成”译文。直到21世纪，伴随着经济的蓬勃发展、城市化进程的加快，中国成了世界上最大的建筑市场。国外建筑大师都纷纷到国内来进行解构主义理论实践，例如著名解构主义建筑大师扎哈·哈迪德。由她设计的广州歌剧院便是解构主义的经典案例（图9-22）。

图9-22 广州歌剧院

解构主义在声势上很大，从其优秀作品中，也可以看到它对现代主义建筑风格的冲击。但是解构主义本身存在着一系列的问题。例如：破碎的建筑形式缺乏文脉性和地域性，过于个性的外观也往往不能与城市有机统一，过于复杂的结构也增加了施工的难度和建筑的造价等，这些问题导致解构主义不可能成为国际建筑的主流。虽然解构主义没有成为世界建筑的主角，但它给中国当代建筑留下了许多的启示和经验。首先，解构主义建筑理论为研究问题提供了新视角和新思路，并且为建筑创作提供了新理念和新方法。其次，解构主义积极大胆的开拓和探索精神，为中国当代建筑师建构自己的建筑理论树立了榜样——当解构主义建筑以一种反文化、反建筑、反造型的形式出现的时候，它也就以逆反展现了一种新的审美意识。

4. 高技派的引进与借鉴

“高技派”建筑作为一种设计思潮的出现始于20世纪60年代，是指在当时科学技术迅猛发展高新技术在建筑上大量使用，新材料、新结构带来的工业美感，将高技术的结构、材料、设备、工艺显露出来，转化为建筑表现。在这里技术不再是简单的表现建筑的手段，而成为建筑表现的目的。

纵观高技派的发展，可以大体划分为三个时期。在不同的发展阶段中，高技派在设计手法、表达方法、审美上的侧重和在建筑特征都有所不同。当代高技派的变化可以归纳为以下几点：①具有文脉性——从反对历史文脉主义到重视历史与地域文脉。②具有艺术性——从纯粹的“高技术”到新颖的“高技艺术”。③具有生态性——从“工业高技建筑”到“的生态高技建筑”。总之，当代的高技派已经由最初的“以工业技术为表现目的”，转变成了“以高技术为手段”，把高技术与高情感相融合，开始注重城市环境、历史文脉、生态环保以及人们感情需要等高情感环节上。

21世纪，高技派在国内的影响力越来越大，许多的高技派的设计手法和观点被借鉴和使用。例如2010年上海世博会的各国展馆，许多都是运用新材料和重视可持续发展的生态建筑。还有上海的金茂大厦（图9-23）、环球金融中心以及北京奥运主体育场鸟巢等带有高技术色彩的作品，都或多或少的从高技派那里得到了借鉴与灵感。

图9-23　金茂大厦

二、中国设计师的创新与思辨

创新不仅是一种工作方法，也是一种精神，一种追求，一种价值取向，还是一种国民素质。国民素质是否富有创新的进取性，乃是一个国家命运兴衰之所系。改革开放以来，中国当代的设计师们在创新之路上不断上下求索，主要分为以下几个阶段。

1. 1980—1986年，新时代的呼唤

在如何表达建筑的时代精神探讨中，步正伟认为“只有通过变异才能突破原有模式，才能创新。”这是较早出现的关于“创新”的话题。自此以后创新成为表达时代精神的新途径。开放初期，中国建筑界与社会大背景一致的氛围中，西方的现代建筑以及后现代建筑作为建筑时代精神表达被大量引进。

沉浸在时代精神的呼唤之中，如何表达时代精神，既没有形成对现代建筑的一致追求，也没有形成后现代建筑的真正兴盛。创新成为一个模糊说法。关于模糊是指没有明显的风格倾向，而仅表达了一种价值取向。

广州建筑设计院的佘俊南设计的白天鹅宾馆体现时代精神的简洁明快的主题形象。建筑以白色作为主体色，既合乎现代建筑形式的管理又暗含白天鹅之名称。

1983年长城饭店（图9-24）设计对中国建筑师而言以其全玻璃幕墙的崭新形式和立面造型中旋转餐厅成为学习对象，新材料、新设备以其由此产生的新形式作为表达时代精神的有效手段在国内传播。

图9-24　长城饭店

2. 1987—1994年，多元创新

建筑的时代精神是无法超越它所依存的社会基础的。1986年的建设部优秀建筑设计评选标志着多元的建筑取向开始成为主流社会的选择。

多元成为20世纪80年代后期90年代初期中国建筑界有一个高频率出现的关键词。把多元文化兼收并蓄作为建筑创作的价值取向。多元作为一种方法，把不同的风格流派手法样式作为建筑创作的手段，表达了探索中国建筑时代精神的途径。但多元不是最终目的，多元仅仅是个起点，多元创新成为时代精神的建筑表达思潮的特征。

3. 1995年至世纪之交，时代精神的新表达

“造型新颖、独特、具有时代感”成为建筑师的设计方向，形成了一种社会性的价值取向。要想达到这些必须运用新观念、新理论、新技术等时代的精神和物质力量，主动积极地去探索、创造，全面地、综合地解决功能、技术、结构、设备和造型之间的矛盾，使他们有机结合才能有所创新。

清华大学建筑馆1995年建成，框架结构，共5层，总建筑面积15820m^2，设计者为胡绍学、卢连生等。建筑馆外形朴素无华，内部空间则力求变化，做法考究，这是设计者的重要思想，也是人们进入建筑馆就能首先感受到的突出印象。其西向入口采取体块穿插与符号运用的结合，入口门厅空间紧凑，南北两侧连接较高的展览厅，各有白色大理石饰面的楼梯通向二层，黑灰色花岗岩地面，白色墙壁；南北墙面处理采取了后现代建筑常用的电影蒙太奇的手法，将南北墙面两侧各开了一个通高的壁龛，壁龛放置了代表中西古典文化建筑艺术的标志——白色汉白玉古典柱式片段，一为古希腊雅典帕特浓神庙奥妮克柱式，一为中国宋代木结构柱式片段。这些室内装饰使整个门厅显示出浓厚的艺术文化气息和较高的艺术品位。

高技派倾向成为设计师们创新的趋势，1997年12月建成使用的上海浦东陆家嘴金融区的证券大厦，高度为109m，总建筑面积约10万m^2。（图9-25）它是一座集建筑美学与现代科学为一体的智能型建筑，由东西两塔楼和中央横跨63m的天桥组成巨型门式对称形体。大厦外表以银灰铝合金包钢架与细致的玻璃幕墙形成刚柔对比的肌理效果，钢架交叉的形式以其巨大的尺度与特有的符号形式赋予大厦强烈的个性，给人以强烈的视觉冲击。2~9层是上海证券交易所，3600m^{2}的无柱交易大厅，可提供1810个交易席位，10层以上为智能型高档写字楼。

图9-25 上海浦东陆家嘴金融区的证券大厦

解构主义在20世纪末受到前卫设计师们的推崇，最初具有解构意味的作品是深圳大学的大学生活动中心，用各种语言对基地环境、使用功能等因素的理性分析的前提下，创造出一个非理性的建筑形式。

4. 21世纪以来，生态理念与文化回归的时代

孟建民设计的深圳少年宫方案，力图体现生态建筑的准则，将自然的阳光、通风和立体的绿化植入建筑，达到人工构筑与自然环境的和谐共存，使建筑成为一个绿色生态球（图9-26）。

奥运会的召开让全世界的人们走进了北京，鸟巢、水立方作为北京奥运的象征也具有其特殊的意义。鸟巢寓意着希望，代表着梦想，水立方（图9-27）代表中国的中国传统建筑格局，一方一圆正好组成了天圆地方，阴阳和谐。

在全球化的进程中，许多城市在追求世界性的同时却忽视了民族性。在铺天盖地的“全球化”

图9-26 深圳少年宫方案

图9-27 水立方

运动中，许多中国历史上古朴的古城，消失在“开发”的热潮中，中国古典美学以其深厚的积淀、丰富的内涵和卓然的魅力源远流长，成为中华民族的丰富宝藏。中国的古城留下过二龙戏珠、飞龙饮水、将军大座等许多精湛的城市布局，留下过“杂树参天，楼阁石疑云霞出而没，繁花覆地，亭台突池沼而参差”的艺术境界。中华美学之精华对中国现代公共环境艺术同样有着指导和借鉴意义，我们应当努力吸取中国传统文化的融通和智慧，回应西方文化和现代的双重挑战。

三、环境艺术设计教育的发展与完善

1988年国家教育委员会决定在我国高等院校设立环境艺术设计专业。环境艺术设计被列为艺术设计的重要专业方向。同年中央工艺美术学院将室内设计专业改为环境艺术设计专业，将室内设计专业内容扩展至室外环境设计，成为我国环境艺术设计教育的先导。随之全国高校纷纷设立该专业。1999年11月中央工艺美术学院与清华大学合并，改名为清华大学美术学院。在当时改革开放、经济建设快速发展的境况下，为了满足城市建设对室外环境设计的需求，环境艺术设计专业的设立，满足了时代发展的需求。伴随着国内高等教育的快速发展，环境艺术设计专业短时间内在国内数百个院校建立起来。不同院校能从不同角度切入办学方向，因而难免出现办学思想和教学水平的差异和不足，以及对环境艺术设计概念认识上的偏差。目前国内的环境艺术设计教育尚没有一个统一的模式，但不同省市地区的教育模式之间也在相互渗透、交融，环境艺术设计教育正向多元化、综合化方向发展。如何在国家快速发展中不断发展环境艺术设计教育，提高环境艺术设计教育水平，理清环境艺术设计的概念及学术内涵，成为该专业进一步发展的关键。

从广义上讲，环境艺术设计涵盖了当代所有的艺术与设计，是一个艺术设计的综合系统。从狭义上讲，环境艺术设计主要是指以建筑及其内外环境为主体的空间设计。其中，建筑室外环境设计以建筑外部空间形态、绿化、水体、铺装、环境小品与设施等为设计主体，也称为景观设计；建筑室内环境设计则以室内空间、家具、陈设、照明等为设计主体，也称为室内设计。具体而言，环境艺术设计是指设计者在某一场所兴建之前，根据其使用性质、所处背景、相应标准及人们在物质功能、精神功能、审美功能三个层次上的要求，运用各种艺术手段和技术手段对建造规划、施工过程和使用过程中存在或可能发生的问题，做好全盘考虑，拟定好解决这些问题的方法、方案，并用图纸、模型、文件等形式表达出来的创作过程。

目前存在学术用语使用不规范的现象，在日常交流中，我们经常遇到以“环艺”来表达建筑室内环境设计的概念，无论是出于简化名称还是对其真正内涵的模糊错误认识，都不利于环境艺术设计教育的健康发展。

近几年环境艺术设计教育的泡沫现象，使得学科内涵本来不清的设计艺术教学更加杂乱无章。直接导致教学内容的混杂，教学无序，教材杂用。职业教育、中等专业教育甚至本科与研究生教育目标雷同，拉不开档次。致使环境艺术设计专业方向畸形，特色性丧失。

综合性、整体性、先进性是环境设计学科中的三大主要特征，我们的人才应具备广泛、综合、整体处理解决问题的能力，同时还应具备不断更新和创新知识的能力。在目前的教育模式下很难培养如此高标准的人才。环境设计各科目所需的实践教学和应用性教学，在现行的统一教学模式下无法有效地的进行。多年的文理分科，导致以文、理、艺术相结合的环境艺术设计教育和人才培养困难重重。

教育与市场需求是相互依存,共同发展的关系。按照时代发展变化去调整教学手段和培养目标，当前的环境设计教育体制和教学活动能否对应市场的需求是一个突出问题。就目前高校设计教学课程体系而言，除了课程虚拟练习、短期实习外是很少有机会接触社会设计事务的，很难积累更多的实际工作经验，更难谈业绩成果，单凭高等文凭证书很难满足市场的需求。目前多数设计类毕业生抱怨他们是当今教学模式下的试验品和牺牲品。

早在1987年联合国就发表过《我们共同的未来》一书，核心内容是："在不牺牲未来几代人需要的情况下，满足我们这代人的需要和发展，这种发展模式是不同于传统发展战略的新模式"。随着经济的发展，我们的生存环境在不断恶化，生态系统在失衡，在我国看来，目前国内建筑耗能的情况相当严重，能源消费大大高于世界水平。有关部门指出，国内如果不采取节能措施，到2020年的建筑耗能将是现在耗能的3倍，整个生态系统都将受到破坏。因此，提倡"生态城市""生态建筑"，提倡"可持续发展"已经刻不容缓，在这一问题上，欧洲走在我们的前面。

要改变长期以来重形式、轻技术的教育观念，除了艺术范畴之外，其工程技术是不可忽视的。室外的环境设计，也会遇到诸如地质情况、构筑物的结构问题、材料的特性等技术方面的问题。在我国建筑类高校中下设的环境艺术专业就可以较好地解决上述问题。但是在大多数的艺术高校中，这类问题就比较突出，在设计上强调纯形式的美，片面追求视觉上的效果，在设计中大量采用高档贵重材料，带来浪费和污染。这也与我们国家强调可持续发展、节能环保的总方针背道而驰。

另一方面，随着我国开放程度的逐渐加大，欧美同行越来越多地进入中国市场，国外的从业人员以他们的技术为优势从我们手中获取更多的技术份额，这一点已经在建筑设计市场上初见端倪，逐渐也会对我们的环境艺术设计产生冲击。环境艺术教育作为艺术设计的先导力量，应发挥带头先锋的作用。

好的设计，应该是适度的、有分寸的、有节制的、宜人的、是有创新精神的。国家提倡创新，要建设创新型国家，设计上的创新要有环境、有氛围，但当前业界的种种状况却与之相违背，情况令人担忧，从大的方面看，政府部门没有相应的法规或政策对国内大中型工程进行适当的控制。我们的设计大多数缺乏底蕴、缺乏根基，没有自信。

新形势下环境艺术设计教育框架构建首先要确立可持续发展的大方向。环境艺术设计教育会逐渐采取更加广义、整合的方式，形成开放、科技与人文相结合的知识构架。充分利用科学技术，优化设计达到更环保、更节约原材料的同时最大限度地使用自然能源。因此在环境艺术设计教育过程中充分贯彻可持续发展观成为艺术设计教育先进性的重要体现。

可持续发展是关系到国计民生的重大问题，国家有关方面应该考虑在高校甚至在中学阶段就设置有相关知识普及的课程，使大多数国民从小就懂得保护环境、合理使用资源、学会科学合理的工作和生活方式等。

其次是加快实践课程建设步伐。在环境艺术设计教育中，应该提倡培养学生具有引导设计市场方向的理想与信念，同时也应具备适应设计实践所需求的扎实的基本技能。使学生有一个全面合理的知识框架，去胜任未来复杂的设计工作。通过推动环境艺术设计教学与实践的互动，可以丰富当今艺术与科学相结合的理论探讨，为日益多元化、多层次的环境艺术设计教育与实践注入新的活力。

加强理论教学体系的建构，也是提高民族创新能力的重中之重。早在2000年前，古罗马的建筑师就提出“实用、坚固、美观”的建筑原则，加强环境艺术设计教育的理论工作，同时对设计原理等理论进行深入研究，为设计艺术教育提供强大的理论基础和物质保障。让设计反映民族意识和民族自信，这样我们才会期待具有原创精神的设计作品不断涌现。

如何尽快提高我国环境艺术设计教育水平，更是设计界、教育界亟待思考并加以解决的重大课题。通过不懈的努力，和整合当前环境艺术设计教学体系及环境艺术设计专业的优秀教学经验，我国的环境艺术设计教育将会以丰富的教学与实践成果推动环境艺术设计事业向更深、更广的领域发展和迈进。

四、非物质设计时代与艺术设计思维的巨变

在工业社会中，“物质性”表达了人们的生活方式和生活内容的基本方面，它在人类行为上反映出来的“物质欲望”和“消费主义”成为设计的社会经济推动力，同时也带来了高投入、高消费、过度攫取和占有的不良倾向。

非物质主义作为哲学意义上的理论，其基本观点是，物质性是由人决定的，离开了人，物质就没有意义了。

非物质主义结合信息、生物、经济等先进技术成果，从脱离物质的更高层面，以全新的观念创造性地提出解决方案，力图达到双赢甚至多赢的局面。它突破了传统设计的作用领域，要求研究“人与非物质”的关系，力图以更少的资源消耗和物质产出，保证生活质量，达到发展目的。

作为哲学意义上的思考，它并不是绝对的否定物质，而是基于物质的。非物质主义以降低能耗，保护生态为己任；非物质主义不拘泥于某项技术或材料，而是对人类生活，消费方式的重新规划，对产品和服务的重新理解；非物质主义并不希望以克制欲求，折扣发展为代价。

20世纪90年代，随着电脑的普及、网络的建立与扩张，一个所谓的“信息社会”悄然而至，“数字化”虽然没有真正到达生活方式的层面，但“数字化”的产品不仅自身更新换代的速度快，而且对传统产品的影响与改造同样迅速与深刻。对于设计而言，信息化社会的形成与发展，导致设计手段、方法、过程等一系列的变化，从而开始迈入“数字化”的设计时代；另一方面，设计从范围、定义、本质、功能及至教育诸方面亦开始发生重要的变革。设计的结果并不一定意味着某个固定的产品，它也可以是一种方法，一种程序，一种制度或一种服务，因为设计的最终目标是解决人们生活中的“问题”，这正是“非物质主义”设计观得以产生的重要前提条件之一。

早在20世纪80年代，西方设计学界已开始就设计向后工业社会的过渡问题进行研讨，如美国西北大学艺术学系交叉学科研究中心主持召开的“设计、技术和后工业社会的未来”的学术研讨会和其他一系列的国际性学术会议，将电脑介入设计、当代信息环境中的设计、人体工效学、工业设计、网络界面之类的设计作为中心话题，这类设计都涉及数字语言程序化的问题，都具有非物质性，因此“非物质”的话题凸显出来。

非物质设计的概念、表现形式与传统设计大相径庭。在信息社会，社会生产、经济、文化的各个层面都发生了重大的变化，这些变化，反映了从一个基于制造和生产物质产品的社会，向一个基于服务的经济型社会（以非物质产品为主）的转变。这种转变不仅扩大了设计的范围，使设计的功能和社会作用大大地增强，而且导致了设计的本质变化。以致西方有的学者将设计定义为一个“伪造”的领域。设计从“制造”的领域转变成一个“伪造”的领域，“从一个讲究良好的形式和功能的文化转向非物质的和多元再现的文化”，即进入一个以非物质的虚拟设计、数字化设计为主要特征的新领域，设计的功能、存在方式和形式乃至设计本质都不同于物质设计。

“非物质主义”设计理念倡导的是资源共享，其消费的是服务而不是单个产品本身。非物质设计是相对于物质设计而言的，在物质设计中潜藏着非物质的成分。

进入信息社会后，电脑作为设计工具，虚拟的、数字化的非物质设计广泛应用。世界著名建筑师本·范·贝克尔他在解决设计当中的问题时采用编程来扩大计算机的应用，针对奔驰博物馆的设计时所用的A维度设计让他的设计更加的方便、快捷、逼真，效果明显。很多当代设计师在思考如何在作品中反映当代科技的意义与目的的同时，运用更有机的手法结合科技来传达设计理念，已经成为他们最深切的渴望。近年来，数字化日益成为建筑学领域中最前沿的发展模式和研究分支。非物质设计有许多不同的层面，既有软件、程序设计的层面，又有功能、价值的层面，还有方法、服务的层面和空间、感觉、思想和哲学等诸多层面。古希腊建筑对人体尺度的绝妙应用，但在空间上，忽视内部空间，古罗马的静态空间的应用，拜占庭时期节奏急促并向外扩张的空间，哥特式的连续空间，巴洛克式空间的动感和渗透感及现代主义的开敞空间，这些都是一个空间给人们的感受，也是非物质设计的理念之一。

从物质设计到非物质设计，是社会非物质化过程的反映，也是设计本身发展的一个进步的上升形态。

手工业时代：物质设计（手工产品），手工造物方式，手工产品形态。机器时代：物质设计（工业产品），机器生产方式，机器产品形态。信息时代：物质设计与非物质设计共存，工业产品与软件产品并存，机器生产方式与数字生产方式共存。

如设计汽车，过去仅仅设计物质的汽车本身，现在则要求更多地考虑非物质的交通和社会环境等问题；洗衣机设计师，不仅考虑洗衣机本身的设计，而更多地考虑一种洗衣的方式和可能。从物的设计转变为非物的设计，从产品的设计转变为服务的设计。在人与物，设计与制造，人与环境以及人们对设计的认识上也发生了一系列变化。

物与物→人与物（机）→人与物、与环境（物质设计）；

物与非物质→人与非物→人与物、与环境、与社会（非物质设计）。

非物质设计的确立和设计理论的提出，是当代设计发展的一个重要事件。在现代设计史上，我们将19世纪下半叶英国拉斯金和莫里斯首倡艺术与工业结合作为第一座里程碑；包豪斯的实践和倡导艺术与科学的新统一可以作为第二个里程碑；强调功能主义的现代设计是第三座里程碑；作为后现代设计重要表征的非物质主义设计可以说是第四座里程碑。从根本上说，非物质设计是当代科技发展的产物，可以说是科学技术与艺术相结合而在设计领域得以展现的东西。

从理论上讲，非物质设计又是对物质设计的一种超越。当代科学技术的发展，为这种超越提供了条件和路径。非物质设计作为物质设计的先期存在形式，脱胎转化为具有相对独立意义的存在，无疑是艺术与科学进一步结合的产物。

2001年2月湖南大学工业设计系、南京艺术学院、中国工业设计协会联合在湖南长沙举办了“非物质主义和可持续发展的工业设计道路论坛”，对非物质设计进行了第一次研讨。会议表明，我国的设计教育工作者和研究者在认识上、理论上与国际设计学界并没有大的差距，但非物质设计及其理论在国际设计学界亦属于“前卫”，还没有为大多数设计者所理解，它本身还具有相当多的歧义和理想色彩。在中国，其理解和接受似乎更有其特殊性和困难之处，在一个物质需求仍然很大很迫切的社会中，倡导设计的服务价值和其他非物质的属性似乎还有一段很长的路要走。

人类进步的根本标准是科技进步，近年来中国的科技水平突飞猛进。在大城市，可以说已经进入了非物质时代，或者是进入了前数码时代。从人类历史文明上看，有手工时代，工业化时代，现在进入了数码时代。手工时代只能建造故宫、太和殿这样的房子，钢筋混凝土、玻璃幕墙、钢结构只有进入工业化时代才能造得出，而软件革命使得非物质时代的设计师可以直接在三维状态设计，设计与效果表现应用的程序合一。所有尺寸都是可以量度的，甚至可直接应用数字化的设计成果进行建筑构件的加工。新技术手段的应用导致建筑环境形象外观的重大改变，新材料、新工艺也必然带来建筑环境审美的变化，相信中国的新一代设计师在不久的将来能够在世界设计的舞台上找到属于自己的位置。

五、可持续发展设计的新方向

（一）可持续发展设计的内涵与意义

可持续发展是指既满足现代人的需求以不损害后代人满足需求的能力。可持续发展的理论内涵主要体现在以下几点：

（1）可持续发展是“发展和可持续”的统一，两者相辅相成。若放弃“发展”，则无“可持续”可言；若只顾“发展”而不顾“可持续”，则长远发展将不可能。

（2）可持续发展是在时间和空间上的可持续。在时间上，追求的是近期目标和长远目标、近期利益和长远利益的兼顾；在空间上，追求的是全球性的不分地区、国家、民族和贫富间的平等。

（3）可持续发展涉及人类社会的诸多方面，意味着社会的整体变革，包括社会、经济、人口、资源、文明、环境和生态等诸领域在内的全面协调发展。

可持续发展与环境保护既有联系，又不等同。环境保护是可持续发展的重要方面。可持续发展的核心是发展，但要求在严格控制人口、提高人口素质和保护环境、资源永续利用的前提下进行经济和社会的发展。

无论从社会、经济还是从环境的视野出发，“可持续发展”思想的提出是社会的进步。如具体到社区发展的角度来看，可持续发展能成功地解决今天社区甚至延伸到城市所面临的许多问题。可持续发展的思想帮助改变我们对社区环境组成部分的认识，社区环境已经不仅仅是一块由住宅建筑界定的场地，它是个归属于整个城市和区域的环境中的系统。

（二）影响可持续发展设计的因素

（1）政治因素：在某一特定的历史时期我们进行可持续发展的设计是要受到政治因素的影响的，我们设计出来的产品是要符合这个特定历史时期的政治背景的。

（2）经济因素：一定的经济因素是会影响到可持续发展设计的，经济越发展进行可持续设计的经济基础就越强大。

（3）文化因素：进行可持续发展设计需要充分考虑到某个地区以及某段历史时期的文化背景。

（4）科技因素：科学技术在进行可持续发展设计中起着非常重要的作用。有的时候我们能够想到好的创意但技术达不到也是不可能实现的。

（三）现代可持续发展设计的应用与实践

下面就一些建筑实例来具体分析可持续发展设计，主要从两大方面展开，一类是利用技术型，另一类是生态型。

1.技术型

（1）利用风能。

“风”在古代人的观念中是组成世界的基本元素之一。很早以前人类就在实践中发展了各种方法来防止风带来的负面影响以及利用风来使自己的生活环境更为舒适。

1）风电场、风力发电机、风塔。风能现在变得普遍，因为在可再生能源中，风能的利用是最具经济效益的。近些年来风力发电技术已经取得革命性的进展，不论是在国外还是国内利用风能的技术已经迈上了新的台阶。例如：由德国工程师约格·史莱希（Jorg Schlaich）所设计的西班牙热力发电厂，基于热学原理工作。

2）利用风能的建筑。

①利用空气动力学。

自然通风的最大益处首先应该是建筑内部空气质量的改善。充分利用自然通风的同时也配置机械通风和空调系统。

建筑形状要适应当地的气候。虽然风对于自然通风和新风换气具有至关重要的作用，但是它也会引起通风损失和增加结构的风荷载。通过把漩涡或其他风力驱动设备整合到建筑里，建筑自身可以利用风能。

图9-28 漩涡塔

"漩涡塔"：理查德·罗杰斯在东京设计的"漩涡塔"就是利用空气动力学原理通过利用风能满足自身所需的能量。他们进行了大量的风洞试验来分析东京的城市风环境，充分利用当地的气候条件，结果表明此建筑在东京多变的风环境条件下具有很好的灵活性（图9-28）。

新卡里多尼亚斯特的让·马里·吉巴欧文化中心（Tjibaou Center）：在这个设计中，通过研究当地传统棚屋的建筑形式，挖掘其与环境亲和的方式，结合当地的生态环境和气候特点，结合传统观念和现代技术提出"编织"的构筑模式，表达了对自然的尊重，将整个文化中心融入当地的自然环境中去。该建筑采用被动式的通风系统。本方案的基地南临太平洋面（为信风和飓风的主要来向），北侧为风速极柔和的环礁湖，面对这种条件，皮阿诺将高大体量面对大海，而将低矮的体量朝向环礁湖。这样既可抵制海风袭来的飓风，又可以控制主导的信风，并利用风压引导室内空气的对流。由于该建筑被设计为利用当地的信风形成自然通风，所以为了适应不同的风力情况，建筑物的不同部分将在不同的风力条件下发挥各自不同的作用。覆盖在外部肋板结构上的水平条板不只是为了装饰，其分布和间距为了引导和控制自然通风而经过特别的设计（图9-29）。该建筑能够与自然相互渗透，使用当地的材料，它们的连续性不是基于个体的长寿，而是人们如何保持传统建筑的体制和模式。在室内，也使用了艾洛克木条（图9-30）。

②通风的空腔层—幕墙设计。

挡风和双层外墙不仅可保护一栋建筑物免于热损失，而且也可保护外表面免于损害。空腔的热力学性能可用来冷却建筑物，同时热能也可以被重新利用。

S.I.T.E设计的一个超级市场描述了一个自然绿色墙体的场景：在两层玻璃墙之间有一层缓冲，建筑师在此创作了一个线性的温室，温室部分采用植物与泥土填充。类似的建筑在济南也可以见到。

图9-29 吉巴欧文化中心

图9-30 吉巴欧文化中心室内细部

图9-31　水立方中使用的新型建筑材料：ETFE膜

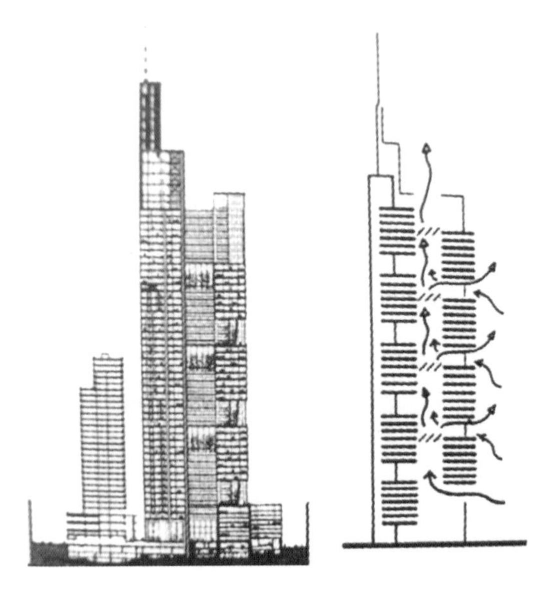

图9-32　德国法兰克福商业银行

图9-33　济南全民健身中心三层餐饮空间的外墙

比如济南园博园的主入口“水之门”，就是利用这一原理，既起到了降温的作用同时又有美化环境的效果。

国家游泳馆（水立方）：采用在整个建筑内外层包裹的ETFE膜（乙烯—四氟乙烯共聚物）是一种轻质新型材料，具有有效的热学性能和透光性，可以调节室内环境，冬季保温、夏季散热，而且还会避免建筑结构受到游泳中心内部环境的侵蚀。膜结构建筑是21世纪最具代表性的一种全新的建筑形式，至今已成为大跨度空间建筑的主要形式之一。这种像“泡泡装”一样的膜材料有自洁功能，使膜的表面基本上不沾灰尘，即使沾上灰尘，自然降水也足以使之清洁如新。“水立方”晶莹剔透的外衣上面还点缀着无数白色的亮点，被称为镀点，它们可以改变光线的方向，起到隔热散光的效果（图9-31）。

③超高层建筑的自然通风。

尽管高层建筑在某些方面是有疑问的，但依然取得了很多进展。与以往相比，通过对自然通风、动态的遮阳变化以及眩光的精细控制，高性能的墙体覆层系统提供了更多的舒适性，而且，对于用户来说也完全是独立的控制系统——这极大地降低了未来建筑的低耗要求。

德国法兰克福商业银行，这座银行大厦堪称世界上第一座生态摩天大楼，建筑平面是三角形的，犹如在一颗主干上开出的三瓣花。其中的每一个办公室都能享受自然通风和采光。主干是一个高大的中庭，以其拔风效应为整座建筑提供自然通风。为了节约能耗，建筑采用了双层外墙系统，这种外墙系统现已在高层建筑中流行。外层“皮肤”上有开口供新鲜空气进入两层外墙之间的空腔，可以开启的窗户设置在内层墙壁上。这样即使是最高层办公室的窗户打开，也不会受到强风的吹袭，而是能获得自然通风（图9-32）。

（2）利用太阳能。

1）保温隔热—高热工性能的新技术。目前市场上有多种多样的保温隔热材料，从泡沫到矿棉以及入木质材料等自然材料，但这些材料都不透光。

济南全民健身中心三层餐饮空间的外墙采用传统的保温材料，当完工喷山真石漆之后保温材料是看不到的（图9-33）。现在可利用的隔热透明材料包括TWD蜂窝装材料、毛细管材料、Basogel粒状气溶胶，这些新材料有时完工之后能够起到装饰的效果。

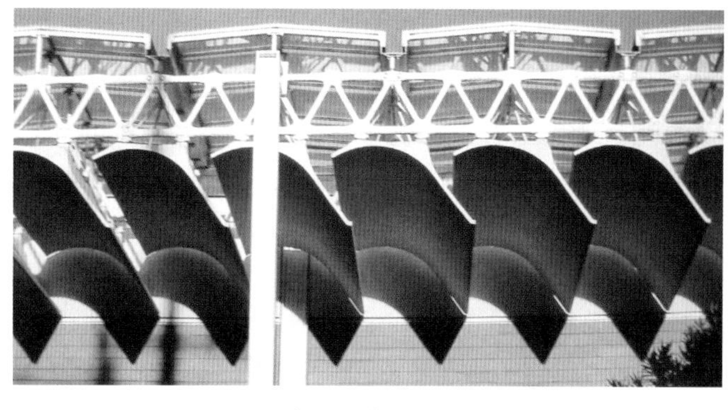
图9-34　曼尼尔博物馆中的散光片

图9-35　山东建筑大学梅一宿舍前开水装置

2）日光引导—自然能源的有效利用优化遮阳和日光引导关系的理念导致了新建筑形式的产生。

伦佐·皮阿诺为位于美国休斯敦设计的曼尼尔博物馆（Menil Collection，USA）皮阿诺设计的博物馆采用灰色调，并采用减少尺度的做法，以保持与四周建筑的和谐。曼尼尔博物馆中的散光片可以将光线均匀地分布在墙上，满足了展览建筑特殊的功能要求（图9-34）。

3）光能转化成电能——光电一体化的发展。

光是最常见的可再生资源，通过新的转换过程，光伏电池能将光能转化成电流。太空中所有的人造物体所需能源均来自通过光伏电池获取的太阳能。太阳能转化为电能是一种新型能源，把它运用在建筑领域能够大大节约电能甚至是建筑材料。

山东建筑大学梅一宿舍前开水装置就是通过光伏电池获取太阳能。这种装置既环保又节省能源（图9-35）。

图9-36　济南园博园中的路灯

济南园博园中的路灯，也是利用光伏电池获取太阳能，然后再把太阳能转化为电能，这样晚上的光照所需的电能基本上就靠白天光伏电池转化的太阳能（图9-36）。光伏电池可以被压合在两片玻璃中间，带来了另一个具有吸引力的应用。基于这样形式，封装有光伏电池的板材可以作为遮阳的设施，因为仅有少量的光可以透过光伏电池间的间隙。

（3）利用地热。

地球是一个巨大的热库。据勘探资料表明，在地下3km之内，可供开采的地热就相当于2900亿t标准煤。利用地热资源能够很好地解决资源短缺问题。

2. 生态型

（1）德国国会大厦改建工程：新建的玻璃穹顶是室内设计的出发点，它使建筑向自然光和景观展开。于是这里产生了一种满足节能和自然采光要求的基本构件。它的核心部分是一个覆盖着各种角度镜子的椎体，可以反射水平射入建筑内的光线，还有一个可移动的保护装置按照太阳运行的轨道运转，以防止过热和耀眼的阳光。穹顶包含有基本的自然通风系统，建筑内部的空气因为效应而被导入穹顶。按照特定规律，椎体从最高处吸出热空气，这种轴向的通风和热交换使不流通的空气

图9-37 德国国会大厦改建工程中的玻璃穹顶

得以循环。带动空气流通系统，排出空气，以及建筑遮阳设备所用的能源，由安置在南面屋顶上的太阳电池板产生（图9-37）。

（2）山东交通学院艺术馆：这是一座生态建筑。其内、外部的设计都表现出生态对建筑结构、空间布局和形象设计的影响。建筑最引人注目的手法是植物的种植，连续不断的植物带将大楼变成一整座“空中花园”。充分考虑到山东交通学院所处的地理位置（坐落在济南无影山上），顺应地势而建。整个建筑立面呈三角形，在三角形的斜坡上种植绿化，绿化带从一楼顶棚一直延伸到五楼顶棚，成为立面的重要构成要素（图9-38）。

（3）上海世博会瑞士馆：瑞士馆的造型新颖。俯视图是一个想象中的未来世界的轮廓。该设计以可持续发展理念为核心，充分展现了自然和高科技元素。这个开放的空间，最外部的幕帷主要由大豆纤维制成，既能发电，又能天然降解。设计人员运用中国的阴阳原理，将缆车作为游戏的元素纳入设计之中（图9-39）。

图9-38 山东交通学院艺术馆

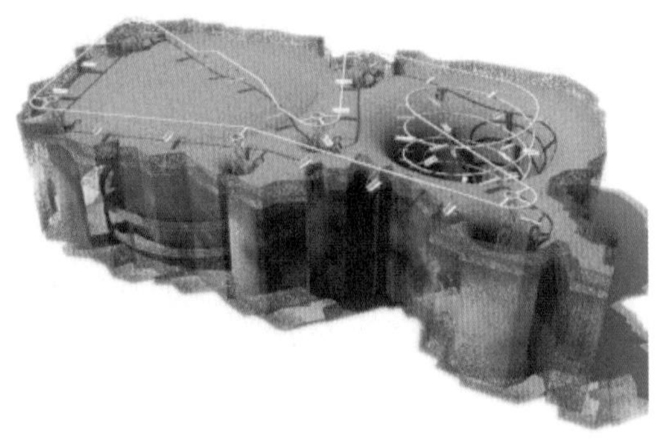

图9-39 上海世博会瑞士馆

（四）总结

全球环境问题是一个关系到生存的问题，现在的人类对地球造成的冲击力是史无前例的，因此进行可持续发展设计显得尤为重要。要进行可持续发展设计需要以科学和技术为支撑，要掌握新的设计方法。

第3节 设计方法的研究与进展

环境艺术设计是一种科学的实践活动过程，在这个过程中寻找和运用恰当的方法，更好地完成环境艺术设计的实践过程。就像哲学与具体科学的关系那样，设计方法的观念与理论指导和影响着设计，而设计的进一步发展又推动着设计方法的研究与发展，二者有着密不可分关系，可见设计方法在设计中的重要地位。

一、设计方法的进步

图9-40 济南泉城广场泉标

关于设计方法学，不同的国家和不同的学者在具体的观点上是有差别的。目前比较完整和有一定代表性的是瑞士V.Hubka博士提出的一些观念，他认为：设计方法学是研究解决设计问题的进程的一般理论，包括一般设计战略及用于设计工作各个具体部分的战术方法。

具体来说，设计方法主要是指设计的思考方法，具体如下：

1.创意与灵感的积累

在日常生活中，任何一个令设计师感兴趣的细节都有可能唤起设计师的灵感。为了不让这些创意和灵感流失，就要学会积累，以手绘或其他形式把这些创意记录下来，作为设计的后备资料。从而可见人生阅历对设计至关重要，设计师从中获取的不仅是灵感，更能形成自己的独特风格。

2.立意

立意是设计的核心，没有立意的设计是空洞的、没有内涵的，立意的好坏直接影响着设计的成败。所谓立意就是设计师对其设计项目充分考虑其文化背景、功能要求、周边环境、艺术类型从而产生的总的设计意图。这里以济南泉城广场上作为济南的象征与标志的泉标来举例：在泉城广场上，矗立着这座高将近40米的泉标，整个泉标的造型流畅别致，立体感强，如水翻腾，而后一泻而下，采用天蓝色为主调，中间的明珠镶嵌其中，构成了一个“泉”字。当然是隶书的“泉”。上面三个尖是趵突泉独有的三股水，平地冒出一米还多，如同三朵巨大的花朵，镶嵌在方形水池的表面上。中间的明珠，像人的眼睛一样，比喻泉水是济南市的珍珠。泉标又设置于泉城广场东西中轴线上，往东正对下沉广场、荷花喷泉和名人长廊的中心，往西正对趵突泉东大门和门前的牌坊，是名副其实的中心点。泉标的立意十分符合泉城济南的文化背景，并且把古城的韵味表达得恰到好处（图9-40）。

3.手脑并行

设计需要把脑中所想变为实际方案，这一过程要求设计者具备把抽象信息转换为具象信息的能力，边构思边勾勒不断发现构思的不足之处，不断推翻旧的想法，产生新的想法，好的作品往往就是在这种不断修改和完善中诞生的。这一方法有助于在设计前期构思、方案探讨逐步明确立意、构思（图9-41）。

4.大处着眼，细处着手

环境艺术设计必须树立全局的观念，从大处着眼，把握住整体关系。就室内环境设计而言，设计时应最先考虑整体空间、界面、色调、风格、意境的相互协调关系。此外，在设计时还应注意里外的协调关系，即建筑外观设计、建筑外部环境设计与室内设计在风格上的协调性，使整套设计形成一个连贯的系统。

细处着手就是要全面细致的分析设计要求的功能和外部环境等客观因素。如：

设计对象（设计什么）。

设计环境（在何处设计）。

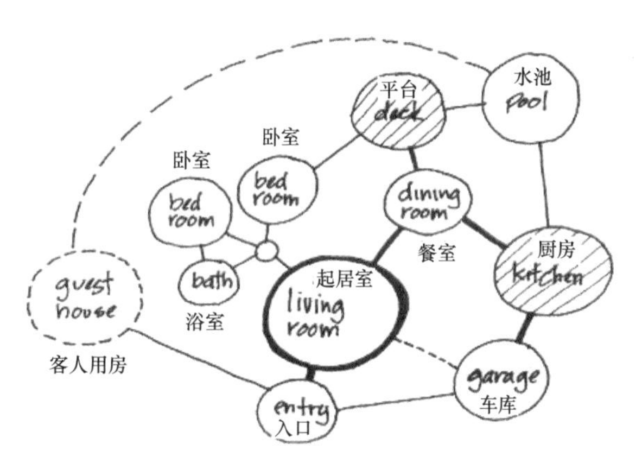

图9-41 某住宅设计的图解思考过程

设计的服务对象（设计为谁而做）。

把这三种因素更深入地转化为我们要考虑的问题：

设计对象→设计对象的规模、功能组成、功能分析。

设计环境→大环境：地理条件、气候条件、文化特性。小环境：周边环境的性质、功能。

设计的服务对象→服务对象的年龄层、身份，对象的活动流线、活动范围、活动特点。

5. 图解思考

图解法主要有框图法、区块图法、矩阵法和网络法四种方法，其中框图法最常用。框图法能帮助快速记录构思、解决平面内容的位置、大小、属性、关系和序列等问题，是环境艺术设计中一种方法。

图9-42所表现的是一个设计事例，关于住宅与各类用房的六种方法和配合卫生间的四种方法，利用图解图表方法，对组织房屋分类，用矩阵方式取得更多选择机会。

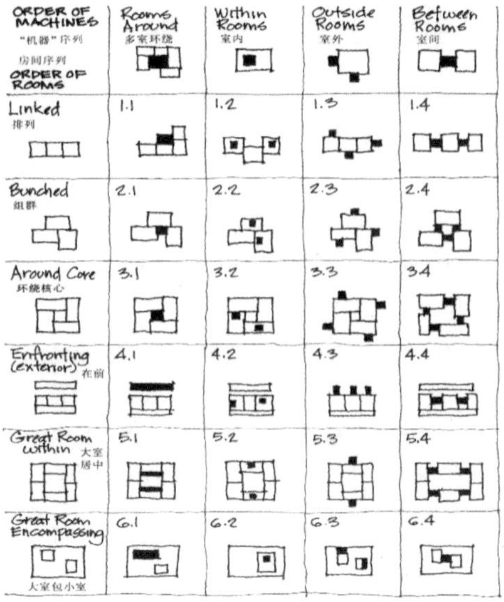

图9-42　利用图表图解方法分析房屋的组织

6. 多方案的比较

“多方案构思”的设计方法是环境艺术设计中重要的设计方法之一。对设计而言，认识、解决问题的方式和最终结果是多样的、相对的、不确定的。这是由于影响环境艺术设计的客观因素众多，在认识和对待这些客观因素时，设计者任何细微的侧重和设计喜好都会导致不同的方案对策，只要设计者没有偏离正确的环境艺术设计观，所产生的任何方案就没有对错之分，而只是对设计的理解和设计水平的优劣之分。任何一个方案都不可能尽善尽美，我们只能在多个方案中反复的比较、修改，最终选择一个相对理想、完善并且可实施的方案。

其次，设计的表现形式也属于设计方法的范畴。譬如：

（1）手绘制图。

手绘形式常用于设计前期的草图构建方案初步确定后小组内方案的探讨。

（2）电脑制图。

电脑效果图是当前环境艺术设计行业中运用最广泛、最流行的设计表现方式。因其表达效果真实，因而无论是专业人士还是项目的业主或投资商以及其他非业内人士，都能通过效果图的模拟场景想象到未来的真实环境。

（3）模型表现。

建筑及环境艺术模型介于平面图纸与实际立体空间之间，两者有机的联系在一起，是一种三维的立体模式，建筑模型有助于设计创作的推敲，可以直观地体现设计意图，弥补图纸在表现上的局限性。它既是设计师设计过程的一部分，也属于设计的一种表现形式。

使用易于加工的材料依照建筑设计图样或设计构想，按缩小的比例制成的样品。建筑模型是在建筑设计中用以表现建筑物或建筑群的面貌和空间关系的一种手段。对于技术先进、功能复杂、艺术造型富于变化的现代建筑，尤其需要用模型进行设计创作。

二、现代环境心理学的介入和倡导

环境心理学是人在环境中的某些心理活动和表现，包括人在环境中如何处理日常事务中的人际距离、不同文化下的空间知觉形式、如何构筑个人空间以及特定的环境空间下人的行为模式等内容。

环境心理学是涉及人类行为和环境之间关系的一门学科，研究的是人和环境的相互作用，包括那些以利用和促进此过程为目的并提升环境设计品质的研究和实践。

现代设计是“以人为本”的设计，设计的起点和终点始终都离不开人，环境设计亦是如此。只有了解人类的环境心理和行为规律，才能把不同功能、不同性质的环境的氛围按照人的需要进行。

对环境心理学的研究早在十九世纪末就开始了，但基于对“现代”这个概念的界定，西方是从20世纪60年代开始，而中国是从改革开放开始的，到20世纪70年代在世界范围内达到高潮。

中国的环境心理学蓬勃发展开始于20世纪90年代。

1993年3月，英国著名环境心理学家David Canter应同济大学杨公侠教授的邀请来中国讲学，7月，在中国建筑工业出版社的提议下，在吉林召开第一次“建筑学与心理学”学术讨论会，12月，《建筑师》杂志专门为这次会议出版了一期专刊。这意味着此学科在中国的正式诞生。

1993年以后环境心理学研究开始加快步伐，但与国外相比，我国的环境心理学研究发展仍处在起步阶段。

随着行为和环境的关系越来越被人们重视。二战时期，英国的首相丘吉尔曾说过“人们塑造了环境，环境反过来塑造了人们”。这句话言简意深，成了设计师们的名言，也就是说人的行为与周围环境同处在一个相互作用的生态系统中，人是自觉地、有目的地作用于周围的环境，同时又受到客观环境的影响和制约，在改变世界的同时，也改变了自己。

从环境心理学的观点来说，就是以人作为出发点，人和环境始终处于一个积极的相互作用的过程中。70年代，我国福建省永定县客家人建巨大的圆形集体住宅楼就是一个很好的说明环境如何塑造人的例子（图9-43）。客家人是在南宋期间由于中原战火连绵而迁徙到永定一带定居下来的移民。为自身安全只能集体聚居而修建此类住宅，来防范抵御土匪的进攻，逐渐形成聚居的习惯传统，并延续至今。至70年代该地已经没有防范土匪的必要，但永定县客家人还是照样建巨大的圆形集体住宅楼，说明客家传统的居住环境塑造了他们的居住习惯和行为。

图9-43 客家土楼

中国现代的设计家们要运用西方环境心理学家的理论，明辨东、西方文化的不同，灵活地运用。如赫尔以动物的环境和行为的研究经验为基础，提出的人际距离的概念，他根据人际关系的密切程度、行为特征确定人际距离的种类：密切距离，人体距离，社会距离，公众距离。

由于每个人都有个人空间，人与人之间总是保持着一定距离，这是心理上个人所需要的最小的空间范围，也就是个人空间。私密性问题也就在当下的办公空间、宾馆空间、住宅空间等设计中受重视。

实际上各个国家和民族在交往距离的理解和处理上差异很大，东方人交往距离比较小，属于“接触性文化”，西方人交往空间距离相对较大，属于“非接触性文化”，持有两种不同文化的人交往难

图9-44 王澍“通策·钱江时代”建筑设计

免会遇到障碍。中国各民族生活习俗、空间处理手法大相径庭，如何根据中国人的多样环境心理需求，因地制宜地处理好设计的空间，也成为现代中国设计师的一个研究重点。

进入信息时代的现代人被电话、手机、电视和计算机等左右，过去人们的相互沟通是通过中心广场和街边上交谈，而如今人和社区邻里孤立开来。独生子女、老龄社会等问题造成人们的冷漠、有见地的设计师们都注意到了这个严重的问题，也开始在环境设计中创造更加有利于社交心理健康的空间。王澍设计的，很多住宅、办公等高层建筑采用错层、建造“空中花园”等，以提供共享的开敞空间，加强水平，垂直的房屋之间的联系，从而有助于邻里间的交流（图9-44）。

环境不可避免地影响人的行为，不等同于“环境决定论”，它给人以限制、鼓励、启发和暗示，对我们的行为乃至心理的发展都有着巨大的影响。行为和环境之间是相互影响、相互作用的，“建造不实用的环境实际上是一种最大的浪费”。那种只看到程式化的功能问题，看不到“活”和“变”的因素，忽略不同文化环境、经济地位、个人状况相异的行为所做的设计是一种很大的错误。总之，“以人为中心，可持续发展”设计思路是当代建筑环境设计师们的正确方向。

三、人文设计的传承

根据第二次现代化理论，未来知识经济将超过物质经济，第一位是生活质量，此时城市与建筑中的空间内容会越来越多，为大众服务的公共空间将不断增加，城市与建筑文化的发展会走向大众，这是社会发展的需要。中国各地发展不平衡，可以分为发达、初等发达和欠发达三类地区，北京等发达地区应当全力向第二次现代化推进，要逐步增多城市和建筑的公共活动空间，这些空间不仅在公园、娱乐、博物馆、商业、餐饮、公共场所当中，在公有的、私有的和团体所有的建筑，也应当设置向大众开放的会堂、礼堂、图书阅览、餐饮和花园等公共活动空间，这些空间是供城市居民、观光者、过路人使用，这是第二次现代化的一个特征，是社会的进步，我们应该重视这方面建筑文化的发展。

历史上民间公共活动的地区，建筑空间的文化艺术往往是很有特点的，它同其他的艺术一样，需要走通俗与高雅，传统与现代结合的道路，像北京的什刹海、天桥、前门外，大栅栏都属于公共活动的范畴，也深受广大民众喜爱，现在正在作保留改善设计和建设。我们的北京西单、东单，菜市场等全部取消了，改成商厦、高楼，这是没有为大众服务观念的结果。

注重人文设计，传承历史文脉，应该注意以下两点：

第一，应当全面重视传统优秀城市与建筑历史文化的整体保护，强调的是整体。一个城市的历史文化越悠久，城市保护得越完整，其历史文化价值生命力就越强，所以我们要加强措施保护这些不可再生的城市与建筑历史文化实物，在历史文化名城整体保护方面，我们尚存在着较大的差距。像北京有800年历史，北京内城，北京的紫禁城在西面，北面有中南海、景山，大片绿地所环绕，这片绿地过去是宫廷御园，这种市中心的布局在世界城市是少有的，可谓是城市建筑园林三位一体完整的典范，它的特点就是建筑和自然完美的结合，空间环境整体和谐，以红、黄、绿色调为基调，空间形象统一突出，这个建筑群代表着东方城市与建筑的历史文化与众不同。代表着西方城市与建筑历史文化的法国巴黎，它的旧城是105km^2，整体保护得十分完好，具有400年历史中心的卢浮宫，下沉式花园、协和广场、中心轴线区，也是一个城市建筑园林三位一体结合完整的优秀实例，建筑与自然结合完美，空间环境统一和谐，其长体、整体保护的做法值得我们很好的借鉴。有200多年历史的美国华盛顿，由国会大厦到林肯纪念堂是3.5km长的中轴线两侧，长条绿地与建筑组成的市中心，又是一个城市建筑园林结合的实例，自然开敞，完整统一，200年来不断发展、调整、保护和充实，显示出国家首都的气势，具有自己的建筑文化特点。我国苏州绍兴水乡旧城，本应该做整体保护，现仅局部保护完整，实在遗憾。

第二，要使重点知名历史建筑具有新的生命力，国内外许多知名的历史建筑，重点建筑原样保护可供观赏做好安全防火条件下可举行活动，像1985年开罗的金字塔下国际建协举办的音乐会，1990年罗马一个城堡里举办世界杯足球赛和世界三大男高音的音乐会，1993年雅典卫城露天剧场举办过亚尼音乐会，还有在北京太庙大殿前举办图兰朵歌剧演出，2001年在紫禁城午门前举办过力争奥运会和世界三大男高音的演唱会等，使这些老建筑又具有了新的活力。还有一定数量的传统建筑，只需要保留其整体环境和建筑外貌，其内部作适当改变后可供今天使用，使其具有新的生命力。

更加注重中国传统文化的运用，人们的文化视野虽然逐渐开阔，但人们也开始认识到中国化的东西更能打动自己。所以人们更向往一种既有西方现代文化风格，而又有中国传统思维的手法，融入自己的日常生活中。在今后的家具设计中，设计师们在进行设计构想时，将会更加注重中国传统文化元素的运用，体现中国家具文化的深厚内涵。

历史文化建筑是文物，有很高的历史和经济价值。对于一个建筑来说，其社会的属性应是历史性和时代性的统一，埃及沙漠的金字塔是以简单的集合体形象作为奴隶主权力的象征，反映奴隶社会的生产关系。文艺复兴时期人们从神权中解脱出来变得对人本身关心，成就了许多不朽之作，如佛罗伦萨的大教堂被誉为新时期的报春花。再如纽约的世界贸易中心大楼有120层412米高，运用了新材料和现代设备，施工仅用二年，显示了社会高度发达的技术力量，同时随着商业的竞争，城市发展和技术的进步，才使高层有了可能。

当然，创造新的文化，有些是要割断建筑历史文脉的，当前200~300米直径大跨建筑，400~500多米的超高层建筑，就很难继承和发展传统建筑文化，适合当地自然条件和原有建筑呼应，也能创造非常出色的新的建筑文化，成为该地域的一个新的建筑文化特色。结构主义派李布斯丁社的纽约世界贸易中心复建工程中标方案，该方案与自由女神像呼应，具有欣欣向上的气势。还有结构主义派的“瞿米”，设计建成的法国巴黎来维莱特公园，以红色游车场为结点的几何形网络，与公园原有的绿地建筑相协调，还有像上海新建的电视塔、经贸大楼等，都是代表着新的建筑地域文化的优秀作品（图9-45）。

一边是东方特色的室内设计，一边是西方生活方式的装饰，这种独特的创意给我们的生活营造了动态与静态结合的室内效果，可以调节主人的心态。历史建筑不一定非要是典雅的，加上现代时尚设计元素也可以变得“疯狂”。

新建筑要具有地域文化特点，在不同的地域，同一个城市不同的区位，要求新建筑，新的地方特点的程度都不同，在当前建筑同化的情况下，为了适应各地政治、经济、技术，文化等，建筑师们趋向于建筑创作要重视地域文

图9-45 法国巴黎来维莱特公园

图 9-46　哥特式建筑科隆大教堂

化，世界建筑的发展也是多样化的，各个地区都有突出自己特点的优秀建筑。这样做不仅是因地制宜，使建筑符合当地的自然地理条件，而且符合各地域的社会经济、文化情况，富有特色，这种地域特色不仅表现在建筑形式上，在空间布局、建筑构件、装饰、材料、色彩、技艺、工艺、雕塑、绘画，以及树种、花卉等方面都有地方特色，这些内容反映着哲学思想、民族、习俗、信仰、建筑科学文化。

民族性和地域性是建筑文化属性的一个表现，是一个民族在长期的社会发展过程中形成的文化的表达方式——宗教文化，社会思想以及自然条件影响因素都使得建筑产生了丰富多彩的民族性和地域性的内涵。

从西方天主教的哥特式建筑上表现出神秘耸上和升腾之感（图 9-46），东正教堂从群穹顶式建筑，表现出教意的辉煌（图 9-47），而伊斯兰教拱券和高塔则又表现于真主对话的诚挚（图 9-48）……这些都透出了民族的特征。由于气候地理材料等条件同样也表现建筑的差异，仅就我国而言，幅员辽阔自然条件相差很大，建筑形式多样：东北建筑比较厚重，南方建筑比较轻巧。民居比较有特色的有皖南民居的粉墙黛瓦天井内院，湘西吊脚楼，福建土楼，傣族竹楼等都具有鲜明的地方特色。

在我国的新建筑中，也可以找到这个趋势，如新疆国际大巴扎建筑群，它建在乌鲁木齐，大坝渣原来是中东地区的语言，市场的意思，后来也成了英语的外来语，市场是包括购物、餐饮、娱乐综合的一个商业中心，该建筑的空间布局还有它的观光高塔，圆顶长廊，红砖墙面、门窗造型都具有新疆地域的特点，又符合新疆的生活习俗，可以称它为突出地域文化特色的一个优秀建筑群。还有“新惠”的梁启超纪念馆，建筑造型参考了民居建筑风火墙的形式，还有梁启超时代已传入到本地的西洋建筑形式的要素，和故居周围环境气氛相协调，还利用拆下来的旧材料，展室利用自然采光通风，使这个完整建筑群融于自然，保持岭南农村的传统丰润，延续了岭南的文脉。新建起来的中央美术馆迁建工程，采用院落式布局，充分利用自然采光通风，并利用窑坑地势做成下沉体育场、下沉露天剧场、下沉庭院，采用的都是灰色墙面，整体统一协调，具有适合北京地区的自然特色。

图 9-47　伊圣索菲亚大教堂

图 9-48　泰吉·马哈尔陵陵堂

⊙思考题

1．当代中国建筑多元化的趋向有哪些？主要原因是什么？
2．简述现代主义和后现代主义对我国建筑设计的影响。
3．简述现、当代中国建筑在“民族化”上的探索之路。
4．在设计多元化的当代，你认为哪种设计观念是最重要的，为什么？
5．什么是可持续发展？影响可持续发展的因素有哪些？

参考文献

[1] 派尔 . 世界室内设计史 . 刘先觉，等，译 . 北京：中国建筑工业出版社，2007.

[2] 勒纳 . 西方文明史 . 王觉非，译 . 北京：中国青年出版社，2003.

[3] 邹珊刚 . 技术与技术哲学 . 北京：知识出版社，1987.

[4] 诸葛铠 . 图案设计原理 . 南京：江苏美术出版社，1991.

[5] 吴家骅 . 环境艺术设计史纲 . 重庆：重庆大学出版社，2002.

[6] 韦尔斯 . 世界史纲：生物和人类的简明史 . 吴文藻，谢冰心，费孝通，等，译 . 桂林：广西师范大学出版社，2001.

[7] 郑曙旸 . 景观设计 . 杭州：中国美术学院出版社， 2002.

[8] 朱铭，荆雷 . 设计史 . 济南：山东美术出版社，1995：59-60.

[9] 斯特里克兰 . 拱的艺术：西方建筑简史 . 王毅，译 . 上海：上海人民美术出版社，2005.

[10] 侯幼彬，李婉贞 . 中国古代建筑历史图说 . 北京：中国建筑工业出版社，2002.

[11] 潘谷西，等 . 中国建筑史 . 北京：中国建筑工业出版社，1997.

[12] 于希贤 . 法天象地 . 北京：中国电影出版社，2008.

[13] 齐伟民 . 室内设计发展史 . 合肥：安徽科学技术出版社，2004.

[14] 刘致平 . 中国居住建筑简史：城市、住宅、园林 . 北京：中国建筑工业出版社，2000.

[15] 居阅时 . 弦外之音：中国建筑园林文化象征 . 成都：四川人民出版社，2005.

[16] 赵农 . 中国艺术设计史 . 北京：高等教育出版社，2009.

[17] 霍维国 . 中国室内设计史 .2 版 . 北京：中国建筑工业出版社，2007.

[18] 弗兰姆普敦 . 张钦楠，等，译 . 北京：生活·读书·新知三联书店，2004.

[19] 罗杰斯 . 世界景观设计——文化与建筑的历史（上下册）. 韩炳越，曹娟，等，译 . 北京：中国林业出版社，2005.

[20] 庄裕光 . 外国建筑名作 100 讲 . 天津：百花文艺出版社，2007.

[21] 陈平 . 外国建筑史 . 南京：东南大学出版社，2006.

[22] 诺曼·福斯特，伦佐·皮亚诺 . 王西敏，译 . 郑州：河南科学技术出版社，2004.

[23] 大师系列丛书编辑部 . 伦佐·皮亚诺的作品与思想 . 北京：中国电力出版社，2006.

[24] 黄丹麾 . 生态建筑 . 济南：山东美术出版社，2006.

[25] 薛娟 . 中国近现代设计艺术史论 . 北京：中国水利水电出版社，2009.

[26] 薛娟 . 居以养体 . 济南：齐鲁书社，2010.

[27] 薛娟 . 办公空间设计 . 北京：中国水利水电出版社，2010.

[28] 胡志毅 . 世界艺术史·建筑卷 . 北京：东方出版社，2003.

后　记

本书再版修订过程中，得到了程晓琳、姜安琪、李厚臻、孙子涵、王丽、郑雨珏、钱龙、谷婷伟、张倩、岳甲林、孙梦媛、赵孟麒的大力协助，他们做了大量的辅助编撰、插图及校对工作。在此，致以深深的谢意！并衷心感谢中国电力出版社的诸位编辑！是他们的辛苦付出才使得这本书得以顺利出版。

由于再版调整时间仓促，书中若有不足之处或者图片、文字的出处疏于标明，还请读者谅解，并请及时与我们联系，以便查漏补缺。

薛娟

2019年10月